人与自然和谐共生：
生物多样性金融 2023 年度报告

中国金融学会绿色金融专业委员会
金融支持生物多样性研究组　编

中国金融出版社

责任编辑：孙　柏　王　强

责任校对：孙　蕊

责任印制：丁淮宾

图书在版编目（CIP）数据

人与自然和谐共生：生物多样性金融2023年度报告/中国金融学会绿色金融专业委员会金融支持生物多样性研究组编. —北京：中国金融出版社，2023.9

ISBN 978-7-5220-2153-9

Ⅰ.①人…　Ⅱ.①中…　Ⅲ.①金融支持—生物多样性—生物资源保护—研究报告—中国—2023　Ⅳ.①X176

中国国家版本馆CIP数据核字（2023）第173733号

人与自然和谐共生：生物多样性金融2023年度报告

REN YU ZIRAN HEXIE GONGSHENG：SHENGWU DUOYANGXING JINRONG

2023 NIANDU BAOGAO

出版

发行　中国金融出版社

社址　北京市丰台区益泽路2号

市场开发部　（010）66024766，63805472，63439533（传真）

网上书店　www.cfph.cn

　　　　　　（010）66024766，63372837（传真）

读者服务部　（010）66070833，62568380

邮编　100071

经销　新华书店

印刷　北京九州迅驰传媒文化有限公司

尺寸　169毫米×239毫米

印张　22.75

字数　329千

版次　2023年9月第1版

印次　2024年3月第2次印刷

定价　68.00元

ISBN 978-7-5220-2153-9

如出现印装错误本社负责调换　联系电话（010）63263947

中国金融学会绿色金融专业委员会
金融支持生物多样性研究组

牵头单位：

北京绿色金融与可持续发展研究院

成员单位（2022—2023年）：

保尔森基金会

北京绿色金融与可持续发展研究院

北京绿研公益发展中心

复旦大学泛海国际金融学院

湖州银行

江苏银行

交通银行总行授信管理部

青岛银行

世界资源研究所

山水自然保护中心

兴业银行

阳光保险资产管理股份有限公司

烟台市地方金融监督管理局

中国工商银行湖州分行

中国建设银行湖州分行

中国农业发展银行绿色信贷管理处

中国农业银行湖州分行

中国人民财产保险股份有限公司

中国人民大学环境学院

中国银行

中国银行巴黎分行

中国银行创新研发基地（新加坡）

中国银行湖州分行

浙江长兴农村商业银行股份有限公司

浙江德清农村商业银行股份有限公司

中央财经大学绿色金融国际研究院

中央国债登记结算有限责任公司

中证鹏元绿融（深圳）科技有限公司

（以上成员单位按字母顺序排列）

《人与自然和谐共生：生物多样性金融2023年度报告》
编委会

总 顾 问：马　骏　中国金融学会绿色金融专业委员会主任

主　　编：白韫雯　姚靖然　殷昕媛

执　　笔：

第一部分	宗　军　史　祎　程振华　商　瑾　马　赛　魏海瑞
	陈莹莹　郭惠娥　王雪晶　王　鼎　吴　彦
第二部分	白韫雯　专美佳　陈冀俍　曾阿仙　林治乾　朱　璐
第三部分	蓝　虹　张子彤　陈川祺　张　奔
第四部分	陈亚芹　赵建勋　张胜轩
第五部分	董善宁　王　磊　华　楠　卞文昊　蓝　虹　张　奔
第六部分	戴　琳　唐康博　徐嘉忆　韩红梅　宁佐梅
第七部分	白韫雯　姚靖然　陈蓥婕　石玲玲　申屠婷　俞婴红
	温姚琪　吴　敏
第八部分	王　遥　施懿宸　毛　倩　邓洁琳　康蔼黎　程　琛
	董善宁　司徒韵莹　李梦晨　胡雅琳　Janus Aleksandra
	王　磊　刘文雨　陈安禹　王　宁　刘　啸　柴佳媛
第九部分	马震宇　李晓真　唐丁丁　Christoph NEDOPIL WANG
	Aleksandra Janus

序

　　生物多样性是人类赖以生存和发展的基础，是地球生命共同体的血脉和根基。全球一半以上的经济活动中度或高度依赖于自然和生物多样性，生态系统退化与生物多样性丧失正成为金融风险的来源。目前，金融支持生物多样性保护已成为全球可持续发展的重要议题。2022年以来，全球央行和金融监管机构逐渐对金融机构加强与自然和生物多样性相关风险的识别、管理以及信息披露达成共识，部分商业性金融机构也积极推动支持生物多样性保护的有益探索。2022年12月，联合国《生物多样性公约》第十五次缔约方大会第二阶段会议达成了具有历史性意义的《昆明—蒙特利尔全球生物多样性框架》，为全球到2030年乃至更长时间各部门行动的落实提供了指导。《框架》首次对金融机构在内的商业部门提出了一系列具体和严格的行动要求，包括加强对生物多样性相关风险的识别、管理和披露。

　　中国已经将生物多样性保护上升为国家战略。党的二十大报告明确提出"推动绿色发展，促进人与自然和谐共生。提升生态系统的多样性、稳定性、持续性"。报告首次将生物多样性保护提升到与绿色转型、环境污染防治、碳达峰碳中和同等重要的高度。自2023年，8·15全国生态日的设立，亦是国家加强生态文明宣传教育、深入践行"两山理论"的有力举措。为更好地支持战略落地，2022年中国金融学会绿色金融专业委员会发起成立金融支持生物多样性研究组（以下简称研究组），研究组由北京绿色金融与可持续发展研究院牵头，聚焦金融支持生态修复与生物多样性保护，以及防范生物多样性丧失导致的金融风险，为央行和金融监管部门提供政策研究与实践的支持。研究组成立以来，有超过23家来自金融机构、智库、高校、环保组织以及咨询机构的成员以课题方式参与其中，研究聚焦生物多样性金融标准、产品创新、案例与机制、信息披露、方法学和工具开发、国际合作六大议题。目前，研究组已成功推动十余项重点课题的研究、举办了近十场研讨与培训。作为国内首个在绿色金融领域推动金融支持生物多样性保护的行业共建平台，研究组的课题成果不仅支持G20可持续金融工作组与国家相关部门的政策研究，还将中国在金融支持生物多样性保护工作的良好做法、创新实践在国际上传播与推广。

本书收录了研究组2022—2023年的阶段性课题成果，共分九个部分，覆盖金融支持生物多样性保护的标准制定、风险识别与管理、金融产品与融资模式创新、与自然相关的信息披露以及国际合作等不同议题。作为国内首部有关金融支持生物多样性保护的年度报告，报告将为国内外开展金融支持生物多样性保护的研究与实践提供重要参考。

未来，研究组将持续推动前沿课题研究，关注研究成果落地转化，加强金融机构以及行业伙伴的能力建设，为构建人与自然和谐共生的中国式现代化贡献智慧与方案。

中国金融学会绿色金融专业委员会

金融支持生物多样性研究组

2023年8月

目录

01 促进生物多样性的绿债目录开发／1
编写单位：中央国债登记结算有限责任公司
　　　　　中证鹏元绿融（深圳）科技有限公司

02 蓝色金融实践与海洋产业投融资支持目录研究／55
编写单位：北京绿色金融与可持续发展研究院
　　　　　北京绿研公益发展中心
　　　　　青岛银行

03 银行机构生物多样性风险管理方法与标准／99
编写单位：中国人民大学环境学院
支持单位：中国人民银行衢州市中心支行
　　　　　开化县人民政府
　　　　　野生生物保护学会

04 银行贷款项目对生物多样性影响的评估／153
编写单位：兴业银行股份有限公司
支持单位：北京绿色金融与可持续发展研究院

05 促进生物多样性投融资的实践及产品创新研究／171
编写单位：江苏银行
湖州银行
中国人民大学

06 绿色金融支持中国国家公园建设／201
编写单位：中国农业发展银行绿色信贷管理处
北京绿研公益发展中心

07 金融机构支持生物多样性保护关键问题研究／249
编写单位：北京绿色金融与可持续发展研究院
中国工商银行湖州分行

08 企业生物多样性信息披露研究／281
编写单位：中央财经大学绿色金融国际研究院
江苏银行
山水自然保护中心

09 金融支持生物多样性的国际实践与案例研究／327
编写单位：世界资源研究所
复旦大学泛海国际金融学院
中央财经大学绿色金融国际研究院

促进生物多样性的绿债目录开发

编写单位：中央国债登记结算有限责任公司

中证鹏元绿融（深圳）科技有限公司

课题组成员：

宗　军	中央国债登记结算有限责任公司
史　祎	中央国债登记结算有限责任公司
程振华	中央国债登记结算有限责任公司
商　瑾	中央国债登记结算有限责任公司
马　赛	中央国债登记结算有限责任公司
魏海瑞	中央国债登记结算有限责任公司
陈莹莹	中央国债登记结算有限责任公司
郭惠娥	中央国债登记结算有限责任公司
王雪晶	中证鹏元绿融（深圳）科技有限公司
王　鼎	中证鹏元绿融（深圳）科技有限公司
吴　彦	中证鹏元绿融（深圳）科技有限公司

编写单位简介：

中央国债登记结算有限责任公司：

中央国债登记结算有限责任公司（以下简称中央结算公司）成立于1996年12月，是唯一一家专门从事金融基础设施服务的中央金融企业。公司忠实履行国家金融基础设施职责，全面深度参与中国债券市场的培育和建设，成为中国债券市场重要运行服务平台、国家宏观政策实施支持服务平台、中国金融市场定价基准服务平台和中国债券市场对外开放主门户。公司致力于推动绿色债券市场高质量发展。2022年公司成为首家加入生物多样性伙伴关系的金融基础设施。

中证鹏元绿融（深圳）科技有限公司：

中证鹏元绿融（深圳）科技有限公司在绿色债券评估认证领域有长期实践经验，首批通过绿色债券评估认证机构评议注册，是中国金融学会绿色金融专业委员会理事单位、中国银行间市场交易商协会会员、国际资本市场协会（ICMA）绿色债券原则和社会债券原则的观察员机构。

一、研究背景及意义

（一）生物多样性保护存在较大资金缺口

当前，全球在生物多样性保护领域存在较大资金缺口，投资额度和资金需求不匹配问题突出。《生物多样性公约》第十五次缔约方大会（CBD COP15）第一阶段会议指出，目前全球生物多样性融资估计仅为1430亿美元/年，约占全球生产总值（GDP）的1.2%。到2030年，每年支持保护生物多样性的资金需求预期将达到7000亿美元至10000亿美元，投资缺口高达80%~90%。从全球范围来看，在各国政府财政普遍紧张的现实条件下，弥补生物多样性的资金缺口需要更大范围地调动社会资本，特别是调动私营部门参与，发挥金融市场的作用。同时也需要完善相应的债券支持体系，包括明确界定金融支持生物多样性的标准、完善激励机制以及披露要求。

（二）生物多样性保护为债券市场发展带来新机遇

债券市场支持生物多样性保护能够为金融业拓展新业务带来机遇，有助于丰富金融资产形态，助力实现可持续发展。随着近年来绿色资产兴起及生态产品价值实现机制逐步完善，生物多样性的生态价值、经济价值、资产价值日益凸显。《生物多样性和金融稳定》课题组报告认为，全球GDP的一半直接或间接依赖于生物多样性，如生物多样性与农林渔牧业直接关联，为生物制药、生态旅游等提供资源供给，对国土开发、海洋利用、城市规划及污染治理等行业存在间接性影响等。欧盟在《我们的生命保障，我们的自然资本：欧盟生物多样性战略2020》中提出，若全世界按目前水平推动生物多样性保护，预计到2050年，生物多样性和生态系统服务所带来的新兴市场（如认证农产品、认证森林产品、生物碳等自然资源）中与可持续相关的全球商机累计可以达2万亿~6万亿美元。

（三）生物多样性绿债目录的开发能够助力风险防控

由于大量资金需要投入与生物多样性相关的产业，因此绿债目录的开发具有十分的迫切性。目前生物多样性被破坏是全球面临的最大风险之一，生物多样性被破坏会使某些行业难以维持生产经营活动，出现企业亏损、倒闭和资产贬值等问题。明确绿债目录的支持范围可以有效地保护生物多样性。

央行和监管机构绿色金融网络（Central Banks and Supervisors Network for Greening the Financial System，NGFS）发布的报告显示，在某些假设前提下，生物多样性被破坏可能会导致每年10万亿美元的经济损失。世界银行主编的报告《大自然的经济理由》（*The Economic Case for Nature*）强调，根据保守估计，野生授粉、海洋渔业食物供应和原生森林木材等特定服务的崩溃，可能导致到2030年全球GDP每年下降2.7万亿美元。生物多样性被破坏对这些产业的影响可能会使金融机构持有的资产出现减值乃至清零，如有的贷款因生物多样性损失而变成坏账，有的债券受此影响造成违约。因此，促进生物多样性绿债目录的开发可以有效防范相关风险。

二、国际生物多样性保护目标与披露指标

（一）国际生物多样性保护目标

《生物多样性公约》（CBD，以下简称《公约》）是一项具有法律约束力、旨在保护地球生物资源的国际性公约，包含保护生物多样性、可持续利用生物多样性及公正合理分享由利用遗传资源所产生的惠益三项主要目标，具体为《2011—2020年生物多样性战略计划》中的"爱知目标"（见附表4-1）和《昆明—蒙特利尔全球生物多样性框架》（以下简称《昆蒙框架》）中的目标（见附表4-2）。

《2030年可持续发展议程》是一份具有重要国际影响力的纲领性文件，由193个联合国成员国共同通过，包括17项"可持续发展目标"（SDGs），其中目标14和目标15与生物多样性保护主题密切相关（见附表4-3）。

　　将本研究筛选的绿债目录项目与上述国际生物多样性保护目标一一对照，可覆盖"爱知目标"中的11个具体目标（目标5~目标15）、《昆蒙框架》中的11个行动目标（行动目标1~行动目标11）以及"可持续发展目标"中的部分子目标（见表1）。同时，每个绿债项目至少对应一个国际生物多样性保护目标，表明所选绿债项目均能起到促进生物多样性保护的作用。

表1　所选绿债目录项目对应国际生物多样性目标

项目编号	项目名称	爱知目标	《昆蒙框架》行动目标	SDGs 14、15
4.1.1.1	现代农业种业及动植物种质资源保护	目标13	行动目标4、行动目标10	—
4.1.1.3	林业基因资源保护	目标13	行动目标4	—
4.1.1.4	增殖放流与海洋牧场建设和运营	目标6	行动目标5、行动目标9	14.4
4.1.1.5	有害生物灾害防治	目标9	行动目标6	15.8
4.2.1.1	天然林资源保护	目标5	行动目标9、行动目标10	15.2
4.2.1.2	动植物资源保护	目标12	行动目标4	15.5
4.2.1.3	自然保护区建设和运营	目标5、目标11、目标12	行动目标1、行动目标3、行动目标4	15.1
4.2.1.4	生态功能区建设维护和运营	目标5、目标10、目标11	行动目标2、行动目标3	14.5 15.3
4.2.1.5	退耕还林还草和退牧还草工程建设	目标15	行动目标2、行动目标11	15.3
4.2.1.6	河湖与湿地保护恢复	目标5、目标8、目标11	行动目标2、行动目标7、行动目标8	15.1
4.2.1.7	国家生态安全屏障保护修复	目标5、目标7、目标8、目标9、目标10、目标11、目标12、目标15	行动目标1、行动目标2、行动目标3	14.2
4.2.1.8	重点生态区域综合治理	目标5、目标11、目标12、目标15	行动目标1、行动目标2、行动目标3	15.2 15.3

续表

项目编号	项目名称	爱知目标	《昆蒙框架》行动目标	SDGs 14、15
4.2.1.9	矿山生态环境恢复	目标5、目标8、目标15	行动目标2、行动目标11	15.3
4.2.1.10	荒漠化、石漠化和水土流失综合治理	目标5、目标8、目标14、目标15	行动目标2	15.3
4.2.1.11	水生态系统旱涝灾害防控及应对	目标5、目标11、目标14	行动目标8、行动目标11	15.1
4.2.1.13	采煤沉陷区综合治理	目标5、目标8、目标15	行动目标2、行动目标11	15.3
4.2.1.14	海域、海岸带和海岛综合整治	目标5、目标10、目标11	行动目标1、行动目标2、行动目标3、行动目标8	14.2
4.2.2.1	森林资源培育产业	目标7	行动目标10	—
4.2.2.2	林下种植和林下养殖产业	目标14、目标15	行动目标10	—
4.2.2.3	碳汇林、植树种草及林木种苗花卉	目标5、目标14、目标15	行动目标8	—
4.2.2.4	森林游憩和康养产业	目标14	行动目标9、行动目标11	—
4.2.2.5	国家公园、世界遗产、国家级风景名胜区、国家森林公园、国家地质公园、国家湿地公园等保护性运营	目标5、目标11、目标14、目标15	行动目标1、行动目标3、行动目标4	15.1

注：由于"可持续发展目标"在生物多样性保护议题方面的覆盖面较"爱知目标"窄，部分所选绿债目录项目无可对应的SDGS子目标。

定量指标方面，尽管上述国际生物多样性保护目标都有配套指标，但此类指标多从国家角度进行设定，适用于宏观层面的绩效衡量，较难直接应用于企业或绿债项目的生物多样性效益披露中。由此，下文引入国际专业机构建议的生物多样性披露指标作为补充，以帮助企业更好地进行披露。

（二）国际生物多样性项目披露建议指标

企业在建立生物多样性绩效评估体系时普遍面临困难，尤其是在目标设定、监测方法使用和指标选择等方面。一些国际机构通过发布指南的形式，帮助企业完善生物多样性战略计划，提升指标设定和披露的有效性。

世界自然保护联盟（IUCN）、欧盟商业与生物多样性平台和全球报告倡议组织（GRI）在其发布的指南中提供了企业生物多样性披露指标建议（见附录五）。通过对比可见，部分指标在三个指南中都有被提及，如项目地理位置、受影响物种名称和数量、受保护栖息地面积、项目地濒危物种数量和入侵物种数量等，表明此类指标在生物多样性项目效益披露中具有重要性和普遍适用性，适合作为信息披露的必填项；其余指标如物种丰富度、红色目录指数、基于自然的旅游收入等，与个别项目关联度更高，有助于展现特定项目在生物多样性保护方面起到的作用，可以按照项目类别加以区分作为信息披露的备选项。

三、债券市场促进生物多样性的国际经验

（一）境外债券市场支持生物多样性的相关政策及目录

由国际资本市场协会（ICMA）发布的《绿色债券原则》和气候债券倡议组织（CBI）发布的《气候债券标准》是境外绿色项目和气候项目认定时常使用的参照标准。

截至目前，ICMA在《绿色债券原则》中设立了促进生物多样性保护的合格绿色项目类别，并在《生物多样性项目影响报告披露指标建议》中提供核心量化指标作为参考；CBI尚未在《气候债券标准》中设立单独项目类别，也未提供生物多样性保护相关指标披露要求或建议。

《绿色债券原则》中包含两个与生物多样性保护直接相关的合格绿色项目类别：1.陆地与水域生态多样性保护（包括海洋、沿海及河流流域的环境保护）；2.生物资源和土地资源的环境可持续管理（包括可持续发展农业、可持续发展畜牧业、气候智能农业投入如作物生物保护或滴灌、可持续发展渔业及水产养殖业、可持续发展林业如造林或再造林、保护或修复自然

景观）。

在 ICMA 发布的《生物多样性项目影响报告披露指标建议》中，提供了陆地与水域生态多样性保护项目的核心量化指标以及参考报告模板，鼓励发行人结合定性和定量指标来进行披露。所列指标覆盖范围广且适用性较高，包含 10 个核心指标和 5 个其他可持续性指标（见附表 6-1），除栖息地面积、入侵物种削减量、动植物种群恢复量等常见指标外，还根据沿海生物（如红树林、珊瑚）的项目特性，加入了具有针对性的指标，如珊瑚白化程度、活珊瑚的年龄和大小等。同时，该文件还考虑到当地人能否从保护和可持续利用自然资源项目中受益的问题，将受培训从业人员数量、居民收入提高比例和苗圃产能等指标纳入，作为其他可持续性指标。

欧盟和中国香港在促进生物多样性保护融资方面也走在国际前列。欧盟在《可持续金融分类方案》中设定了包括"保护和恢复生物多样性与生态系统"在内的六大环境目标，并实行"无重大损害原则"，旨在限制会对生物多样性产生严重损害的经济活动。同时，欧盟还在推动制定相关技术筛选标准和指标，以识别对生物多样性保护有实质性贡献的经济活动。

我国香港特区政府在 2019 年颁布的《绿色债券框架》中，将"自然保育/生物多样性"单列为合格项目类别，设定项目目标为保育生物多样性，保育和以可持续方式使用陆地、内陆淡水和海洋生态系统，并设置了 2 个效益指标：1.保育/恢复/可持续管理的范围（公顷）；2.自然保育/生物多样性设施落成数目。

（二）境外债券市场支持生物多样性的相关实践

尽管生物多样性保护项目的融资渠道在不断拓宽，但通过债券募集资金用于生物多样性保护的案例仍然较少。在现有案例中，募集资金所投项目的类型较为集中，将绿色债券用于推进物种保护、可持续农业和渔业等方向尚有较大开发空间。

在收集到的 9 个境外债券市场促进生物多样性保护案例中（见附录七），有 6 只债券的发行人明确将全部或部分募集资金投向森林保护和可持续林业，表明目前在生物多样性保护项目中，可持续林业项目的融资模式成熟度相对较高；1只可持续发展债券的KPI指标设置为濒危物种黑犀牛的增长率，是物种保护方面的重要创新；1只主权债券募集资金投向可持续海洋及渔业；1只主权债券的目标中包含保护生物多样性。

绩效指标方面，除2只主权债券以外，其余7只绿色债券都在发行前披露了预期生物多样性效益指标，定性指标包括地理位置和受保护物种名称，定量指标主要包括受保护区域面积、给当地社区带来的经济效益和受保护物种数量等。

四、债券市场促进生物多样性的中国实践

（一）相关政策及制度

在国内，保护生物多样性已经逐渐成为社会各界的共识，相关政策陆续出台。

1994年6月，经国务院环境保护委员会同意，原国家环境保护局会同相关部门发布了《中国生物多样性保护行动计划》，是我国第一部有关生物多样性保护的纲领性文件，提出七个领域的目标，包括26个行动方案。

2010年9月，环境保护部会同20多个部门和单位发布了《中国生物多样性保护战略与行动计划（2011—2030年）》，提出了我国未来20年生物多样性保护总体目标、战略任务和优先行动。

2021年4月，中国人民银行、国家发展和改革委员会、证监会发布了《绿色债券支持项目目录（2021年版）》（以下简称目录），国内绿色债券标准形成统一。该绿债目录中涉及了20个生物多样性相关的产业或项目，为保护生物多样性提供资金支持指明了方向。

2021年10月8日，国务院新闻办公室发表《中国的生物多样性保护》白皮书提出，中国将生物多样性保护上升为国家战略，加大执法监督力度，引导公众自觉参与生物多样性保护，不断提升生物多样性治理能力。

2021年10月19日，中共中央办公厅、国务院办公厅印发了《关于进一步加强生物多样性保护的意见》，明确我国推进生物多样性工作的指导思想、工作原则、总体目标。

（二）相关市场情况

生物多样性保护主要指动植物资源、林业资源的保护和有害生物灾害防治等范围。支持生物多样性在当前绿色行业有所涉及，但行业分类不够精细，科学性和专业性有待进一步提升。同时，支持生物多样性的环境效益指标较为笼统模糊。

当前存续期绿色债券市场，募投项目面向支持生物多样性的债券案例较少，主要在自然生态系统保护和修复等绿色细分行业中体现。根据中债—绿色债券环境效益信息数据库，环境效益中涉及支持生物多样性的债券案例仅有2只，分别为1只绿色金融债（"21南京银行绿色金融债01"）和1只绿色企业债（"20建湖绿色债"）。上述两只债券披露案例主要披露项目绿化/整治面积、生物物种保护/恢复数量等指标。

当前绿色债券市场中涉及生物多样性的债券数量较少，涉及生物多样性主题的债券存在披露位置不规范、环境效益定量披露不足、披露随意性较强等问题。随着绿色债券市场的发展，未来生物多样性主题债券可能会成为绿色债券的重要创新品种，亟须推出生物多样性信息披露指标体系，促进生物多样性环境效益信息披露的可量化和规范化。

五、促进生物多样性绿债目录开发及指标设计的相关建议

（一）优化完善生物多样性绿债目录

完善顶层设计，需借鉴国际经验，按照国内政策制度，进一步优化完善生物多样性相关绿债目录。本课题主要参考国际资本市场协会（ICMA）《绿色债券原则》、欧盟《可持续金融分类方案》和《香港绿色债券框架》等国

际制度文件，以及国内的《绿色产业指导目录（2019年版）》《绿色债券支持项目目录（2021年版）》《中国的生物多样性保护》白皮书和《关于进一步加强生物多样性保护的意见》等国内政策文件，科学选取与生物多样性相关的行业或项目目录。其中ICMA《绿色债券原则》中，包括气候智能农业投入等行业，《中国的生物多样性保护》白皮书中涉及转基因生物安全管理等项目。综合考虑，我们认为气候智能农业投入、转基因生物安全管理两个行业可以增加至绿债目录中。建议监管部门更新完善《绿色产业指导目录》《绿色债券支持项目目录（2021年版）》等政策文件时，在目前已有22个生物多样性相关行业基础上，增加气候智能农业投入、转基因生物安全管理两个行业。

（二）设计生物多样性的信息披露指标

一是明确生物多样性信息披露指标要求。建议参考国内外经验[①]和中债绿色指标体系，设置生物栖息地面积、入侵/有害物种削减量、生物物种保护量和生物保护量四个定量指标，并设置"项目环境效益描述"定性指标，以反映难以量化或其他补充的环境效益信息。

二是完善分项目或活动的信息披露指标体系。建议对应现有绿债目录，按照规范性、兼容性、简洁性、完整性和针对性的原则要求，分项目或活动构建环境效益指标体系，以求全面系统简明地反映债券募集资金所投项目在生物多样性方面的环境效益贡献。

（三）完善涉及生物多样性的环境效益数据库

生物多样性涉及范围广、类别多，包括山川林田湖草沙、动植物资源等多个方面，建议持续加大对生物多样性的金融支持力度，充分发挥债券市场和信贷市场支持生物多样性保护的作用。完善绿色债券数据库，鼓励发行人

---

① 见国际资本市场协会（ICMA）《影响报告协调框架手册》、气候标准披露委员会（CDSB）《生物多样性相关披露应用指南》。

按照中债绿色指标体系，披露涉及生物多样性的环境效益指标，助力市场相关方在数据库的支持下，更好识别债券募集资金在生物多样性方面的环境效益，推动社会各方共同助力生物多样性保护。

附　录

附录一　生物多样性绿债目录及信息披露指标

附表1-1　生物多样性绿债目录及信息披露指标

项目编号	项目名称	应披露的生物多样性指标
4.1.1.1	现代农业种业及动植物种质资源保护	生物物种保护量（必填）、项目环境效益描述（必填）、生物保护量（选填）、生物栖息地面积（选填）
4.1.1.3	林业基因资源保护	生物物种保护量（必填）、项目环境效益描述（必填）、生物保护量（选填）、入侵/有害物种削减量（选填）
4.1.1.4	增殖放流与海洋牧场建设和运营	生物物种保护量（必填）、项目环境效益描述（必填）、生物保护量（选填）、入侵/有害物种削减量（选填）
4.1.1.5	有害生物灾害防治	入侵/有害物种削减量（必填）、项目环境效益描述（必填）、生物物种保护量（选填）、生物保护量（选填）
4.2.1.1	天然林资源保护	生物物种保护量（必填）、生物保护量（必填）、项目环境效益描述（必填）
4.2.1.2	动植物资源保护	生物物种保护量（必填）、生物保护量（必填）、生物栖息地面积（必填）、项目环境效益描述（必填）
4.2.1.3	自然保护区建设和运营	生物物种保护量（必填）、生物保护量（必填）、项目环境效益描述（必填）、生物栖息地面积（选填）
4.2.1.4	生态功能区建设维护和运营	生物物种保护量（必填）、生物保护量（必填）、项目环境效益描述（必填）、生物栖息地面积（选填）
4.2.1.5	退耕还林还草和退牧还草工程建设	生物物种保护量（必填）、生物保护量（必填）、项目环境效益描述（必填）、生物栖息地面积（选填）
4.2.1.6	河湖与湿地保护恢复	生物物种保护量（必填）、生物保护量（必填）、生物栖息地面积（必填）、项目环境效益描述（必填）
4.2.1.7	国家生态安全屏障保护修复	生物物种保护量（必填）、生物保护量（必填）、项目环境效益描述（必填）
4.2.1.8	重点生态区域综合治理	生物物种保护量（必填）、生物保护量（必填）、项目环境效益描述（必填）、生物栖息地面积（选填）

续表

项目编号	项目名称	应披露的生物多样性指标
4.2.1.9	矿山生态环境恢复	生物物种保护量（必填）、生物保护量（必填）、项目环境效益描述（必填）
4.2.1.10	荒漠化、石漠化和水土流失综合治理	生物物种保护量（必填）、生物保护量（必填）、项目环境效益描述（必填）、生物栖息地面积（选填）
4.2.1.11	水生态系统旱涝灾害防控及应对	生物物种保护量（选填）、生物保护量（选填）、生物栖息地面积（选填）、项目环境效益描述（选填）
4.2.1.13	采煤沉陷区综合治理	生物物种保护量（必填）、生物保护量（必填）、项目环境效益描述（必填）
4.2.1.14	海域、海岸带和海岛综合整治	生物物种保护量（必填）、生物保护量（必填）、项目环境效益描述（必填）、生物栖息地面积（选填）
4.2.2.1	森林资源培育产业	生物物种保护量（选填）、生物保护量（选填）、生物栖息地面积（选填）、项目环境效益描述（选填）
4.2.2.2	林下种植和林下养殖产业	生物物种保护量（选填）、生物保护量（选填）、项目环境效益描述（选填）
4.2.2.3	碳汇林、植树种草及林木种苗花卉	生物物种保护量（选填）、生物保护量（选填）、生物栖息地面积（选填）、项目环境效益描述（选填）
4.2.2.4	森林游憩和康养产业	生物物种保护量（必填）、生物保护量（必填）、项目环境效益描述（必填）
4.2.2.5	国家公园、世界遗产、国家级风景名胜区、国家森林公园、国家地质公园、国家湿地公园等保护性运营	生物物种保护量（选填）、生物保护量（选填）、生物栖息地面积（选填）、项目环境效益描述（选填）

附录二　生物多样性指标设计思路

在环境效益信息指标特别是生物多样性指标的选取上，目前国际上较为流行的有两套指标，分别是国际资本市场协会（ICMA）推出的《影响报告协调框架手册》（以下简称《手册》）和气候标准披露委员会（CDSB）推出的《生物多样性相关披露应用指南》（以下简称《指南》）。

附表2-1　《影响报告协调框架手册》生物多样性指标

《影响报告协调框架手册》	陆地和海洋生物栖息地建设达成的指标	保护区/栖息地面积
		目标生物和物种的增加量
		海岸植物生存环境的CO_2/土壤养分/PM的变化比例
		入侵物种的减少量
	自然景观的保护和修复达成的指标	自然景观面积的增加量
		农村自然景观面积的增加量
		经认证的土地管理面积增加量
		项目恢复的本地物种的绝对数量
		温室气体减排量
《生物多样性相关披露应用指南》	生物多样性指标	物种和栖息地多样性
		平均物种丰富程度
		生物栖息地面积
		生态系统健康度
		濒临灭绝的物种比例
		受到影响的物种比例
		物种灭绝风险

结合以上两个文件，对刻画生物多样性的定量指标进行选取。

首先，选取两个文件中直接的生物多样性指标，《手册》中海岸植物生存环境的CO_2/土壤养分/PM的变化比例及自然景观保护和修复的5个指标，并不是直接刻画生物多样性的指标，予以删除。

其次，再选取定量指标，《指南》中平均物种丰富程度、生态系统健康度、濒临灭绝的物种比例、受到影响的物种比例、物种灭绝风险这5个指标,或者无法量化、或者量化难度较大,予以剔除。

再次,保留了生物栖息地面积、生物和物种的保护量、入侵物种减少量3个定量指标,考虑到物种数和生物个数单位不同,将生物和物种的保护量拆分成生物物种保护量和生物保护量2个指标。同时,由于生物多样性保护情况较为复杂,很多时候定量指标并不能完全刻画出其效益,因此再辅助以"具有生物多样性保护效益的投融资比例及效益"这一定性指标,可以更好地刻画生物多样性保护情况。

最后,本研究选取了生物栖息地面积、生物物种保护量、生物保护量、入侵物种减少量和具有生物多样性保护效益的投融资比例及效益5个指标。

附录三 生物多样性指标选取依据（节选）

4.1.1.1 现代农业种业及动植物种质资源保护

【行业说明】以推进农业可持续发展为目标的农作物种业育繁推产业化工程，良种示范区，研发平台、服务平台等建设，以及动植物种质资源收集、保存、保护及管理工程。

【行业类别】绿色农林牧渔

【建议必填指标】2个

生物物种保护量、具有生物多样性保护效益的投融资比例及效益

【建议选填指标】2个

生物保护量、生物栖息地面积

【指标选取依据】项目定义中"农作物种业育繁推产业化工程"和"动植物种质资源收集、保存、保护及管理工程"明确了该项目应披露以上4个指标。

【参考文件】

《绿色产业指导目录（2019年版）》

4.1.1.3 林业基因资源保护

【行业说明】林业基因（遗传）资源调查、监测与信息化平台建设，林业基因（遗传）资源收集与保存工程（原地或异地保护、保存设施、保护区建设等），乡土树种、经济树种、速生树种的育种、驯化和生物勘探工程，良种利用工程，侵入物种防控等符合国家、行业相关政策、规范、标准的林业基因（遗传）资源保护工程。

【行业类别】绿色农林牧渔

【建议必填指标】2个

生物物种保护量、具有生物多样性保护效益的投融资比例及效益

【建议选填指标】2个

生物保护量、入侵/有害物种削减量

【指标选取依据】项目为林业基因资源保护，因此需要披露保护的林业

基因资源的数量和详细情况，故需必填生物物种保护量、具有生物多样性保护效益的投融资比例及效益两个指标，生物保护量、入侵/有害物种削减量则可依据具体项目情况选填。

【参考文件】

《绿色产业指导目录（2019年版）》

4.1.1.4　增殖放流与海洋牧场建设和运营

【行业说明】为改善水域环境、保护生物多样性向海洋、滩涂、江河、湖泊、水库等天然水域投放渔业生物卵子、幼体或成体，恢复或增加种群数量、改善和优化水域生物群落结构的增殖放流与海洋牧场建设和运营。

【行业类别】绿色农林牧渔

【建议必填指标】2个

生物物种保护量、具有生物多样性保护效益的投融资比例及效益

【建议选填指标】2个

生物保护量、入侵/有害物种削减量

【指标选取依据】定义中"恢复或增加种群数量"明确了本项目需要披露生物物种保护量、具有生物多样性保护效益的投融资比例及效益，生物保护量、入侵/有害物种削减量两个指标可依据具体项目情况选填。

【参考文件】

《绿色产业指导目录（2019年版）》

4.1.1.5　有害生物灾害防治

【行业说明】为保护生物多样性进行的外来物种入侵防控，农业、林业病虫害有害生物灾害防治活动，以及以资源化利用为手段，治理外来入侵物种的活动。

【行业类别】绿色农林牧渔

【建议必填指标】2个

入侵/有害物种削减量、具有生物多样性保护效益的投融资比例及效益

【建议选填指标】2个

生物物种保护量、生物保护量

【指标选取依据】定义中"外来物种入侵防控"明确应披露入侵物种的情况，故需披露入侵/有害物种削减量、具有生物多样性保护效益的投融资比例及效益两个指标，生物物种保护量、生物保护量两个指标可依据具体项目情况选填。

【参考文件】

《绿色产业指导目录（2019年版）》

4.2.1.1　天然林资源保护

【行业说明】为维护天然林生态系统的原真性、完整性开展的森林病虫害等有害生物防治、森林防火、森林管护装备和基础设施建设；天然林抚育保育基础设施建设（如天然林场内林场管护用房、供电、供水、通信、道路等基础设施建设）；天然林退化修复工程（如采用乡土树种的坡耕地还林、人工造林、封山育林、抚育性采伐等）；全面禁止商业性采伐前提下国有林区转产项目建设（如不破坏地表植被、不影响生物多样性保护前提下的生态旅游、休闲康养、特色种养殖等）。

【行业类别】自然生态系统保护和修复

【建议必填指标】4个

固碳量、林地/草地面积、生物物种保护量、生物保护量

【建议选填指标】2个

生物栖息地面积、具有生物多样性保护效益的投融资比例及效益

【指标选取依据】行业定义明确关注"维护天然林生态系统的原真性、完整性""天然林抚育保育""天然林退化修复"等事项，综合参考《天然林保护修复制度方案》《关于进一步加强生物多样性保护的意见》等政策规定，结合行业实践，建议披露以上6个指标。

【参考文件】

中共中央办公厅、国务院办公厅《天然林保护修复制度方案》

中共中央办公厅、国务院办公厅《关于进一步加强生物多样性保护的意见》

4.2.1.2 动植物资源保护

【行业说明】濒危野生动植物抢救性保护、生物多样性保护、渔业资源保护、古树名木保护等活动。

【行业类别】自然生态系统保护和修复

【建议必填指标】3个

生物物种保护量、生物保护量、生物栖息地面积

【建议选填指标】3个

固碳量、林地/草地面积、具有生物多样性保护效益的投融资比例及效益

【指标选取依据】行业定义明确关注"濒危野生动植物抢救性保护""生物多样性保护""渔业资源保护""古树名木保护"等事项，综合参考《中国的生物多样性保护》白皮书、《关于进一步加强生物多样性保护的意见》等文件和政策规定，结合行业实践，建议披露以上6个指标。

【参考文件】

《中国的生物多样性保护》白皮书

《中华人民共和国野生动物保护法》

中共中央办公厅、国务院办公厅《关于进一步加强生物多样性保护的意见》

《国家重点保护野生动物名录》

《国家重点保护野生植物名录》

4.2.1.3 自然保护区建设和运营

【行业说明】为保护有代表性的自然生态系统、珍稀濒危野生动植物物种，在其天然集中分布区、自然遗迹所在地依法划定一定面积保护区域（含核心区、缓冲区和外围区）予以特殊保护和管理的活动，包括出于保护目的的居民迁出安置、保护区管控设施建设和运营，科学研究基础设施建设和运营（核心区内禁止），科学实验、教学实习、参观考察、旅游、珍稀濒危动植物繁殖、驯化等教学科研旅游基础设施建设和运营（仅限于外围区）。

【行业类别】自然生态系统保护和修复

【建议必填指标】5个

固碳量、林地/草地面积、生物物种保护量、生物保护量、生物栖息地面积

【建议选填指标】2个

具有生物多样性保护效益的投融资比例及效益、具有生态系统保护效益的投融资比例及效益

【指标选取依据】行业定义明确关注"保护有代表性的自然生态系统、珍稀濒危野生动植物物种"等事项，涉及相关"基础设施建设和运营"等工作，综合参考《关于进一步加强生物多样性保护的意见》《中华人民共和国自然保护区条例》《国务院关于印发国家级自然保护区调整管理规定的通知》等政策规定，结合行业实践，建议披露以上7个指标。

【参考文件】

中共中央办公厅、国务院办公厅《关于进一步加强生物多样性保护的意见》

《中华人民共和国自然保护区条例》

《国务院关于印发国家级自然保护区调整管理规定的通知》

4.2.1.4 生态功能区建设维护和运营

【行业说明】对生态功能区和生态功能退化的区域进行的治理、修复和保护工程建设，如水土流失综合治理、荒漠化石漠化治理、矿山地质环境保护和生态恢复、自然保护区建设等。

【行业类别】自然生态系统保护和修复

【建议必填指标】5个

固碳量、林地/草地面积、污染达标治理面积、生物物种保护量、生物保护量

【建议选填指标】3个

生物栖息地面积、具有生物多样性保护效益的投融资比例及效益、具有生态系统保护效益的投融资比例及效益

【指标选取依据】行业定义明确关注"水土流失综合治理""荒漠化石漠化治理""矿山地质环境保护和生态恢复""自然保护区建设"等事项，

综合参考《关于鼓励和支持社会资本参与生态保护修复的意见》等政策规定，结合行业实践，建议披露以上8个指标。

【参考文件】

国务院办公厅《关于鼓励和支持社会资本参与生态保护修复的意见》

《北京市生态涵养区生态保护和绿色发展条例》

《河南省"十四五"生态环境保护和生态经济发展规划》

4.2.1.5 退耕还林还草和退牧还草工程建设

【行业说明】为保护生态环境，在水土流失严重、沙化、盐碱化、石漠化严重耕地实施的有计划、有步骤停止耕种，因地制宜种草造林，恢复植被，抑制生态环境恶化的活动；以及为抑制草场退化，开展的禁牧封育、草原围栏、舍饲棚圈、人工饲草地建设等草原生态保护设施建设活动。

【行业类别】自然生态系统保护和修复

【建议必填指标】4个

固碳量、林地/草地面积、生物物种保护量、生物保护量

【建议选填指标】3个

生物栖息地面积、具有生物多样性保护效益的投融资比例及效益、具有生态系统保护效益的投融资比例及效益

【指标选取依据】行业定义明确关注"退耕还林还草""退牧还草"等事项，综合参考《山水林田湖草生态保护修复工程指南（试行）》《中国退耕还林还草二十年（1999—2019）》等政策规定和文件，结合行业实践，建议披露以上7个指标。

【参考文件】

《山水林田湖草生态保护修复工程指南（试行）》

《"十四五"全国农业绿色发展规划》

《"十四五"推进农业农村现代化规划》

《中国退耕还林还草二十年（1999—2019）》

4.2.1.6 河湖与湿地保护恢复

【行业说明】因地制宜采取治理、修复、保护等措施，促使河湖、湿地

原生生态系统保护和生物多样性恢复，增强其生态完整性和可持续性的活动。如污染物控源减污设施建设、河滨湖滨生态缓冲带建设、乡土物种植被恢复、河湖有序连通、生态调度工程建设，防洪、防岸线蚀退设施建设等。

【行业类别】自然生态系统保护和修复

【建议必填指标】5个

污水处理量、污染达标治理面积、生物物种保护量、生物保护量、生物栖息地面积

【建议选填指标】10个

固碳量、林地/草地面积、化学需氧量削减量、氨氮削减量、总氮削减量、总磷削减量、清淤量、入侵/有害物种削减量、具有生物多样性保护效益的投融资比例及效益、具有生态系统保护效益的投融资比例及效益

【指标选取依据】行业定义明确关注"河湖、湿地原生生态系统保护和生物多样性恢复"等事项，涉及"污染物控源减污设施建设""河滨湖滨生态缓冲带建设""乡土物种植被恢复""河湖有序连通"等多方面工作，综合性较强，综合参考《南方丘陵山地带生态保护和修复重大工程建设规划（2021—2035年）》《湿地保护修复制度方案》等政策规定，结合行业实践，建议披露以上15个指标。

【参考文件】

《南方丘陵山地带生态保护和修复重大工程建设规划（2021—2035年）》

《湿地保护修复制度方案》

4.2.1.7　国家生态安全屏障保护修复

【行业说明】为筑牢国家生态安全屏障，在西部高原生态脆弱区、北方风沙源区、东部沿海地区、长江、黄河、珠江流域等高强度国土开发区等关系生态安全核心地区，基于各自经济、生态功能定位和重点生态安全风险，开展的山水林田湖生态保护和修复工程，如矿山环境治理恢复、土地整治与污染修复、生物多样性保护、流域水环境保护治理，以及通过土地整治、植被恢复、河湖水系连通、岸线环境整治、野生动植物栖息地恢复、外来入侵

物种防治等手段开展的系统性综合治理修复活动。

【行业类别】自然生态系统保护和修复

【建议必填指标】4个

固碳量、林地/草地面积、生物物种保护量、生物保护量

【建议选填指标】4个

生物栖息地面积、入侵/有害物种削减量、具有生物多样性保护效益的投融资比例及效益、具有生态系统保护效益的投融资比例及效益

【指标选取依据】行业定义明确关注"山水林田湖生态保护和修复工程"等事项，涉及"矿山环境治理恢复""土地整治与污染修复""流域水环境保护治理"等多方面工作，综合参考《全国重要生态系统保护和修复重大工程总体规划（2021—2035年）》等政策规定，结合行业实践，建议披露以上8个指标。

【参考文件】

《全国重要生态系统保护和修复重大工程总体规划（2021—2035年）》

《青海三江源自然保护区生态保护和建设总体规划》

《青海三江源生态保护和建设二期工程规划》

4.2.1.8　重点生态区域综合治理

【行业说明】京津风沙源综合治理、岩溶石漠化地区综合治理、青海三江源等重点生态区域的生态保护与建设，重点流域水生生物多样性保护，如防风林建设、退耕还草还林、湿地恢复和保护、自然保护区建设等。

【行业类别】自然生态系统保护和修复

【建议必填指标】4个

固碳量、林地/草地面积、生物物种保护量、生物保护量

【建议选填指标】3个

生物栖息地面积、具有生物多样性保护效益的投融资比例及效益、具有生态系统保护效益的投融资比例及效益

【指标选取依据】行业定义明确关注"风沙源综合治理、岩溶石漠化地区综合治理""防风林建设"等事项，综合参考《全国重要生态系统保护和

修复重大工程总体规划（2021—2035年）》等政策规定，结合行业实践，建议披露以上7个指标。

【参考依据】

《全国重要生态系统保护和修复重大工程总体规划（2021—2035年）》

《重点海域综合治理攻坚战行动方案》

《全国海洋倾倒区规划（2021—2025年）》

4.2.1.9　矿山生态环境恢复

【行业说明】对矿产资源勘探和采选过程中的各类生态破坏和环境污染采取人工促进措施，依靠生态系统的自我调节能力与自组织能力，逐步恢复与重建其生态功能的活动。如矿山废弃地土地整治、植被恢复，河、湖、海防堤等重要设施或重要建筑附近矿井、钻孔、废弃矿井回填封闭，矿山土地复垦，沉陷区恢复治理，矿山大气、水、土壤污染防治和治理，尾矿等废弃物综合利用，减少土地占用等。

【行业类别】自然生态系统保护和修复

【建议必填指标】5个

固碳量、林地/草地面积、固体废物处理量、生物物种保护量、生物保护量

【建议选填指标】3个

污染达标治理面积、具有生物多样性保护效益的投融资比例及效益、具有生态系统保护效益的投融资比例及效益

【指标选取依据】行业定义明确关注"矿山废弃地土地整治""植被恢复"等事项，涉及"矿山废弃地土地整治""植被恢复"等工作，综合参考《中国生态修复典型案例集》等文件，结合行业实践，建议披露以上8个指标。

【参考文件】

《中国生态修复典型案例集》

4.2.1.10　荒漠化、石漠化和水土流失综合治理

【行业说明】因地制宜采用退耕还林还草、退牧还草、封沙育林育草、

人工种草造林等植物治沙措施，建设机械沙障和植物沙障等物理治沙措施，在水资源匮乏、植物难以生长地区使用土壤凝结剂固结流沙表层等化学治沙措施开展的土地荒漠化治理活动，以及在石漠化地区开展的退耕还林还草，造林整地，生态经济林营造建设，水源涵养林、水土保持林营造建设，封山育林等石漠化综合治理活动，以及通过治坡（梯田、台地、鱼鳞坑建设等）、治沟（淤地坝、拦沙坝等）和小型水利工程等工程措施，种草造林等生物措施，蓄水保土农业生产和建设项目开发方式开展的水土流失综合治理活动。

【行业类别】自然生态系统保护和修复

【建议必填指标】5个

固碳量、林地/草地面积、污染达标治理面积、生物物种保护量、生物保护量

【建议选填指标】4个

水资源循环利用量、生物栖息地面积、具有生物多样性保护效益的投融资比例及效益、具有生态系统保护效益的投融资比例及效益

【指标选取依据】行业定义明确关注"土地荒漠化治理活动""种草造林"等事项，涉及"退耕还林还草""造林整地"等工作，综合参考《全国水土保持规划（2015—2030年）》等政策规定，结合行业实践，建议披露以上9个指标。

【参考文件】

《全国水土保持规划（2015—2030年）》

《中华人民共和国水土保持法》

4.2.1.11　水生态系统旱涝灾害防控及应对

【行业说明】自然水系连通恢复、水利设施建设、湿地恢复、灾害预警信息平台建设等水生态系统灾害防控及应对设施建设和运营。

【行业类别】自然生态系统保护和修复

【建议必填指标】4个

固碳量、林地/草地面积、污染达标治理面积、水资源循环利用量

【建议选填指标】5个

生物物种保护量、生物保护量、生物栖息地面积、清淤量、具有防洪效益的投融资比例及效益

【指标选取依据】行业定义明确关注"自然水系连通恢复""水利设施建设""湿地恢复"等事项，涉及"预警信息平台建设"等工作，综合参考《全国水土保持规划（2015—2030年）》等政策规定，结合行业实践，建议披露以上9个指标。

【参考文件】

《"十四五"水安全保障规划》

《全国地质灾害防治工作要点》

4.2.1.13　采煤沉陷区综合治理

【行业说明】采煤沉陷区开展的土地整治、生态修复与环境整治等生态恢复活动，以及采煤沉陷区影响范围内居民避险搬迁、基础设施和公共服务设施修复提升、非煤接续替代产业平台建设等活动。

【行业类别】自然生态系统保护和修复

【建议必填指标】5个

固碳量、林地/草地面积、污染达标治理面积、生物物种保护量、生物保护量

【建议选填指标】2个

具有生物多样性保护效益的投融资比例及效益、具有生态系统保护效益的投融资比例及效益

【指标选取依据】行业定义明确关注"采煤沉陷区开展的土地整治""生态修复与环境整治"等事项，综合参考《国务院办公厅关于加快推进采煤沉陷区综合治理的意见》等政策规定，结合行业实践，建议披露以上7个指标。

【参考文件】

《国务院办公厅关于加快推进采煤沉陷区综合治理的意见》

《采煤沉陷区综合治理部际联席会议公报》

4.2.1.14 海域、海岸带和海岛综合整治

【行业说明】为保护近岸海域、海岸、海岛自然资源、生态环境和生物多样性而实施的海域综合治理、自然岸线修复、海湾整治等活动。

【行业类别】自然生态系统保护和修复

【建议必填指标】5个

固碳量、林地/草地面积、污染达标治理面积、生物物种保护量、生物保护量

【建议选填指标】3个

生物栖息地面积、具有生物多样性保护效益的投融资比例及效益、具有生态系统保护效益的投融资比例及效益

【指标选取依据】行业定义明确关注"海域综合治理""自然岸线修复""海湾整治"等事项，综合参考《省级海岸带综合保护与利用规划编制指南（试行）》等规定，结合行业实践，建议披露以上8个指标。

【参考文件】

《中共中央　国务院关于建立国土空间规划体系并监督实施的若干意见》

《省级海岸带综合保护与利用规划编制指南（试行）》

4.2.2.1 森林资源培育产业

【行业说明】林业良种生产、苗木培育，以及森林营造、抚育、森林主伐更新等森林资源培育活动。

【行业类别】林业碳汇

【建议必填指标】无

【建议选填指标】4个

生物物种保护量、生物保护量、生物栖息地面积、具有生物多样性保护效益的投融资比例及效益

【指标选取依据】《森林生态系统服务功能评估规范》针对森林生物多样性提出"物种资源保育指标"，该指标包含物种保育价值、物种数量、面积等参数。《中国森林认证　森林经营》提及森林的经营应该维持和提高森林生物的多样性，保护动植物物种及其栖息地，保持与改善森林生态结构。

《森林生态系统监测指标体系》（北京市地方标准）提及"森林群落学特征指标"涉及林内动植物种类的类别和数量。

【参考文件】

《森林生态系统服务功能评估规范》

《中国森林认证　森林经营》

《森林生态系统监测指标体系》（北京市地方标准）

4.2.2.2　林下种植和林下养殖产业行业

【行业说明】在保持林地生态系统功能和稳定性前提下，在林下或林间空地种植粮食作物、油料作物、药材、食用菌、饲草、蔬菜，以及林下养殖家禽、放牧或舍饲饲养家畜等活动。

【行业类别】林业碳汇

【建议必填指标】无

【建议选填指标】3个

生物物种保护量、生物保护量、具有生物多样性保护效益的投融资比例及效益

【指标选取依据】《国家林草生态综合监测评价技术规程》中提到采用物种重要值、多样性指数、丰富度指数等指标对林草生态系统生物多样性状况进行评价。《全国林下经济发展指南（2021—2030年）》提出林下经济需要在确保"不破坏地表植被、不影响生物多样性"的前提下适度发展。

【参考文件】

《国家林草生态综合监测评价技术规程》

《全国林下经济发展指南（2021—2030年）》

4.2.2.3　碳汇林、植树种草及林木种苗花卉

【行业说明】具有显著碳汇效应或具有显著改善环境、净化空气作用的林木草植培育、种植活动。

【行业类别】林业碳汇

【建议必填指标】无

【建议选填指标】4个

生物物种保护量、生物保护量、生物栖息地面积、具有生物多样性保护效益的投融资比例及效益

【指标选取依据】《碳汇造林项目方法学》中通过调查生物量进行碳层划分，关注地上生物量和地下生物量，有助于保护生物多样性。《生态环境状况评价技术规范》通过生物丰度指数进行区域内生物的丰贫程度，利用生物栖息地质量和生物多样性综合评价。同时，通过受保护区域面积比、水域湿地面积比和林地、草地、覆盖率等指标关注生物栖息地。

【参考文件】

《碳汇造林项目方法学》

《生态环境状况评价技术规范》

4.2.2.4 森林游憩和康养产业

【行业说明】依托森林、草地、湿地、荒漠和野生动物植物等自然景观资源，开展的游览观光、休闲体验、文化体育、健康养生等设施建设。

【行业类别】林业碳汇

【建议必填指标】3个

生物物种保护量、生物保护量、具有生物多样性保护效益的投融资比例及效益

【建议选填指标】无

【指标选取依据】《关于促进森林康养产业发展的意见》提及优化森林康养环境，需要科学开展森林抚育，丰富植被的种类等。《国家林草生态综合监测评价技术规程》《生态环境状况评价技术规范》等标准中关于森林中生物多样性保护相关内容同样适用该行业。

【参考文件】

《关于促进森林康养产业发展的意见》

《国家林草生态综合监测评价技术规程》

《生态环境状况评价技术规范》

4.2.2.5　国家公园、世界遗产、国家级风景名胜区、国家森林公园、国家地质公园、国家湿地公园等保护性运营

【行业说明】依托森林、草地、沙漠、湿地、海洋等自然生态系统进行的以保护为目的的开发建设，如国家公园、世界自然遗产地、森林公园、湿地公园和荒漠公园等建设和运营。

【行业类别】林业碳汇

【建议必填指标】无

【建议选填指标】4个

生物物种保护量、生物保护量、生物栖息地面积、具有生物多样性保护效益的投融资比例及效益

【指标选取依据】《国家公园总体规划技术规范》中要求设立核心保护区，进行严格的生态保护和管理，通过栖息地恢复和生物资源保育维护生物多样性。《湿地生态监测技术规程》提出生物多样性指标监测，关注动物种类数量及迁徙规律，植物种类、群落面积和分布特征。

【参考文件】

《国家公园总体规划技术规范》

《湿地生态监测技术规程》

附录四　国际生物多样性保护目标

（一）《生物多样性公约》

《生物多样性公约》（CBD）是一项旨在保护地球生物资源，具有法律约束力的国际性公约。《公约》涵盖生态系统多样性、物种多样性及遗传资源多样性三个层面，包含保护生物多样性、可持续利用生物多样性及公正合理分享由利用遗传资源所产生的惠益三项主要目标。

2010年10月，《公约》缔约方大会第十次会议上通过了《2011—2020年生物多样性战略计划》，以激励所有国家在联合国生物多样性十年期间采取措施，推动实现《公约》三项主要目标，其中即包含广为人知的"爱知目标"，其中战略目标B、C、D及对应的12个具体目标（目标5~目标16）有关减少生物多样性直接压力，促进可持续利用，改善生物多样性状况及增进人类惠益，与本次筛选的绿债目录项目直接相关（见附表4-1）。

附表4-1　爱知目标

战略目标B：减少生物多样性的直接压力和促进可持续利用
- 目标5：到2020年，使所有自然生境（包括森林）的丧失速度至少降低一半，并在可行情况下降低到接近零，同时大幅减少生境退化和破碎化的程度。
- 目标6：到2020年，所有鱼群和无脊椎动物种群及水生植物都以可持续和合法的方式进行管理和捕捞，并采用基于生态系统的方式，以避免过度捕捞，同时对所有枯竭物种制订恢复计划和措施，使渔业对受威胁鱼群和脆弱生态系统不产生有害影响，将渔业对种群、物种和生态系统的影响控制在安全的生态限值范围内。
- 目标7：到2020年，农业、水产养殖业及林业用地实现可持续管理，确保生物多样性得到保护。
- 目标8：到2020年，污染，包括营养物过剩造成的污染被控制在不对生态系统功能和生物多样性构成危害的范围内。
- 目标9：到2020年，查明外来入侵物种及其入侵路径并确定其优先次序，优先物种得到控制或根除，并制定措施对入侵路径加以管理，以防止外来入侵物种的引进和种群建立。
- 目标10：到2015年，尽可能减少由气候变化或海洋酸化对珊瑚礁和其他脆弱生态系统的多重人为压力，维护它们的完整性和功能。

战略目标C：通过保护生态系统、物种和遗传多样性，改善生物多样性的状况
- 目标11：到2020年，至少有17%的陆地和内陆水域以及10%的海岸和海洋区域，尤其是对生物多样性和生态系统服务具有特殊重要性的区域，通过建立有效而公平管理的、生态上有代表性和连通性好的保护区系统和其他基于区域的有效保护措施而得到保护，并被纳入更广泛的陆地景观和海洋景观。
- 目标12：到2020年，防止已知受威胁物种遭受灭绝，且其保护状况（尤其是其中减少最严重的物种的保护状况）得到改善和维持。
- 目标13：到2020年，保持栽培植物、养殖和驯养动物及野生近缘物种，包括其他社会经济以及文化上宝贵的物种的遗传多样性，同时制定并执行减少遗传侵蚀和保护其遗传多样性的战略。

续表

战略目标D：增进生物多样性和生态系统服务给人类带来的惠益
- 目标14：到2020年，提供重要服务（包括与水相关的服务）以及有助于健康、生计和福祉的生态系统得到恢复和保障，同时顾及妇女、土著和地方社区以及贫穷和弱势群体的需要。
- 目标15：到2020年，通过养护和恢复行动，生态系统的复原力以及生物多样性对碳储存的贡献得到加强，包括恢复至少15%的退化生态系统，从而有助于减缓和适应气候变化及防止荒漠化。
- 目标16：到2015年，《关于获取遗传资源以及公正和公平地分享其利用所产生惠益的名古屋议定书》已经根据国家立法生效并实施。

2022年12月，联合国生物多样性公约第十五次缔约方大会通过了《昆蒙框架》。该框架旨在阻止和扭转自然环境的丧失，包括2030年以前及以后要实现的全球目标，从而对生物多样性进行保护和可持续利用。

《昆蒙框架》确立了4个与2050年生物多样性愿景有关的长期目标和23个2030年全球行动目标。行动目标中有10个与"执行工作和主流化的工具和解决方案"相关。5个与"通过可持续利用和惠益分享满足人类需求"相关，含农业、水产养殖、渔业和林业的可持续管理。8个与"减少对生物多样性威胁"相关，涵盖生物多样性空间规划；陆地、内陆水域、沿海和海洋生态系统退化区域恢复；保护区管理；本地、野生和驯化物种的多样性；野生物种可持续使用；入侵物种控制管理；降低污染、农药和塑料废物；调解水质和空气质量；减缓和适应气候变化等方面（见附表4-2）。

附表4-2 《昆蒙框架》行动目标

行动目标1
确保所有区域，处于参与性、综合性、涵盖生物多样性的空间规划，和/或其他有效管理进程之下，到2030年之前使具有高度生物多样性重要性的区域，包括生态系统和具有高度生物多样性的区域的丧失接近于零，同时尊重土著人民和地方社区的权利。

行动目标2
确保到2030年，至少30%的陆地、内陆水域、沿海和海洋生态系统退化区域得到有效恢复，以增强生物多样性和生态系统功能和服务、生态完整性和连通性。

行动目标3
确保和促使到2030年至少30%的陆地、内陆水域、沿海和海洋区域，特别是对生物多样性和生态系统功能和服务特别重要的区域，通过具有生态代表性、保护区系统和其他有效的基于区域的保护措施至少恢复30%，在适当情况下，承认当地和传统领土融入更广泛的景观、海景和海洋，同时确保在这些地区适当的任何可持续利用完全符合保护成果，承认和尊重土著人民和地方社区的权利，包括对其传统领土的权利。

行动目标4
确保采取紧迫的管理行动，停止人为导致的已知受威胁物种的灭绝，实现物种特别是受威胁物种的恢复和保护，大幅度降低灭绝风险，维持本地物种的种群丰度，维持和恢复本地、野生和驯化物种之间的遗传多样性，保持其适应潜力，包括为此实行就地和易地保护和可持续管理做法，并有效管理人类与野生动物的互动，减少人类与野生动物的冲突，以利共处。
行动目标5
确保野生物种的使用、采猎、交易和利用是可持续的、安全的、合法的，防止过度开发，减少对非目标物种和生态系统的影响，减少病原体溢出的风险，采用生态系统方法，同时尊重和保护土著人民和地方社区的可持续的习惯使用。
行动目标6
通过确定和管理引进外来物种的途径，防止重点外来入侵物种的引入和定居，消除、尽量减少、减少和/或减轻外来入侵物种对生物多样性和生态系统服务的影响，到2030年，将其他已知或潜在入侵外来物种的引入定居率至少降低50%，消除或控制入侵外来物种，特别是在岛屿等优先地点。
行动目标7
考虑到累积效应，到2030年将所有来源的污染风险和不利影响减少到对生物多样性和生态系统功能和服务无害的水平，包括：减少至少一半流失到环境中的过量养分，包括提高养分循环和利用的效率，总体上将有关使用农药和剧毒化学品的风险减少至少一半，以科学为根据，考虑到粮食安全和生计；又防止、减少和努力消除塑料污染。
行动目标8
最大限度地减少气候变化和海洋酸化对生物多样性的影响，并通过缓解、适应和减少灾害风险行动，包括通过基于自然的解决方案和/或基于生态系统的办法，同时减少不利影响，促进对生物多样性的积极影响。
行动目标9
确保野生物种的管理和利用可持续，从而为人民，特别是处境脆弱和最依赖生物多样性的人提供社会、经济和环境福利，包括通过可持续的生物多样性活动，能增强多样性的产品和服务，保护和鼓励土著人民和地方社区的生计和可持续的习惯使用。
行动目标10
确保农业、水产养殖、渔业和林业领域得到可持续管理，特别是通过可持续利用生物多样性，包括通过大幅增加生物多样性友好做法的应用，如可持续集约化、农业生态和其他创新方法促进这些生产系统的恢复力和长期效率及生产力，促进粮食安全，保护和恢复生物多样性，并保持自然对人类的贡献，包括生态系统功能和服务。
行动目标11
恢复、维持和增进自然对人类的贡献，包括生态系统功能和服务，例如调节空气、水和气候、土壤健康、授粉和减少疾病风险，以及通过基于自然的解决方案和/或基于生态系统的方法、造福所有人民和自然。
行动目标12
通过将生物多样性的保护和可持续利用纳入主流，大幅提高城市和人口密集地区绿地的面积、质量和连通性，并可持续地利用绿地，确保城市规划中的生物多样性、包容性，增强本地生物多样性、生态连通性和完整性，改善人类健康和福祉以及与自然的联系，促进包容性和可持续的城市化以及提供生态系统功能和服务。

行动目标13

酌情在各层面采取有效的法律、政策、行政和能力建设措施，确保公正和公平分享利用遗传资源和遗传资源数字序列信息以及与遗传资源相关的传统知识所产生的惠益，便利获得遗传资源，根据适用的获取和分享惠益国际文书，到2030年促进更多地分享惠益。

行动目标14

确保将生物多样性及其多重价值观充分纳入各级政府和所有部门的政策、法规、规划和发展进程、消除贫困战略、战略环境评估、环境影响评估，并酌情纳入国民核算，特别是对生物多样性有重大影响的部门，逐步使所有相关的公共和私人活动、财政和资金流动与该框架的目标和指标相一致。

行动目标15

采取法律、行政或政策措施，鼓励和推动商业，确保所有大型跨国公司和金融机构：

（a）定期监测、评估和透明地披露其对生物多样性的风险、依赖程度和影响，包括对所有大型跨国公司和金融机构及其运营、供应链和价值链和投资组合的要求；

（b）向消费者提供所需信息，促进可持续的消费模式；

（c）遵守获取和惠益分享要求并就此提出报告；

以逐步减少对生物多样性的不利影响，增加有利影响，减少对商业和金融机构的生物多样性相关风险，并促进采取行动确保可持续的生产模式。

行动目标16

确保鼓励人们并使人们能作出可持续的消费选择，包括通过建立支持性政策、立法或监管框架，改善教育和获得相关准确的信息和其他选择，到2030年，以公平的方式减少全球消费足迹，包括将全球粮食浪费减半，大幅减少过度消费，大幅减少废物产生，使所有人都能与地球母亲和谐相处。

行动目标17

按照《生物多样性公约》第8（g）条的规定，在所有国家建立、加强和实施生物安全措施的能力，按照《公约》第19条的规定采取生物技术处理和惠益分配措施。

行动目标18

到2025年，以相称、公正、公平、有效和公平的方式确定并消除、逐步淘汰或改革激励措施，包括对生物多样性有害的补贴，同时到2030年，每年大幅逐步减少至少5000亿美元，首先减少最有害的激励措施，扩大生物多样性保护和可持续利用的积极激励措施。

行动目标19

根据《公约》第20条，以有效、及时和容易获得的方式，逐步大幅增加所有来源的财务资源量，包括国内、国际、公共和私人资源，以执行国家生物多样性战略和行动计划，到2030年每年至少筹集2000亿美元，包括通过：

（a）增加从发达国家和自愿承担发达国家缔约方义务的国家流向发展中国家特别是最不发达国家和小岛屿发展中国家以及经济转型国家的与生物多样性有关的国际资金总量，包括海外发展援助，到2025年每年至少达到200亿美元，到2030年每年至少达到300亿美元；

（b）制定和实施国家生物多样性融资计划或类似工具，根据国家需要、优先事项和国情，大幅增加国内资源调动；

（c）利用私人资金，促进混合融资，实施筹集新的和额外资源的战略，鼓励私营部门向生物多样性投资，包括通过影响基金和其他工具；

续表

（d）激励具有环境和社会保障的创新计划，如生态系统服务付费、绿色债券、生物多样性补偿和信用、惠益分享机制等；
（e）优化生物多样性和气候危机融资的共同惠益和协同作用；
（f）加强集体行动的作用，包括土著人民和地方社区的集体行动、以地球母亲为中心行动和非市场办法，包括基于社区的自然资源管理和民间社会旨在保护生物多样性的合作和团结措施；
（g）提高资源提供和使用的效力、效率和透明度。

行动目标20
加强能力建设和能力发展，加强技术获得和转让，促进创新和科技合作的发展和获得，包括通过南南合作、南北合作和三边合作，以满足有效执行框架的需要，特别是在发展中国家，促进联合技术开发和联合科研方案，保护和可持续利用生物多样性，加强科研和监测能力，与框架的长期目标和行动目标的雄心相称。

行动目标21
确保决策者、从业人员和公众能够获取最佳现有数据、信息和知识，以便指导实现有效和公平治理及生物多样性的综合和参与式管理，并加强传播、提高认识、教育、监测、研究和知识管理，以及在这种情况下，应遵循国家法律仅在得到其自由、事先知情同意的情况下，获取土著人民和地方社区的传统知识、创新、做法和技术。

行动目标22
确保土著人民和地方社区在决策中有充分、公平、包容、有效和促进性别平等的代表权和参与权，有机会诉诸司法和获得生物多样性相关信息，尊重他们的文化及其对土地、领地、资源和传统知识的权利，以及妇女和女童、儿童和青年以及残疾人，并确保对环境人权维护者的保护及其诉诸司法的机会。

行动目标23
确保性别平等，确保妇女和女童有平等的机会和能力采用促进性别平等的方法为《公约》的三个目标作贡献，包括承认妇女和女童的平等权利和机会获得土地和自然资源，以及在与生物多样性有关的行动、接触、政策和决策的所有层面充分、公平、有意义及知情地参与和发挥领导作用。

（二）联合国可持续发展目标

2015年9月，在"联合国可持续发展峰会"期间，193个联合国成员国共同通过了《2030年可持续发展议程》，这份纲领性文件包括17项"可持续发展目标"（SDGs）、169项子目标和232项具体指标，旨在通过各国共同努力，在2030年前消除贫穷、实现平等和应对气候变化。在17项"可持续发展目标"中，目标14和目标15与生物多样性保护主题密切相关（见附表4–3）。

附表4-3　可持续发展目标14、目标15及其子目标和具体指标

目标14	子目标	具体指标
减少海洋污染	14.1　到2025年，预防和大幅减少各类海洋污染，特别是陆上活动造成的污染，包括海洋废弃物污染和营养盐污染	14.1.1　富营养化指数和漂浮的塑料污染物浓度
保护和恢复生态系统	14.2　到2020年，通过加强抵御灾害能力等方式，可持续管理和保护海洋和沿海生态系统，以免产生重大负面影响，并采取行动帮助它们恢复原状，使海洋保持健康，物产丰富	14.2.1　国家级经济特区当中实施基于生态系统管理措施的比例
减少海洋酸化	14.3　通过在各层级加强科学合作等方式，减少和应对海洋酸化的影响	14.3.1　在商定的一系列有代表性的采样站测量平均海洋酸度（pH值）
可持续捕捞	14.4　到2020年，有效规范捕捞活动，终止过度捕捞、非法、未报告和无管制的捕捞活动以及破坏性捕捞做法，执行科学的管理计划，以便在尽可能短的时间内使鱼群量至少恢复到其生态特征允许的能产生最高可持续产量的水平	14.4.1　在生物可持续产量水平范围内的鱼类种群的比例
保护沿海和海洋区域	14.5　到2020年，根据国内和国际法，并基于现有的最佳科学资料，保护至少10%的沿海和海洋区域	14.5.1　保护区面积占海洋区域的比例
打击非法、未报告和无管制的捕捞活动	14.6　到2020年，禁止某些助长过剩产能和过度捕捞的渔业补贴，取消助长非法、未报告和无管制捕捞活动的补贴，避免出台新的这类补贴，同时承认给予发展中国家和最不发达国家合理、有效的特殊和差别待遇应是世界贸易组织渔业补贴谈判的一个不可或缺的组成部分	14.6.1　为打击非法、未报告和无管制的捕捞活动在执行国际文书的程度上所取得的进展
增加可持续利用海洋资源的经济效益	14.7　到2030年，增加小岛屿发展中国家和最不发达国家通过可持续利用海洋资源获得的经济收益，包括可持续地管理渔业、水产养殖业和旅游业	14.7.1　小岛屿发展中国家、最不发达国家和所有国家的可持续渔业占国内总产值的比例
增加海洋健康的科学知识，研究和技术	14.a　根据政府间海洋学委员会《海洋技术转让标准和准则》，增加科学知识，培养研究能力和转让海洋技术，以便改善海洋的健康水平，增加海洋生物多样性对发展中国家，特别是小岛屿发展中国家和最不发达国家发展的贡献	14.a.1　对海洋技术领域研究的分配额占研究活动预算总额的比例

续表

目标14	子目标	具体指标
支持小规模渔民	14.b 向小规模个体渔民提供获取海洋资源和市场准入机会	14.b.1 在通过和执行承认小规模渔业并保护其市场准入权利的法律/监管/政策/制度框架方面取得进展的程度
执行国际海洋法	14.c 按照《我们希望的未来》第158段所述，根据《联合国海洋法公约》所规定的保护和可持续利用海洋及其资源的国际法律框架，加强海洋和海洋资源的保护和可持续利用	14.c.1 为养护和可持续利用海洋及其资源，通过法律、政策和体制框架，在批准、接受、执行《联合国海洋法公约》中有关执行海洋国际法的文书方面取得进展的国家数目

目标15	子目标	具体指标
保护和恢复陆地和淡水生态系统	15.1 到2020年，根据国际协议规定的义务，保护、恢复和可持续利用陆地和内陆的淡水生态系统及其服务，特别是森林、湿地、山麓和旱地	15.1.1 森林面积占陆地总面积的比例
		15.1.2 保护区内陆地和淡水生物多样性的重要场地所占比例，按生态系统类型分列
终止砍伐森林并恢复退化的森林	15.2 到2020年，推动对所有类型森林进行可持续管理，停止毁林，恢复退化的森林，大幅增加全球植树造林和重新造林	15.2.1 实施可持续森林管理的进展
结束荒漠化并恢复退化的土地	15.3 到2030年，防治荒漠化，恢复退化的土地和土壤，包括受荒漠化、干旱和洪涝影响的土地，努力建立一个不再出现土地退化的世界	15.3.1 已退化土地占土地总面积的比例
保护山地生态系统	15.4 到2030年，保护山地生态系统，包括其生物多样性，以便加强山地生态系统的能力，使其能够带来对可持续发展必不可少的益处	15.4.1 保护区内山区生物多样性的重要场地的覆盖情况
		15.4.2 山区绿化覆盖指数
保护生物多样性和自然栖息地	15.5 采取紧急重大行动来减少自然栖息地的退化，遏制生物多样性的丧失，到2020年，保护受威胁物种，防止其灭绝	15.5.1 红色名录指数
保护公正和公平地分享利用遗传资源产生的利益	15.6 根据国际共识，公正和公平地分享利用遗传资源产生的利益，促进适当获取这类资源	15.6.1 已通过立法、行政和政策框架确保公正和公平分享惠益的国家数目
终止偷猎和贩卖受保护的物种	15.7 采取紧急行动，终止偷猎和贩卖受保护的动植物物种，处理非法野生动植物产品的供求问题	15.7.1 野生生物贸易中偷猎和非法贩运的比例

续表

目标15	子目标	具体指标
防止外来物种入侵	15.8　到2020年，采取措施防止引入外来入侵物种并大幅减少其对土地和水域生态系统的影响，控制或消灭其中的重点物种	15.8.1　通过有关国家立法和充分资源防止或控制外来入侵物种的国家的比例
将生态系统和生物多样性纳入政府规划	15.9　到2020年，把生态系统和生物多样性价值观纳入国家和地方规划、发展进程、减贫战略和核算	15.9.1　根据《2011—2020年生物多样性战略计划》爱知生物多样性目标确立的国家目标方面的进展
增加财政资源保护生态系统和生物多样性	15.a　从各种渠道动员并大幅增加财政资源，以保护和可持续利用生物多样性和生态系统	15.a.1　在养护和可持续利用生物多样性和生态系统方面的官方发展援助和公共支出
资助和激励可持续森林管理	15.b　从各种渠道大幅动员资源，从各个层级为可持续森林管理提供资金支持，并为发展中国家推进可持续森林管理，包括保护森林和重新造林，提供充足的激励措施	15.b.1　在养护和可持续利用生物多样性和生态系统方面的官方发展援助和公共支出
打击全球偷猎和贩运活动	15.c　在全球加大支持力度，打击偷猎和贩卖受保护物种，包括增加地方社区实现可持续生计的机会	15.c.1　偷猎和非法贩运在野生物贸易中的比例

附录五　国际生物多样性项目披露指标

（一）世界自然保护联盟披露指标建议

世界自然保护联盟（IUCN）创建于1948年，是一个由政府、非政府组织等众多成员组织共同组成的成员联盟，其主要使命是影响、鼓励和帮助全世界的科学家和社团保护自然资源的完整性与多样性，现已成为环境保护数据、评估和分析的主要提供者。

2021年，IUCN发布了《企业生物多样性绩效规划与监测指南》，为制定企业层面的生物多样性战略计划提供方法，建议企业设立可衡量的目标并建立核心指标体系，以更好地监测企业在生物多样性领域的绩效，还提供了指标建议供企业参考。

IUCN提供的核心指标包括状态指标（State Indicator）、效益指标（Benefit Indicator）、压力指标（Pressure Indicator）和响应指标（Response Indicator）共四类。压力指标是监测生物多样性丧失原因程度和强度的指标（例如，氮沉降率（污染）、生境丧失、外来物种入侵、气候变化影响）；状态指标是分析生物多样性各方面条件和状态的指标（如物种种群、群落构成、生境范围、水质）；响应指标是衡量防止或减少生物多样性损失的政策或行动的执行情况的指标（如保护区覆盖率、保护区管理的有效性、可持续管理的面积）；效益指标是量化人类从生物多样性中获得的效益的指标（如生计、薪柴可用性、利用物种的数量、美学、文化和精神价值），如附表5-1所示。

附表5-1　IUCN《企业生物多样性绩效规划与监测指南》

公司目标重点	企业常用指标
效益指标	
为自然和人类服务的生态系统	农民和当地社区可持续使用的物种的丰富程度
	木材和非木材森林产品的采伐量
	渔业产量
	销售收获的资源（如农林作物、渔业等）产生的收入
	衡量人类福祉的指数
	水质

续表

公司目标重点	企业常用指标
为自然和人类服务的生态系统	社会进步指数
	基于自然的旅游收入
	生态系统完整性指数
状态指标	
自然栖息地	栖息地覆盖物的变化
	物种丰富度和多样性
	关键物种的数量趋势（丰度）
	森林面积占土地面积的比例
	水质
	栖息地健康度
受威胁的物种	关键物种的种群趋势（丰度）
	野生鸟类指数
	野生动物图片指数
	红色名录指数
	绿色状态指数
	物种威胁减少和恢复指标
压力指标	
生境的丧失（如森林、湿地、珊瑚礁）	栖息地覆盖物变化
	生境破碎化
物种丧失	非法或不可持续的活动（伐木、狩猎等）的事件数量
	动物被撞击的数量（如被船只或涡轮机撞击）
外来入侵物种	主要入侵物种的种群趋势
污染	水质
	不耐污染的水生物种的多样性和丰度指数
水的过度使用	水位
响应指标	
建立保护区	保护区的覆盖面（正式和非正式）
管理保护区	保护区管理的有效性
避免在对生物多样性有重要意义的地区开展业务	公司在保护区、世界遗产地和关键生物多样性区域经营的数量

续表

公司目标重点	企业常用指标
种植受威胁的树木来恢复森林	种植的树木数量；存活数量，种植面积
修复珊瑚礁	建立的人工珊瑚礁的数量；珊瑚覆盖的面积
清除外来入侵物种	铲除的外来入侵物种数量
改进土壤管理措施	采用经认可的技术的养殖场数量
改进废水管理措施	采用经认可的技术的农场数量
可持续采购	来自认证来源的产品或原材料的比例
资助保护项目	对生物多样性的投资水平

（二）欧盟商业与生物多样性披露指标建议

欧盟商业与生物多样性平台（EU Business @ Biodiversity Platform，以下简称EU B@B Platform）由欧盟委员会设立，旨在帮助企业和金融机构将自然资本和生物多样性考虑纳入商业实践，从而帮助实现欧盟到2030年生物多样性战略目标。

在2021年3月发布的《商业和金融机构生物多样性衡量方法的评估》中，EU B@B Platform指出，由于生物多样性具有区位特点，很难将一个衡量方法套用到所有生物多样性情景中，用于衡量生物多样性的指标也各有其优点和缺点，也不可能仅依靠一个指标来描述生物多样性状况，因此整理了一个生物多样性指标表（Biodiversity Metrics Table，见附表5-2），帮助企业理解生物多样性衡量工具的关键特征，以便更好地选择最适合企业特定情况的工具和指标。

附表5-2中列举的衡量标准涵盖物种数量、受威胁物种状况、栖息地面积、物种丰度、矿区生境状况、农业生物多样性和生态系统服务价值等方面，可结合项目地具体的生物多样性状况进行运用。

附表5-2　欧盟商业与生物多样性平台—生物多样性指标

衡量标准的类型	常用的衡量标准	适用规模
物种指标	数量	项目或场地规模
	STAR物种威胁消除和恢复指标	任何规模

续表

衡量标准的类型	常用的衡量标准	适用规模
程度状况指标	栖息地公顷数，质量公顷数	项目或现场规模
	MSA平均物种丰度	产品、公司或全球规模
	PDF可能消失的部分	产品、公司或全球规模
范围（面积）状况（质量）重要性指标	BII生物多样性完好性指数	产品、公司或全球规模
	BIM生物多样性影响度量	产品、公司或全球规模
	场地生物多样性生境条件等级	现场规模
	BNGC得分	现场或项目规模
主题性指标	例如：无毁林商品、供应链、再生或恢复的土地表面等	产品、供应链和企业规模
其他类型的生物多样性	农业生物多样性指数	现场到企业的规模
财务指标	EP&L环境盈亏账户	产品、现场、企业或全球规模

（三）全球报告倡议组织披露指标建议

全球报告倡议组织（GRI）是一个国际标准组织，由联合国环境规划署（UNEP）和环境负责经济联盟（CERES）共同发起。GRI在制定全球非财务信息的参考框架方面发挥了先锋作用，其制定的指南目前是世界上最经常被使用和引用的报告参考框架，具有高度可操作性，适用于任何规模、地点的组织。

在GRI 2016版指南中有一个专门的生物多样性主题标准（GRI 304），作为供组织报告生物多样性相关影响，以及如何管理这些影响的披露指引，共包含4个披露项和22个指标（见附表5-3）。指标主要涉及公司经营地点、受影响的物种、区域范围、列入红色目录物种数、生物多样性价值等方面。

在2021年新发布的行业指南《GRI—农业、水产养殖和渔业》中，GRI进一步加入了具有行业特性的披露指标，包括水产养殖和渔业需披露水生生物物种名称、数量、地理位置、种群状况等生物多样性指标，如附表5-3所示。

附表5-3　GRI—生物多样性相关披露指标

披露项	指标
304-1 组织所拥有、租赁、在位于或邻近于保护区和保护区外生物多样性丰富区域管理的运营点	地理位置； 可能由组织拥有、租赁或管理的地表和地下土地； 与保护区（在区域内、与之毗邻或含有部分保护区）或保护区外生物多样性丰富区域有关的位置； 经营类型（办公、制造、生产或采掘）； 经营场地的规模，以平方公里表示（如适用，或以另一种单位表示）； 以保护区或保护区外生物多样性丰富区域（陆地、淡水或海洋生态系统）的属性为特征的生物多样性价值； 以受保护状态名录（例如IUCN保护区管理类别、拉姆萨尔公约、国家法规）为特征的生物多样性价值。
304-2 活动、产品和服务对生物多样性的重大影响	在以下的一个或多个方面，对生物多样性的重大直接和间接影响的性质： 制造厂、矿山和运输基础设施的建造或使用； 污染（从点源和非点源引进栖息地的非天然的物质）； 引进入侵物种、害虫和病原体； 物种减少； 栖息地转变； 自然变化范围之外的生态过程变化（如盐度或地下水位变化）。 在以下方面的重大直接和间接的正面和负面影响： 受影响的物种； 受影响区域的范围； 影响持续时间； 影响的可逆性或不可逆性。
304-3 受保护或经修复的栖息地	所有受保护或经修复的栖息地区域的规模和位置，以及修复措施的成功是否得到或得到过独立的外部专业人士的核准； 是否与第三方存在合作关系，以保护或修复不同于组织已监督并实施修复或保护措施的栖息地区域； 报告期结束时各区域的状况； 使用的标准、方法和假设。
304-4 受运营影响区域的栖息地中已被列入IUCN红色名录及国家保护名册的物种	受组织运营影响的栖息地中已被列入IUCN红色名录及国家保护名册的物种总数，按灭绝风险程度分类： 极危； 濒危； 易危； 近危； 无危。

披露项	指标
行业指南GRI13—农业、水产养殖业和渔业生物多样性相关信息披露补充	水产养殖业 对于养殖生产的每个水生生物物种，披露其： 物种学名； 数量（公吨）； 养殖方法； 生产地点。 对于在野外捕获的、用作水产养殖生产投入的幼年种群，披露其： 物种学名； 数量（公吨）； 捕捞方法； 来源地； 种群状况，包括使用的种群状况评估或系统。 披露在饲料中使用的渔产品，包括： 鱼种学名； 是否使用整条鱼或鱼的废料（边角料、下脚料和内脏）； 来源地； 种群状况，包括使用的种群状况评估或系统。
	渔业 对于捕捞或收获的每个水生生物物种，含非目标物种，披露其： 物种学名； 数量（公吨）； 捕捞方法； 来源地； 种群状况，包括使用的种群状况评估或系统。

附录六 境外债券市场支持生物多样性的信息披露指标

（一）《绿色债券原则》

《绿色债券原则》（以下简称《原则》）是发行绿色债券的自愿程序指南，由国际资本市场协会（ICMA）更新发布，目前已成为绿色债券发行的全球参照标准。其目的是通过鼓励收益使用的透明度和披露，促进全球债务资本市场在为环境可持续发展融资方面发挥作用，进而促进市场的完整性。

尽管《原则》几乎每年都有调整和更新，但是生物多样性保护一直是5个总体环境目标之一。在2021年最新版《原则》中，共有十个合格绿色项目类别，其中两个类别与生物多样性保护直接相关，分别为：

1. 陆地与水域生态多样性保护（包括海洋、沿海及河流流域的环境保护）；

2. 生物资源和土地资源的环境可持续管理（包括可持续发展农业、可持续发展畜牧业、气候智能农业投入如作物生物保护或滴灌、可持续发展渔业及水产养殖业、可持续发展林业例如造林或再造林、保护或修复自然景观）。

《原则》中并未对绿色项目需满足的定量条件做进一步说明。作为补充，绿色债券原则影响报告工作小组（The GBP Impact Reporting Working Group）于2020年4月发布《生物多样性项目影响报告披露指标建议》（*Suggested Impact Reporting Metrics for Biodiversity Projects*）。该文件为发行人提供了生物多样性项目的核心量化指标以及参考报告模板，鼓励发行人结合定性和定量指标来进行披露。

值得注意的是，这份文件主要针对陆地与水域生态多样性保护的项目而编写，并未完全覆盖生物资源和土地资源的环境可持续管理项目。鉴于后者对于生物多样性的保护也起着至关重要的作用，预期工作小组未来还会逐步完善有关可持续农业、林业、渔业等方面的指标（见附表6-1）。

附表6-1 生物多样性项目影响报告披露指标建议

核心指标

1. 维持/保护/增加保护区/OECM/栖息地的面积和变化比例（平方公里，百分比）；

2. 维持/保护/增加自然景观面积和变化比例（平方公里，百分比）；

3. 维持/保护/增加城市地区的自然景观面积和变化比例（平方公里，百分比）；

4. 项目前后入侵物种的绝对数量和/或入侵物种占据的面积（平方米、平方公里）；

5. 特定敏感物种在项目实施前后的绝对数量，以每平方公里（大型动物群）或每平方米（小型动植物群）进行计量；

6. 沿海植被和珊瑚礁二氧化碳水平、营养物质和/或pH值的变化；

7. 通过减少疾病、沉积率、水中的营养物质和人类的直接损害，而使珊瑚健康提升的程度（白化程度、活珊瑚的年龄和大小）；

8. 经认证的土地管理面积的增加值和比例（平方米/平方公里，百分比）；

9. 通过项目恢复的本土物种、植物群或动物群（树木、灌木和草）的绝对数量；

10. 每年减少的温室气体排放量（吨二氧化碳）。

其他可持续性指标

1. 接受过生物多样性保护培训的保护工作者（如狩猎管理员、护林员、自然公园官员）的数量；

2. 在生物多样性保护方面接受培训的林业人员的数量；

3. 在可持续农业和生物多样性方面接受培训的农民人数；

4. 提高当地居民收入的百分比；

5. 在项目下建立的苗圃的数量，以每年的苗木或单个树木/灌木的数量计算。

（二）《欧盟可持续金融分类方案》

欧盟作为可持续发展领域的倡导者和先行者，推出的《可持续金融分类方案》（*Sustainable Finance Taxonomy*）影响范围较广，被用于识别让环境得以可持续发展的经济活动，以引导欧洲向低碳经济转型，实现可持续发展。《可持续金融分类方案》中设定了六大环境目标，其中包括保护和恢复生物多样性与生态系统。按照"无重大损害原则"，经济活动必须要为六项环境目标中的一个或多个作出实质性贡献，并对其他五项没有重大损害，意味着对生物多样性有严重损害的活动不符合要求。

该方案现已在七大类经济行业中识别出67项经济活动，完成了有助于减缓气候变化和适应气候变化两个方面技术筛选标准的制定，但有关生物多样性保护及其余三个环境目标的技术标准和指标还在制定中。

2020年6月，欧洲议会和理事会通过第852号条例，该条例对欧盟下一步制定有助于保护和恢复生物多样性和生态系统的技术标准起到了指导作用。在条例中明确了对生物多样性保护有重大贡献的活动，包括以下几类。

1.自然和生物多样性保护。包括实现自然和半自然生境及物种的有利保护状态，或在它们已经具有有利保护状态的情况下防止其恶化，以及保护和恢复陆地、海洋和其他水生生态系统，以改善其状况并提高其提供生态系统服务的能力。

2.可持续的土地使用和管理。包括充分保护土壤的生物多样性、土地退化的中立性和对受污染场地的补救。

3.可持续的农业实践。包括那些有助于提高生物多样性、停止或防止土壤和其他生态系统的退化、森林砍伐和生境丧失的农业实践。

4.可持续森林管理。包括有助于提高生物多样性或制止或防止生态系统退化、砍伐森林和生境丧失的森林和林地的做法及用途。

附录七 境外债券市场支持生物多样性实践案例

（一）2016年7月，巴西造纸和纸浆公司Suzano Papel e Celulose发行了巴西的第二只绿色债券，募集资金5亿美元，用于含可持续林业和保护动植物物种的多个项目。其特点是设置了对应项目的关键绩效指标，如附表7-1所示。

附表7-1 Suzano Papel e Celulose绿债关键绩效指标

类别	募集资金的使用标准	关键绩效指标
可持续林业	符合国际和国家标准的森林可持续管理，如FSC、Cerflor（PEFC）或同等认证	通过植树造林减少的二氧化碳（CO_2）排放
		继续保持FSC、Cerflor（PEFC）或同等国际认可的认证
	从退化的土地上恢复原生森林植被	正在恢复的土地总面积（公顷）
保护	维护和发展保护区；保护本地植物和动物物种以及生物多样性	有保护性本土植被的土地总面积（公顷）
		有保护性本土植被的土地总面积/土地总面积（百分比）
		有保护性本土植被的土地总面积/种植土地总面积（百分比）
		经确定和维护的高保护价值森林区域的数量
		在高保护价值森林中发现的物种数量
		环境教育项目的受益者数量
		Neblinas公园的生态旅游者人数
		在Neblinas公园开发的研究报告数量

（二）2016年10月，国际金融公司（IFC）发行了一只森林债券，募集金额为1.52亿美元，债券期限为5年。资金用于支持肯尼亚北部的野生动植物保护项目。购买债券的投资者包括教师退休金基金、保险和新兴市场投资者。该债券的一个主要创新点是投资者可以选择以现金、经第三方核证的碳信用额或两者组合的方式兑付。投资者选择"REDD+碳信用额"，可用于消除其碳足迹或在自愿的碳市场上出售。另一个创新点在于，由大商业集团公司捐助了1200万美元建立了"价格支持机制"，确保该项目每年可以出售一定量的碳信用额，直到债券到期。该债券可增加1180万吨林业碳汇，出售

"REDD +碳信用额"可为野生动植物保护、妇女就业和当地社区的其他福利提供收入。

（三）2017年1月，法国财政部发行了第一只绿色主权债券。该只债券期限为22年，发行金额为70亿欧元。此后，法国财政部又于2021年3月发行了第二只同等规模和期限的绿色债券。法国绿色债券的发行以国家预算和未来投资计划（PIA）的支出为目标，用于应对气候变化、适应气候变化、保护生物多样性和减少空气、土地和水污染。

（四）2018年10月，塞舌尔发行了全世界首只蓝色主权证券。这只蓝色债券的期限为5年，发行金额为1500万美元。世界银行为其提供500万美元还款担保，联合国全球环境基金提供了500万美元优惠贷款，这两个方式有助于降低投资风险，使票面实际利率从6.5%降至2.8%，帮助塞舌尔减缓债务负担。债券资金最终被投向支持可持续海洋及渔业相关活动。

（五）2018年11月，蓝色森林保护组织与世界资源研究所合作在美国塔霍国家森林公园的北尤巴河启动了首次"森林复原力债券"（Forest Resilience Bond）试点（尤巴项目）。该债券为五年期，共募集400万美元，用于15000英亩国家森林保护与恢复，以减少高度破坏性的冠状火灾的发生率和强度，保护水资源，进而起到保护生物多样性的作用。作为本项目的主要受益者，美国森林服务局、尤巴水务公司和当地州政府，每年按合同约定提供资金和实物支持，以偿还债权人的投入（注：美国森林服务局受益于野火严重程度的降低和野生动物栖息地的保护，尤巴水务公司受益于水量及水力发电量增加和水质的改善，州政府受益于保护带来的就业增加以及水质和空气质量的改善）。

（六）2018年2月，热带景观融资机制公司（TLFE）发行了一只可持续发展债券，债券募集金额为9500万美元，得到了美国国际开发署部分担保支持。募集资金投向印度尼西亚的PT Royal Lestari Utama（PRLU）公司，以支持其开展可持续天然橡胶种植。PRLU公司在印度尼西亚詹比（苏门答腊）和东加里曼丹省严重退化的土地上进行气候智能、野生动物友好和社会包容的天然橡胶生产。该项目包含了广泛的社会和环境目标及保障措施。项目占地约88000公顷，投产后可满足米其林全球10%的天然橡胶需求，PRLU公司承诺留出45000公顷土地用于生计发展和生物多样性保护。种植区将作为一个缓冲区，保护Bukit Tigapuluh国家公园不被侵占，这是印度尼西亚最后一个大象、老虎和红毛猩猩共存的地方。同时天然橡胶种植园还可提供约16000个公平工资的就业机会。

（七）2018年6月，瑞典Landshypotek银行发行了世界上第一只林业担保债券，该债券发行金额为52.5亿瑞典克朗，发行期限为5年。募集资金用于支持可持续林业项目，进而促进生物多样性保护和减少二氧化碳。本次债券发行以总面积为32万公顷的森林资产作为担保，这些森林或是通过了森林管理委员会（FSC）认证，或是具有绿色森林管理计划，面积占瑞典生产性森林的比例约为1.4%。

（八）2021年9月，中国银行发行全球金融机构首只生物多样性主题绿色债券，债券规模等值18亿元人民币，由10亿元人民币和10亿澳门元组成，期限均为2年期。发行公告中明确了在债券存续期间，发行人将每年在其官网披露有关收益分配和所资助的合格项目的环境影响；披露了合格项目清单，包括国内生态建设示范、山区生态修复、生态水网、国家储备林、低质低效林改造等多个具有生物多样性保护效益的项目，如附表7-2所示。

附表7-2 中国银行生物多样性主题绿色债券合格项目清单

区位	项目类型	对应《绿色债券原则》绿色项目类别	金额（百万元）
华中地区	生态建设示范项目	陆地与水域生态多样性保护	400
华北地区	山区生态修复工程	陆地与水域生态多样性保护	740
华中地区	生态水网工程	陆地与水域生态多样性保护	194.45
中国西南	中国西南地区国家森林保护区项目	生物资源和土地资源的环境可持续管理	350
华中地区	华中地区国家森林保护区项目	生物资源和土地资源的环境可持续管理	156
华东地区	低质低效林改造项目	生物资源和土地资源的环境可持续管理	150

同时，发行公告中还披露了两个合格项目的环境效益信息：

项目一：该项目涉及的湿地建设包括8万平方米的污水处理湿地、350万平方米的缓冲湿地、28.2公里的绿道工程，以及共计30万平方米的海绵城市建设蓝绿管网。项目实施后，湖区环境将得到有效改善，形成湖泊、滩涂、乔木和灌木林、草地等多种生态环境。通过对物种的有效保护，保证了生物物种的多样性，使湿地内动植物的栖息地和生态系统更加稳定，抵抗力更强。

项目二：该国家级森林保护区项目建设面积为19866.7公顷，其中木材保护区建设面积为16130.6公顷，木材产量为1598698.5立方米；经济林保护区建设面积为3736公顷，生产蜜槐种子54919.2吨，生产蜜槐42590.4吨。该项目的建设将为社会提供大量的原料木制品，满足人们对木制品的需求，有效保护其他树种的快速生长，更有利于森林中动植物的生长，使该地区的生物量得到发展，生物的多样性得到更有效的保护。

（九）2022年3月，国际复兴开发银行发行了一只5年期、1.5亿美元的可持续发展债券。募集资金用于支持南非濒危物种黑犀牛的保护，该债券也被称为"犀牛债券"。如果黑犀牛在阿多象国家公园和大鱼河自然保护区的数量增长率达到预先设定的目标，投资人将在债券到期时收到成功支付款。由联合国全球环境基金（GEF）负责提供这一部分潜在绩效，伦敦动物学会作为本次债券的核查机构。犀牛被认为是伞状物种，有助于塑造其周围栖息地的生物多样性。如果"犀牛债券"取得成功，这一动物保护债券模式将会被复制，用于更多有明确目标的极度濒危物种保护融资过程中。

致谢：

在本课题编写过程中，我们要特别感谢中央国债登记结算有限责任公司的宗军、史祎、程振华、商瑾、马赛、魏海瑞、陈莹莹和郭惠娥，中证鹏远绿融（深圳）科技有限公司的王雪晶、王鼎和吴彦。他们为课题顺利开展作出了很大贡献，在此我们表示衷心的谢意。

蓝色金融实践与海洋产业投融资支持目录研究

——以山东省为例

编写单位：北京绿色金融与可持续发展研究院

北京绿研公益发展中心

青岛银行

课题组成员：

白韫雯　北京绿色金融与可持续发展研究院

专美佳　北京绿色金融与可持续发展研究院

陈冀俍　北京绿研公益发展中心

曾阿仙　北京绿研公益发展中心

林治乾　青岛银行

朱　璐　青岛银行

编写单位简介：

北京绿色金融与可持续发展研究院（以下简称北京绿金院）：

北京绿金院是一家注册于北京的非营利研究机构。研究院聚焦 ESG 投融资、低碳与能源转型、自然资本、绿色科技与建筑投融资等领域，致力于为中国与全球绿色金融和可持续发展提供政策、市场与产品的研究，并推动绿色金融的国际合作。北京绿金院旨在发展成为具有国际影响力的智库，为改善全球环境与应对气候变化作出实质贡献。

北京绿研公益发展中心（以下简称绿研）：

北京绿研公益发展中心是一家扎根国内、放眼全球的环境智库型社会组织。绿研致力于全球视野下的政策研究与多方对话，聚焦可持续发展领域的前沿问题与创新解决方案，助力中国高质量的实现"碳中和"目标并推进绿色、开放、共赢的国际合作，共促全球迈向净零排放与自然向好的未来。

青岛银行：

青岛银行积极探索特色鲜明、高质量发展的发展之路，公司治理、风险管控等经营管理能力持续提升，初步形成"治理完善、服务温馨、风管坚实、科技卓越"的发展特色。青岛银行着力打造全国首家蓝色金融特色银行，2020年11月，获得联合国环境规划署批准，成为可持续蓝色经济金融倡议会员。

一、引言

长久以来，海洋为自然环境与人类社会提供了丰富惠益与福祉，包括供氧、调节气候、提供食物和生计、全球运输等。因此，海洋健康对于全球可持续发展进程至关重要。但是当前海洋面临重重危机，包括海岸侵蚀、海平面上升、海水变暖和酸性增强、海洋污染、鱼类资源的过度捕捞和海洋生物多样性的减少。SDG14为"保护和可持续利用海洋和海洋资源以促进可持续发展"，旨在解决一系列海洋问题：减少海洋污染，保护海洋和沿海生态系统，尽量减少海洋酸化，终止非法和过度捕捞，增加对科学知识和海洋技术的投入，以及遵守要求安全、可持续利用海洋和海洋资源的国际法等。而SDG14的实现则有助于其他SDGs的进展，例如减贫和维护粮食安全（SDG1，2）、促进社会经济增长（SDG8）、支持气候行动（SDG13）。实现SDG14与推进更广泛的可持续发展进程密不可分。

蓝色经济作为基于市场的海洋危机的解决手段，成为全球治理、国际合作的论坛中反复讨论的热点。联合国海洋大会（UNOC）是海洋可持续发展领域最重要的国际会议，2022年6月，第二届UNOC成功举办，通过了旨在拯救海洋的新政治宣言。该宣言指出，必须找到创新的融资解决方案来推动向可持续海洋经济转型，并扩大基于自然的解决方案以及基于生态系统的方法，以支持沿海地区的复原力、恢复和生态系统的保护。联合国秘书长海洋问题特使彼得·汤姆森指出，蓝色经济（可持续的海洋经济）已是人类社会可持续未来的重要组成部分，应获得更多资金投入。

为了推动我国蓝色金融发展，初步建立其标准体系，我们从我国沿海地方省份出发，选取山东省作为此次研究区域，结合其海洋经济及产业特点，开展研究。山东省是我国沿海省份，"十三五"期间，其海洋经济综合实力稳居全国前列。2022年5月20日，山东省成为联合国生物多样性金融项目在中国的唯一示范省份。"十四五"期间，山东省将继续致力于建设现代化海洋产业体系，维护可持续的海洋生态环境，推动海洋经济可持续、高质量、健康发展，建设海洋强省。山东省城商行青岛银行是首批绿色债券发行试点银行，在绿色金融领域具有丰富经验，其绿色投资涵盖废物管理、水务和自然保护领域，与蓝色经济具有高度协同性。近年来，青岛银行与世界银行集团国际金融公司合作积极推动国内蓝色金融发展，先试先行，并率先签署联合国环境规划署金融倡议《可持续蓝色经济金融倡议》。因此，山东省在我国发展蓝色金融的现阶段具有引领示范的作用。

本报告对国内外蓝色金融发展的机遇和挑战进行了分析，重点梳理和总结了已有的蓝色金融标准体系方面的建设。立足于山东省"十四五"海洋经济发展及海洋产业体系建立的可持续性要求，本报告围绕海洋和沿海生态系统管理和恢复、海洋污染防治、可持续沿海和海洋发展等蓝色金融重点支持领域，初步提出可供青岛银行以及在山东省发展蓝色金融的可持续海洋产业参考建议。同时，本报告也举例说明了目前建立蓝色金融标准体系已经具备的利好政策以及最佳金融实践。本报告将用于与山东省地方政府部门、金融机构、涉海企业等展开对话交流，为落实蓝色金融支持产业实践提供理论研究基础，促进形成国内关于蓝色金融标准体系的话语讨论。

二、蓝色金融的机遇与挑战

（一）中国海洋经济和蓝色金融的发展历史和现状

21世纪初期，我国海洋产业体系初步成形，海洋经济初具规模且发展条件不断优化。国务院在2003年发布的《全国海洋经济发展规划纲要》是我国首份指导海洋经济发展的纲领性文件，标志着政府开始将海洋经济作为整体的经济系统看待。这意味着我国海洋经济正在改变过去产业结构单一、资源开发不受制约、各海洋产业独立发展的局面。该纲要显示出我国正致力于推动全面的海洋产业规划，有效发挥产业间协同促进作用。之后，各沿海省份也相继出台了地方海洋经济发展规划。此外，随着生态文明建设的推进，为促进海洋经济健康发展，我国围绕海洋环境保护、资源开发等方面也陆续出台了多项政策文件。

进入21世纪以来，"海洋强国"战略部署将海洋经济提升到更高战略层次，我国制定了一系列海洋发展规划以推进海洋经济高质量发展。党的十八大报告提出"提高海洋资源开发能力，发展海洋经济，保护海洋生态环境，建设海洋强国"，党的十九大报告提出"加快建设海洋强国"。从海洋渔业、海洋交通运输业等传统产业，到海洋生物医药业、海水利用业等新兴产业，海洋经济被视为国民经济新的增长点。

"十四五"期间，建设中国特色海洋强国必须进一步强调优化海洋经济空间布局，加快构建现代海洋产业体系，协调推进海洋资源保护与开发。"十四五"规划提出"积极拓展海洋经济发展空间"等系列要求，包括优化海洋经济空间布局，加快构建现代海洋产业体系，协调推进海洋资源保护与开发，打造可持续海洋生态环境，加速建设中国特色海洋强国。其中建设现代海洋产业体系包括推进海洋能规模化利用、优化近海绿色养殖布局、发展可持续远洋渔业等。

蓝色经济指向"海洋向好"的经济活动，包括海洋和沿海地区经济可持续发展，同时协同推进海洋生物资源养护与生态环境保护。蓝色经济试图超越既有基于资源利用的经济增长模式，将海洋生态环境保护与海洋经济发展统一起来。相比于传统海洋经济，蓝色经济强调海洋开发与保护的协调发展，海洋生态和环境可持续利用，大力建设海洋生态文明。蓝色经济包括传统意义上的海洋经济部门，如能源、航运、渔业、海水养殖、旅游等；也包括目前尚未市场化的人类活动，如碳储存、海洋海岸保护、社会文化价值和生物多样性养护等。蓝色经济将助力我国建设海洋生态文明，应对气候变化达成"双碳"目标，并实现对联合国SDGs的承诺。

蓝色金融是鼓励社会资本投入支持可持续海洋产业体系建立和海洋生态保护修复的重要渠道。传统海洋产业的可持续转型需要资金支持，新技术的市场化过程中的研发、试验、示范、推广等不同阶段也需要不同类型的资金支持。公共资金、社会资本和其他低成本的融资渠道可以发挥各自所长参与其中。例如，海水养殖渔业的可持续转型中所需的饲料替代尚处于试验和示范阶段。因此，公益性的资金会发挥更主要的作用。而相对比较成熟的海上风电，社会资本参与的机会就更大。此外，2021年10月《国务院办公厅关于鼓励和支持社会资本参与生态保护修复的意见》进一步促进社会资本参与生态建设，重点领域包括海洋生态保护修复以及海洋生态牧场等。蓝色金融可以在支持我国海洋经济可持续发展，支持海洋强国、海洋强省建设中发挥重大的作用。

蓝色金融已进入中国金融监管部门政策话语。2018年1月，人民银行、海洋局等八部门联合发布《关于改进和加强海洋经济发展金融服务的指导意见》，推动蓝色经济金融供需的有效对接。2020年1月，中国银保监会在《关于推动银行业和保险业高质量发展的指导意见》中首次提出积极探索蓝色债券等创新型蓝色金融产品。2022年7月，经人民银行和证监会备案，绿色债券标准委员会发布《中国绿色债券原则》，明确将蓝色债券作为普通绿色债券的一种，募集资金投向可持续型海洋经济领域，促进海洋资源的可持续利用，用于支持海洋保护和海洋资源可持续利用相关项目。

蓝色金融的发展尚处于起步阶段。陆地经济的基于行业分类的司法和行政管理以及围绕主要环境效益的管理机制和市场工具等，对于海洋经济来说则无法直接适用。对蓝色金融来说，绿色金融标准系是很好的参考，但在目录标准、工具指南和风险与机遇的分析等方面，仅从绿色金融中做"摘取"无法满足蓝色金融的发展需求。海洋的环境外部性更广泛、责任划分更加复杂，从而对蓝色金融的发展提出了更高要求。相比于长期发展的陆地经济而言，海洋经济要建立或健全不同产业、不同经济活动的管理部门、管理机制和市场工具，还需要相对漫长的过程。目前，国内外在蓝色金融发展的指导框架方面已有初步探索和研究，但只有进一步发展细化的产业目录与指导工具、明确涉海经济活动的权责界限，才能推动规模化蓝色金融项目落地，从而切实支持海洋经济可持续发展。

（二）国内外蓝色金融实践——以蓝色债券为例

中国金融机构纷纷加入联合国环境规划署《可持续蓝色经济金融倡议》

（以下简称《倡议》）并承诺遵守《可持续蓝色经济金融原则》（以下简称《原则》）。《倡议》及其《原则》旨在帮助和引导银行、保险和投资者推动14条《可持续蓝色经济金融原则》的采纳与落实，为可持续海洋经济融资提供了指导框架。2020年11月，兴业银行成为《倡议》全球第27家签署机构和第49家会员单位，也是首家中资签署机构和会员单位。同年11月，青岛银行成为《倡议》全球第50家会员单位。2021年1月，南方基金成为国内首家签署此倡议的公募基金公司。同年2月，福建海峡银行成为《原则》全球第31家签署机构和第52家会员单位。中国金融机构已开始了在蓝色金融领域的积极探索，如发行蓝色债券。

发展蓝色债券市场，可以为探索海洋治理模式创新、推动海洋可持续发展提供新的融资支持。蓝色债券是指通过公募或私募的方式向投资者募集资金用于可持续型海洋经济项目的债券。蓝色债券发行人在资本市场向投资者募集资金，用于海洋保护和海洋资源可持续利用项目，有利于推动海洋经济开发、海洋资源保护、海洋环境治理等积极环境效益共同实现。蓝色债券的主要参与投资者包括国有大型银行、股份制银行、大型城农商行等银行机构，以及基金公司、保险公司和证券公司等非银机构，其参与的投资者整体范围与发行一般公司债近似。

截至2022年3月31日，中国交易所市场累计发行蓝色债券4只，涉及金额40亿元人民币[①]。其中上海证券交易所发行1只蓝色债券，募集资金10亿元；深圳证券交易所发行3只蓝色债券，涉及金额30亿元，这4只蓝色债券全部用于海上风电项目贷款、建设等支持海洋资源的可持续利用[②]。除交易所市场发行蓝色债券之外，银行间市场也发行蓝色债券。自2020年11月4日至2022年3月7日，银行间市场发行蓝色债券累计6只，涉及金额31亿元人民币，分别涉及水务和能源等行业[③]。

2012年起大自然保护协会（TNC）与塞舌尔制订债务置换计划（塞舌尔

---

① 根据中信建投债券承销部公开资料综合整理。
② 根据中信建投债券承销部公开资料综合整理。
③ 根据中信建投债券承销部公开资料综合整理。

高达2000万美元的国债被重组为TNC的贷款和各基金会的赠款，以换取其21万平方公里的海洋被指定为海洋保护区），已于2016年完成。2018年10月，塞舌尔共和国发行了世界上第一只主权"蓝色债券"（期限为10年，票面利率为6.5%）向国际投资者募集了1500万美元的资金，由塞舌尔保护和气候适应信托基金（SeyCCAT）和塞舌尔发展银行（DBS）管理，旨在为扩大海洋保护区、治理重点渔场和发展蓝色经济提供资金。

2019年1月，北欧投资银行（NIB）推出了"北欧·波罗的海蓝色债券"，为波罗的海周边与水有关的项目筹集2亿美元（以瑞典克朗计价），保护波罗的海的敏感海洋环境，资金用于污水处理、水污染防治以及与水相关的气候变化适应项目。2019年7月，摩根士丹利成为世界银行1000万美元可持续发展债券的发行方，旨在解决海洋塑料垃圾污染问题。2019年11月，世界银行发行了2860万美元为期五年的可持续发展债券，其资金将帮助支持可持续渔业、海洋保护区和海洋废弃物升级改造项目。2021年9月，亚洲开发银行发行了以澳大利亚元计价价值约为1.51亿美元、为期15年的蓝色债券，和以新西兰元计价的价值约为1.51亿美元、为期10年的蓝色债券。募集资金用于资助以恢复生态系统、管理自然资源、发展可持续渔业和水产养殖、减少沿海污染、发展循环经济、海洋可再生能源、绿色港口和航运等方式促进海洋健康的项目，如表1所示。

表1　国际蓝色金融实践：蓝色债券

债券名称	发行方	年份	金额（美元）	利率（%）	周期
塞舌尔蓝色主权债券	塞舌尔共和国	2018	1500万	6.5	10年
北欧·波罗的海蓝色债券	北欧投资银行	2019	2.07亿	0.375	5年
世界银行蓝色性质可持续发展债券	世界银行，摩根士丹利承销	2019	1000万	2019：2.35 2020：2.70 2021：3.15	3年
世界银行蓝色性质可持续发展债券	世界银行	2019	2860万	—	5年
亚洲开发银行蓝色债券	亚洲开发银行	2021	1.51亿 1.51亿	—	15年 10年

注：研究团队根据公开信息制表。

目前，国际上已发行的蓝色债券大多参照绿色债券框架中的海洋保护相关条目认证和发行，尚未形成通用的蓝色债券标准、认证流程和发行规则。国际市场允许各市场自发探索，因而会产生不同模式的蓝色债券发行实践。由于蓝色债券尚且缺乏国际公认的、可执行的蓝色债券标准、认证程序和发行准则等，现有蓝色债券都是在绿色债券框架下，参照《气候债券标准》《绿色债券原则》等绿色债券相关制度发行的。如北欧投资银行（NIB）发行的北欧·波罗的海蓝色债券，由于缺乏专门标准，其外部评估实际上采取了绿色债券的认证标准。此外，全球蓝色债券发行规模仍较小，全球蓝色债券市场尚处于初步发展阶段。

（三）中国蓝色金融的挑战与机遇

我国亟须建立蓝色金融标准并不断更新完善。例如，蓝色债券是市场化的蓝色金融工具，可以针对性地解决蓝色经济风险较高、开发难度大、生物保护经济效益低、污染治理运营周期长等问题。然而由于尚无统一发行标准，蓝色债券发展仍在探索中。国内债券发行一般是先有产品规则和标准，再有产品落地。因此，如果没有明确的蓝色债券发行规则和标准，国内将难以大规模发行蓝色债券。

由于其投资规模大、周期长、风险高，蓝色金融市场存在参与主体少、融资期限错配、融资工具或服务单一等问题，难以满足相关资金需求。海洋经济及产业的风险是大于陆地经济及产业的，且往往不可预测，许多涉海产业具有高投入、高风险的特点，例如海洋渔业，捕捞渔船作业同时面临极端天气等随机不可抗因素和操作不当等人力因素带来的损害风险。而且，人类在海洋经济活动中积累的数据更少、更难控制风险。此外，海洋环境治理是一个长期过程，公共部门和私营部门的资金投入并不能对海洋环境产生直接迅速的积极效益，投资回报期较长。海洋经济面临的风险和投资收益的不确定性较大，会导致难以形成合理的风险收益率曲线，从而制约蓝色金融的市场发展。从前期经验来看，海洋经济创新的成果转化难度也相对更大，相关的抵押品流动性更加不足。

潜在市场参与者对创新的蓝色金融产品及服务缺乏了解，市场积极性有待提高。目前主要出现的蓝色金融产品以蓝色债券为主。蓝色债券是新生资本市场工具，发行人对发行蓝色债券亟须进行能力建设，包括项目选择、产品定价、风险分担等方面；投资者对蓝色债券的运作、收益、风险等也亟须增进了解。目前有限的案例难以支持潜在市场参与者深入了解蓝色金融创新产品及服务的关键特征，使市场参与主体有限。此外，市场参与者难以确保蓝色金融募集资金真正运用于海洋可持续发展项目或真正起到维护海洋可持续性的作用，因此参与积极性有待提高。

针对这些挑战和问题，国内话语讨论中也提出了一些解决方案和进一步的思考。

首先要完善蓝色金融市场基础设施建设，率先推进蓝色金融相关标准制定。在国内外现有蓝色金融指引和标准的基础上，细化和明确贡献于海洋可持续发展的产业投融资活动目录，为市场参与者提供指导。防范"漂蓝"的核心正是要尽量做到标准和信息的透明，并且还要确保这些标准可对比、可落地。例如，制定蓝色债券发行制度框架，构建蓝色债券信用评级机制，并推动蓝色第三方评估认证机构发展，完善蓝色债券发行规范流程以及信息披露体系。因此，对蓝色债券发行主体资质及蓝色项目资质进行信用评级，并对蓝色项目的筛选评估、募集资金的使用管理、信息披露报告机制等进行独立评估和认证。

其次，蓝色金融市场活跃度的提升需要政府出台相关激励政策机制，财政税收、产业政策、金融政策等要相互配合，形成政策合力。在金融监管层面，将支持海洋可持续发展纳入人民银行宏观审慎框架，由银保监会等微观审慎监管主体鼓励金融机构推出创新蓝色金融产品；在地方政府层面，利用捐赠基金、税费、资源许可或使用费等公共资金作为重要项目担保金，调动机构投资者特别是保险公司、银行、投资基金等参与蓝色金融市场建设的积极性。

最后，融资主体广泛性、融资工具多元化可以为蓝色金融市场带来积极效应。海洋经济具有高风险的特点。一方面，鼓励开发性、政策性、商业性金融服务机构和各类金融市场主体进入蓝色金融市场，除继续增加公共部门的资金投入外，还要努力引导私营部门投入蓝色金融，扩充融资渠道；另一方面，多种金融工具也要配合使用，例如，蓝色债券、蓝色基金、蓝色信贷、蓝色资产交易、海洋保险、融资租赁、资产证券化（ABS）等应该配合使用以发挥各自优势，从而覆盖更多项目服务。

三、蓝色金融指引和标准

蓝色金融需要强有力的支持性监管框架来引导和监管投融资活动。有关蓝色金融的通用原则制定还停留在国际政策性金融机构的倡议和宣言层面，缺少落地的规则与框架，暂时未将蓝色经济及蓝色金融作为独立的发展成分建设起详尽规则与投资平台。在中国，海上风电、海洋旅游、船舶制造、海洋化工及生物医药等都呈现出迅猛的增长态势，可预期未来融资需求的相应增长，这是蓝色债券等蓝色金融产品发挥作用的机遇。不过，蓝色金融创新产品充分发挥促进蓝色经济和可持续发展的作用还需要蓝色金融标准体系和监管框架的进一步发展和完善。

联合国环境规划署金融倡议（UNEP FI）于2018年10月发布了《可持续蓝色经济金融倡议》，旨在加速世界海洋资源利用的可持续转型。该倡议指出蓝色经济的发展是由与减少碳排放和污染、提高能源效率、利用自然资本、阻止生物多样性丧失等相关的投资以及相关生态系统的效益所驱动的。银行、保险和投资者可以将其产品和服务根据可持续的发展的要求进行调整，并识别出支持海洋生态系统的创新解决方案。

为了引导银行、保险和投资者在其工作中将海洋可持续性主流化，UNEP FI在2018年发布了《可持续蓝色经济金融原则》，为可持续海洋经济融资提供了全球首个指导框架。欧盟委员会、世界自然基金会、世界资源研究所（WRI）和欧洲投资银行（EIB）参与了原则的编撰。该原则致力于通过为保险公司、贷款人和投资者制定切实可行的行动和产出，加快向可持续利用世界海洋、海域和海洋资源的过渡。通过签署这些原则，金融机构向市场、投资者、客户、员工和其他关键利益相关者展示了其对海洋可持续性和SDGs的承诺。

此外，联合国全球契约组织（UNGC）也提出了《可持续海洋原则》为各海洋部门和各地区的负责任的商业行为提供了框架，支持海洋可持续发展。这些原则以联合国全球契约组织的十项原则为基础和补充，涵盖了以下三个领域：海洋健康和生产力，治理和参与，数据和透明度。代表了海洋产业和金融部门领导者的超过80家公司已经认可了这些原则，承诺采用基于这些原则的方法进行可持续的海洋业务。

为了将上述一般性海洋可持续发展原则转化为对金融行业更具实操性的指导原则，近年来，国际多边发展金融机构和我国银行业金融机构纷纷探索发展蓝色金融指引和标准。蓝色金融和可持续海洋的原则为蓝色金融标准体系建立了初步框架，也为蓝色金融市场形成提供了初步基础。然而，要实现海洋经济可持续发展目标、落实蓝色金融原则、促进蓝色金融市场形成，亟须进一步完善蓝色金融标准体系。在这方面，已经出现来自国际多边金融机构和组织的蓝色经济或蓝色金融框架、蓝色金融指引，界定了蓝色产业及部门的初步分类。这些蓝色金融标准建设的先行者包括世界银行及其国际金融公司（IFC）、亚洲开发银行以及与IFC合作的山东省城商行青岛银行等。本部分将分别详细介绍这些金融机构或组织所提出的蓝色金融的指引和标准，以期为进一步完善适合于我国地方沿海省份（如山东省）的蓝色产业及其涉海可持续经济活动分类提供借鉴。

（一）世界银行的蓝色经济分类

2017年，世界银行（以下简称世行）与联合国经济社会事务部共同发布了《蓝色经济的潜力：增加小岛屿发展中国家和沿海最不发达国家可持续利用海洋资源的长期利益》报告，提出了蓝色经济应该涵盖的海洋经济活动。该报告明确蓝色经济活动应该为今世和后代提供社会利益和经济利益，恢复、保护和维护海洋生态系统的多样性、生产力、复原力、核心功能和内在价值，并且基于清洁技术、可再生能源和循环利用技术，以减少浪费和促进材料的回收。同时蓝色经济的政策应纳入气候变化对海洋和沿海生态系统影响的考量。每个国家的蓝色经济活动组合各不相同，这取决于其独特的国情和为反映本国的蓝色经济概念而采取的国家愿景，该报告则主要针对小岛屿发展中国家和沿海最不发达国家的发展需求界定了蓝色经济活动组合。

该报告表明，蓝色经济活动既包括传统海洋产业，如渔业、旅游业和海上运输，也包括新的和正在出现的活动，如海上可再生能源、水产养殖、海底开采活动以及海洋生物技术和生物勘探。海洋生态系统提供的一些服务，虽然不存在市场，但也为经济和其他人类活动作出了巨大贡献，如碳封存、海岸保护和生物多样性。

（二）亚洲开发银行绿色和蓝色债券框架

亚洲开发银行（以下简称亚行）在2019年5月发起"海洋融资倡议"，鼓励亚行发展中成员国支持有助于保护和恢复海洋生态系统和促进可持续蓝色经济的项目，以此加速亚太地区的蓝色投资。该倡议与亚行的《健康海洋和可持续蓝色经济行动计划》相一致，将利用公共部门的资金创造投资机会，吸引包括私营部门在内的多种来源的融资。亚行计划在2019年至2024年将投资和技术援助扩大到50亿美元，以促进海洋健康和蓝色经济发展。

"海洋融资倡议"支持各国在海洋健康和蓝色经济方面开发财务上可行的投资，实施途径包括建立蓝色金融框架以制定详细原则、标准和指标来选择项目和衡量影响。亚行2021年9月发布了《绿色和蓝色债券框架》，亚行所有绿色债券和蓝色债券都符合《绿色债券原则[①]》，且蓝色债券还符合自愿性的《可持续蓝色经济金融原则[②]》。在亚行《绿色和蓝色债券框架》下，蓝色债券融资支持的项目内容还包括一些地区的固废处理改进、塑料循环利用、水污染防治项目等发生在海洋外但与海洋健康相关活动。

---

① 绿色债券原则是由国际资本市场协会协调的自愿性准则。
② 该原则由联合国环境规划署金融倡议主持，亚行是该原则的签署方。

（三）国际金融公司蓝色金融指引

基于《绿色债券原则》和《绿色贷款原则》，国际金融公司（IFC）2021年10月发布了《蓝色金融指引》。IFC一直处在创造绿色金融和蓝色金融市场的前沿。IFC是世界银行集团的成员，同时也是全球规模最大的专注于新兴市场私营部门的国际开发机构。该指引为蓝色金融支持的经济活动依据环境目标进行了分类，主要是促进污染防治、自然资源养护、生物多样性养护以及气候变化减缓和适应。同时，该指引也要求这些活动应尽可能与其他SDGs协同，并且要满足环境、社会和企业治理（ESG）保障措施。该指引由位于丹麦的专业海洋科学和工程智库NIRAS A/S进行独立评议。

该指引提出，蓝色项目必须符合《绿色债券原则》和《绿色贷款原则》的项目类别，并对SDG6或SDG14作出贡献，其产出和成果应与SDGs的一个或多个目标指标直接相关。项目只有在不给其他SDGs（尤其是SDG2、SDG7、SDG12、SDG13、SDG15）及其优先环境领域带来实质性风险的情况下，才能被贴上蓝色标签。项目必须遵循国际公认的可持续性标准，如IFC的绩效标准，世界银行的环境、健康和安全准则，或类似的标准。此外，行业特定的可持续性标准以及某些特定产品标准，也可以适用于高于国家要求的蓝色投资。

（四）青岛银行蓝色资产分类标准

山东省海洋经济综合实力稳居全国前列，在金融支持生态环境保护及可持续发展方面具有引领作用。青岛银行在绿色金融领域率先开展工作，具有丰富经验，而且与IFC合作积极试点蓝色金融、拓展可持续海洋经济，旨在孵化领先的银行实践、创新资本市场解决方案，为国际推广可持续蓝色金融提供经验和知识。2020年，青岛银行成为联合国环境规划署金融倡议《可持续蓝色经济金融倡议》全球第50家会员单位。

2022年6月，IFC为青岛银行提供了1.5亿美元蓝色银团贷款，这是其在中国的首笔蓝色金融投资。这项1.5亿美元融资方案包括来自IFC自有账户的

4000万美元和来自亚行、德国投资与开发有限公司（DEG）和法国开发署经合投资公司（Proparco）的1.1亿美元平行贷款。这项新投资将帮助撬动4.5亿美元融资，在未来三年为50个蓝色金融项目提供资金支持。通过其中3500万美元的私营部门贷款及相关技术援助，ADB将支持青岛银行扩大蓝色金融业务，助力中国的海洋可持续发展和污染控制事业。

在IFC的合作与支持下，青岛银行提出了《蓝色资产分类标准》，其内容与IFC《蓝色金融指引》界定的蓝色金融应该支持的产业活动保持一致。结合山东区域发展特色，该分类以海洋产业活动的可持续水平以及对海洋可持续性的影响程度作为关键标尺，确定了7大类37小类蓝色资产类别。这些蓝色资产类别致力于促进污染治理、自然环境保护、生物多样性养护、应对气候变化等环境目标的实现。

（五）联合国全球契约组织相关蓝色指引

为了落实前述《可持续海洋原则》，联合国全球契约组织提出了对应指南，即在为企业提供了海洋可持续发展原则和目标的基础上，进一步提供具体的、可操作的工具来帮助企业实施可持续海洋商业实践，从而实现目标和落实原则。该指南涵盖了广泛的海洋相关业务部门和监管框架，包括水产养殖、石油和天然气、海洋可再生能源、海藻、渔业、船厂和航运。对于每项原则，指南都提供了一套可以实施的行动，并辅以最佳实践；而对于每个海洋产业或部门，指南都提供了对该部门的可持续性挑战和机遇的分析。随着蓝色金融市场继续要求明确和可衡量的环境、社会和治理标准，该指南可以为市场提供一个评估可持续投资的工具。

2020年6月，联合国全球契约组织联合多家商业机构（瑞士信贷集团、挪威出口信保、花旗集团等）共同草拟《蓝色债券：促进可持续海洋商业投资参考》（以下简称《投资参考》），开始探索蓝色债券的商业发行准则和流程。《投资参考》旨在利用ESG债券市场的机会，为已经或计划为SDGs作出重大贡献的海洋相关项目和公司争取资本。

《投资参考》认为与海洋相关的产业，无论是陆地还是海洋，都可能对

SDGs产生直接的积极影响，而蓝色债券可以为主流的SDGs投资建立一个市场。有了蓝色债券，就有可能吸引机构和私人投资者投资一系列广泛的与海洋相关的私人和公共部门活动，以支持SDGs。

通过《投资参考》，联合国全球契约组织公布了健康和富饶海洋的五个关键临界点，同时也界定了对应的主要海洋相关产业活动，作为定义蓝色债券关键绩效指标的起点和指导投资的框架。所有蓝色债券的发行人都必须要求独立的第三方对关键绩效指标进行认证，以确保指标是透明、可衡量和相关的。

（六）联合国环境规划署蓝色金融指南

继发布《可持续蓝色经济金融原则》为可持续海洋经济融资提供全球首个指导框架之后，联合国环境规划署金融倡议（UNEP FI）分别于2021年和2022年发布了两份指南，为银行、保险公司和投资者提供基于科学的、可操作的工具包。两份指南分别针对海洋渔业、海洋交通运输业（沿海港口）、海上可再生能源、海洋旅游业，和沿海基础设施建设、污染防治及废弃物管理等海洋产业或部门，就支持环境和社会可持续性的最佳行动、挑战与禁止行为进行了界定和分析。其中，第一份指南提出了为可持续蓝色经济融资的建议排除项目（由于其对海洋的破坏性影响和高风险而应排除的活动），概述了如何避免和减轻环境与社会风险及影响，以及如何为可持续发展提供资金。第二份指南则帮助金融机构打破污染循环，包括塑料和其他固体废物，并管理沿海基础设施项目的影响，如海堤，同时探索基于自然的解决方案的潜力，包括红树林和珊瑚礁。

（七）分析总结

在蓝色金融指导原则方面，UNEP FI面向世界海洋经济提出的《可持续蓝色经济金融原则》具有普适性和代表性。亚行在该原则指导下提出了《绿色和蓝色债券指导框架》，世行定义蓝色经济活动的原则性表述内涵与该原则也一致，因此该原则可以作为目前蓝色金融指导原则的关键参考。此外，亚行的《绿色和蓝色债券指导框架》目前主要呈现的是亚行规划支持的蓝色金融的框架范畴，亟待未来在指导框架内进一步制定更为详细的原则、标准和指标。联合国全球契约组织提出的《可持续海洋原则》也与《可持续蓝色经济金融原则》一致，共同指导着国际金融机构不断探索蓝色金融的标准和指引。

就环境目标而言，IFC《蓝色金融指引》明确提出以污染防治、自然资源与生物多样性养护以及气候变化减缓和适应为环境效益目标，这些目标可以作为蓝色金融的环境目标。实际上，这些环境目标与绿色金融体系中《绿色债券原则》等确定的环境效益目标保持了高度一致。

对于具体经济活动的界定和分类，世行的蓝色经济分类并未界定海洋经济活动的可持续性。而在这方面，亚行《绿色和蓝色债券指导框架》提出了简明清晰的内容框架；IFC《蓝色金融指引》已经细化了具体海洋及涉海产业及部门的蓝色经济活动内容，青岛银行《蓝色资产分类》也基于前者提出了针对地方区域的蓝色经济活动界定。同时，UNEP FI的蓝色金融指南和联合国全球契约组织的相关蓝色指引，均在各自指导原则的基础上，初步界定了不同海洋产业及部门可持续经济活动的最佳实践。然而作为蓝色金融标准体系的主要内容，蓝色经济活动分类目录需要在结合海洋经济及产业发展的实际情况的基础上进一步探讨和发展，以适用于蓝色金融市场。

以上国际蓝色金融指引与标准具有普遍意义，可以为国内地方沿海省份（如山东省）发展蓝色金融标准体系提供借鉴。然而这些国际蓝色金融指引与标准仍有尚未关注、识别和界定的海洋产业、部门以及生态服务，乃至对于蓝色经济活动的环境效益界定不充分；并且落实到不同区域的实践时，各地海洋产业发展特点又有差异。所以对山东省而言，应结合其海洋产业发展重点和优势以及实践，界定具有地方特色的可持续海洋经济活动分类。

四、山东省海洋产业发展分析

（一）山东省海洋产业可持续发展规划

1. 优化提升海洋传统优势产业

（1）海洋渔业和海产品加工业

根据山东省海洋经济"十四五"规划，山东省海洋渔业和海产品加工业有以下可持续发展要求。①推动远洋渔业转型升级：落实海洋渔业资源总量管理制度，严格执行伏季休渔制度，加大减船转产力度，开展限额捕捞和海域轮作试点。以转变合作模式、提升管理水平和防范经营风险为重点，加快培植远洋渔业龙头企业。②优化海水养殖结构和布局：积极探索以近浅海海洋牧场和深远海养殖为重点的现代化海洋渔业发展新模式，提升海产品精深加工水平。加强行业用海精细化管理，严控海域开发规模和强度，规范养殖用海管理。③优化水产种质资源：开展水产种质资源普查，建立其保护、鉴定评价和共享利用等体系，提升改造省级水产种质资源库，大力培育水产种业的联合育种平台和良种繁育龙头企业，加快选育突破性新品种，提高水产苗种质量和良种覆盖率。④提升养殖业绿色发展水平：完善循环水和进排水处理设施。加强海水养殖污染治理，加快制定海水养殖尾水排放地方标准，实现规模以上养殖主体尾水达标排放。⑤稳步推进深远海养殖：支持重力式深水网箱、桁架类大型养殖装备等建设，积极探索和推广深远海养殖重要领域和关键环节经验模式，鼓励社会资本参与深远海养殖发展。⑥加快现代海洋牧场建设：以加强海洋生态环境修复、开展生物资源养护等为目标，提升人工鱼礁的亲生物性能，实现渔业生境的有效恢复。⑦做大做强水产品精深加工和流通业：推动水产品产地加工和水产品冷链物流建设，提升水产品加工仓储现代化水平，加大水产品和加工副产物的高值化开发利用。⑧强化水产品质量品牌建设：完善渔业标准体系，推进水产品标准化生产。开展水产质量安全源头整治，加大水产品质量安全监督抽检力度，严厉打击违禁添加行为。推行养殖水产品达标合格证制度，提高绿色、安全、品牌水产品供给能力。

专栏一 恒丰银行支持山东省海洋渔业

威海长青海洋科技有限公司是山东省威海市荣成市海带养殖业的骨干企业，拥有海洋生态牧场面积6.8万亩[①]。自20世纪80年代中期以来，面对海洋渔业资源减少的危机，公司开始进行水产养殖业的可持续转型。山东省荣成市海洋牧场有限公司位于山东省荣成市中部沿海，毗邻桑沟湾和爱莲湾两个天然海湾，发展海洋牧场具有得天独厚的条件。2020—2022年，公司在山东威海荣成桑沟湾以北的田间筏区开展标准化养殖设施建设，项目活动包括发展海带—鲍鱼、海带—扇贝、海带—真海鞘综合养殖方式，优化筏距和笼距等养殖设施布局，采购温盐自控连续监测仪、小型自控流量计，并试行海带机械化采收装置。项目总投资为3000万元，恒丰银行提供到2020年的累计贷款1700万元。

该项目实现的环境效益包括开展近岸海藻床修复，利用海带、裙带菜、羊栖菜等大型藻类建设12公顷的海藻床。而且，截至2018年，挪威MOM-B水产养殖环境评价系统的评价结果显示，桑沟湾经过近40年的大规模海水养殖，海水和底质环境仍处于良好状态，没有发生富营养化等污染现象。项目取得的经济效益包括：建成1万亩产业化示范区；水产养殖综合效益平均增长26%以上；在漂流区改造中通过机械化采捕装置降低了劳动力成本，节省劳动力46人，节约劳动力成本322万元/年。该项目促进了国内近海海水养殖业的可持续转型，带动了周边休闲渔业和旅游业的发展。

[①] 1 亩 ≈ 666.67 平方米，本书下同。

（2）海洋船舶工业和海洋化工业

海洋船舶工业：接轨国际造船标准，着力推进海洋船舶工业结构调整和转型升级，开展高端化绿色化智能化散货船、油船、中大型集装箱船、大型气体运输船、大洋勘探船、深海采矿船、现代远洋渔船等高技术船舶的设计和制造。

海洋化工业：优化海洋化工产业布局和产品结构，延伸海洋化工产业链，加大技术改造升级力度，打造绿色、集聚、高端海洋化工产业基地。发展精细盐化工，拉长以溴素为原料的阻燃材料、药用中间体等产业链条，打造高端盐化工产业基地。加快研发海水化学资源和卤水资源综合开发利用技术，扩大海水提取钾、溴、镁等系列产品及其深加工品规模。支持海藻活性物质国家重点实验室等工程化开发平台建设，加快发展海藻化工产业。

2. 发展壮大海洋新兴产业

（1）海洋工程装备制造业

海洋工程装备主要指海洋资源（特别是海洋油气资源）勘探、开采、加工、储运、管理、后勤服务等方面的大型工程装备和辅助装备，处于海洋产业价值链的核心环节。"十三五"期间，山东省加快发展高端海工装备制造业，初步建成船舶修造、海洋重工、海洋石油装备制造三大海洋制造业基地。加快发展大功率海上风电机组、海水淡化、海洋能开发、深远海养殖等装备及关键配套设备。

（2）海洋药物和生物制品业

山东省是海洋生物医药产业大省，产值超过200亿元，约占全国比重近半。山东聚集了全国80%以上的海洋药物研究资源和力量，构建了全球首个海洋糖库，储备了一批有广阔药用前景的海洋天然产物和海洋生物基因资源，一批海洋候选药物处于系统临床前研究和临床试验阶段。2020年，山东省制定了《山东省海洋生物医药产业发展三年推进计划》，致力于推进海洋生物医药产业集聚发展，争取到2025年系列海洋生物功能制品形成显著规模和经济效益。

专栏二　农业银行和青岛银行支持浒苔无害化处理和资源化利用

　　"海大生物产业园暨中国海洋大学海洋生物产业化基地"项目为青岛市重点建设项目，该项目主要通过提取浒苔中的有效成分，制造海洋生物杀菌剂和无抗饲料添加剂。浒苔常年威胁青岛等地区的沿海生物多样性和生态环境，持续造成不容小觑的社会经济损失。该项目不但可以通过清理浒苔加强沿海环境治理、养护生态资源、保护生物多样性，还可以通过将浒苔资源化利用，创造社会经济价值。根据项目资金需求情况，农业银行青岛分行为企业审批贷款1.7亿元，助力提升海洋生物资源高值化开发能力。项目入选2020年山东省新旧动能转换重大项目库第二批优选项目名单，可实现年产高端海洋生物制品5000吨，将填补国内外海洋生物资源精细化加工及应用技术的空白。项目建成后，可有效带动国内高端海洋生物产品的发展，促进高端海洋生物制品的成果转化，推动海洋生物资源特别是海（绿）藻资源在我国农业方面的应用，保障沿海生态环境安全，为青岛高新区培育新的战略性产业，助力高端海洋生物制品产业集群发展。另外，青岛海大生物集团有限公司的胶州"浒苔无害化处理与资源化利用基地"是目前国内唯一的绿藻大规模加工利用的专业化基地。2021年8月，青岛银行为该公司发放1年期流动资金贷款1000万元，以支持企业发展。

　　（3）海水淡化与综合利用业

　　将海水淡化水纳入沿海地区水资源统一配置体系，坚持发挥市场机制作用与政府宏观调控相结合的原则，以实现沿海工业园区和有居民海岛淡水稳定供应为重点，稳步探索市政用水补充机制。有条件的城市加快推进淡化海水作为生活用水补充水源，沿海严重缺水城市将淡化海水作为市政新增供水及应急备用的重要水源。到2025年，全省海水淡化产能规模达到120万吨/日。建设海水淡化与综合利用、海洋盐业与盐化工等循环产业链。

专栏三　青岛水务集团蓝色债券融资建设海水淡化项目

2020年11月4日，由兴业银行独立主承销的青岛水务集团2020年度第一期绿色中期票据（蓝色债券）成功发行，发行规模3亿元，期限3年，募集资金用于海水淡化项目建设。这是我国境内首单蓝色债券，也是全球非金融企业发行的首单蓝色债券，为解决沿海地区淡水危机、促进海洋资源可持续利用探索新融资模式。该项目为解决沿海地区淡水危机、促进海洋资源可持续利用探索了新模式，为国内外机构探索蓝色债券标准提供了借鉴和参考。

青岛市是全国缺水最严重的城市之一，海水淡化是解决青岛市供水不足的重要措施之一。青岛水务集团为青岛市区最大的供水企业，其建设的百发海水淡化项目既承担着区域内工业企业用户的供水任务，也成为市政供水的重要补充水源。随着经济发展，青岛市需水量不断增长，根据青岛市海水淡化产业发展规划等相关规划，百发海水淡化厂扩建势在必行。此次债券募集资金旨在支持百发海水淡化厂（一期工厂已投入运营，二期工厂正在建设中）形成20万立方米/日的淡水生产能力，该厂将成为国内规模最大的海水淡化厂之一，有效保障城市供水安全，优化供水水源结构，实现水资源可持续利用。

2022年，青岛水务集团在现有百发海水淡化厂一期工程的基础上拟扩增10万立方米。兴业银行青岛分行再次为其发行蓝色债券，由兴业银行青岛分行独立主承销的青岛水务集团2022年度第一期绿色中期票据（蓝色债券）成功发行，规模2亿元，期限3年。这也是兴业银行青岛分行落地的第二单蓝色债券。募集资金主要用于青岛百发海水淡化厂扩建工程项目建设，将助力企业改进海水淡化技术，在提升日产淡水能力的同时，有效节约地表水、地下水等淡水资源超过3600万立方米，实现经济效益与社会效益的有机统一。

（4）海洋电力业

加强海洋能资源高效利用技术装备研发和工程示范，支持海上风电、潮汐能等海洋能规模化、商业化发展，打造海洋新能源示范引领高地。打造

"立足山东，辐射沿海"集研发设计、智能制造、工程总承包、运维服务等于一体的风电装备产业集群。探索推进"海上风电+海洋牧场"、海上风电与海洋能综合利用等新技术、新模式，积极推广"渔光互补"模式，支持海洋清洁能源与海水淡化、深远海养殖、海洋观测等融合发展。探索开展多种能源集成的海上"能源岛"建设。

专栏四　青岛银行支持海上风力发电

青岛银行拟为山东能源渤中海上风电项目投放10亿元项目贷款。该项目位于山东省东营市北部海域，场址面积48.96km²，主要建造内容为501MW风力发电设施，拟布置60台8.35MW风力发电机组，拟配套建设一座220KV海上升压站和陆上500KV升压站，风电机组发出电能通过35KV海底电缆接入海上升压站，升压后通过220KV海底电缆接入陆上500KV升压站。项目总投资约66.8亿元。

该项目不进行围填海，不占用自然岸线，风机、升压站、线杆支架的用海方式为"透水构筑物"。项目对环境影响主要为施工期悬浮泥沙扩散对附近海域水质的影响，运营期无污染物排海，不会影响海洋渔业，对东营黄河口文蛤国家级水产种质资源保护区没有明显影响。

（5）海洋碳汇

加快海洋负排放研究中心、黄渤海蓝碳监测和评估中心等平台建设，实施典型海区碳指纹与碳足迹标识体系理论和应用研究、海洋微型生物碳汇过程与识别技术研发等重大项目，开展渔业碳汇、滨海盐沼湿地碳汇、海洋牧场碳汇和微生物碳汇等系列方法学研究和标准制定，建设典型海洋生态系统碳汇时间序列观测站，建立系统完善的海洋碳汇数据库，评估省内海域滨海湿地、海洋牧场、典型海草床、海洋微生物等多种碳汇本底值，拓展潜在海洋增汇途径和方式。扩大海带、裙带菜、牡蛎等经济固碳品种养殖规模，放大渔业碳汇功能。按照国家部署要求，积极推进渔业碳汇、海草床碳汇等蓝碳资源参与国家自主减排交易，使蓝碳资源变成资产、资本。

专栏五　兴业银行海洋湿地碳汇贷支持海洋湿地保护

2021年8月18日,兴业银行青岛分行以全国碳排放权交易价格为依据,以胶州湾湿地碳汇为质押,向青岛胶州湾上合示范区发展有限公司发放贷款1800万元,专项用于企业购买增加碳吸收的高碳汇湿地作物等以保护海洋湿地。此为全国首单湿地碳汇贷。

胶州湾湿地位于中国—上海合作组织地方经贸合作示范区,是构成青岛市绿色生态安全重要基础。兴业银行青岛分行联合青岛胶州湾发展集团,以胶州湾湿地内土壤碳库、水体碳库和植被碳库的固碳能力为基础,通过对湿地的土壤面积、植被面积和多年平均水资源量的监测分析,综合评定其固碳能力。在此基础上,兴业银行以全国碳排放权交易市场当日碳排放交易价格为依据,以胶州湾湿地减碳量的远期收益权为质押,测算贷款全额,并通过人民银行动产融资统一登记公示系统进行质押权利登记和公示后,为企业发放贷款,有效助力企业将生态价值转化为经济价值。

2021年9月27日,兴业银行青岛分行以唐岛湾湿地碳汇为质押,为青岛西海岸文化旅游集团有限公司发放贷款2000万元,专项用于湿地公园岸线清淤等海洋湿地保护。此为全国第二单湿地碳汇贷、全行第二单海洋碳汇贷。

位于青岛西海岸新区的唐岛湾湿地,是我国北方沿海典型的港湾型浅海与滩涂湿地,也是东部候鸟迁徙路线上的重点停歇地,湿地特征典型,生态区位重要,生物多样性丰富,对保障区域生态安全具有重要作用。经专业碳汇测评机构监测分析,占地1300余公顷的唐岛湾湿地,其土壤、植被及水资源的固碳能力近20万吨,预计累计减少二氧化碳碳排放量72万吨。兴业银行青岛分行以其减碳量的远期收益权为质押。

专栏六　全国首单海洋碳汇指数保险合同

5月7日,中国人寿财险山东省分公司与山东荣成楮岛水产有限公司签订的全国首单海洋碳汇指数保险合同正式生效。该险种旨在解决灾后海草床碳汇资源救助、灾后重建和养殖维护资金短缺等问题，充分保障了海草床固碳的生态效益和经济价值，有助于推进威海市蓝碳产业快速发展。

作为开展蓝色金融创新，推动区域性碳汇价值多元转化、助力碳中和目标实现的全新探索，综合国内外海草床碳汇的最新研究成果，经威海市政府、行业、科研等领域多方论证，参照海草床碳汇能力、碳汇市场交易价格等依据，分公司量身定制了海草床碳汇指数保险方案。山东作为海洋大省，在发展海洋碳汇方面具有得天独厚的优势，该险种的成功落地和后续大面积推广，将有效化解海草床灾害风险，解决灾后海草床碳汇资源救助、灾后重建和养殖维护资金短缺的问题，进一步推进海洋碳汇市场化进程。

3. 加快发展现代海洋服务业

（1）海洋交通运输业

到2025年，山东省规划港口货物吞吐量、集装箱吞吐量分别达到20亿吨、4000万标箱。山东省交通运输厅制定了《山东省沿海港口中长期发展规划》《关于加快推进世界一流海洋港口建设的实施意见》，为"十四五"乃至更长期的港口发展提供规划引领和政策支持，将重点做好以下工作：①优化港口功能、提升基础设施保障能力：加快实施老港区功能调整和老码头升级改造，提升存量码头通过能力和技术水平；有序推进自动化集装箱码头、大型原油码头和LNG码头等专业化码头建设；不断健全港口集疏运体系，加快疏港铁路建设，扩大长输管道辐射范围；②强化智慧绿色平安港口建设：重点推进交通强国—智慧港口建设试点工作，推动港口生产智能化和港口物流智慧化发展；构建港口清洁低碳用能体系，强化港口生产污染防治，加强资源节约循环利用；③升级港口价值链：延伸港口物流产业链，提升现代航运服务能力；加快建设青岛邮轮母港，打造国际领先的邮轮文旅港，积极拓展邮轮产业链。

（2）海洋旅游业

中共中央办公厅、国务院办公厅于2021年4月印发的《关于建立健全生态产品价值实现机制的意见》明确提出，在保障生态效益和依法依规前提下，鼓励将生态环境保护修复与生态产品经营开发权益挂钩，建设生态旅游。借鉴其他沿海地区的滨海生态旅游经验，实现环境可持续性有多个方面：①构建滨海旅游绿色发展管理体系，协调解决滨海旅游产业发展中面临的生态环境保护等问题，重视构建滨海旅游生态环境保护责任机制，建立精细化生态环境管控体系，如率先实施海岸线保护"湾长制"；②制定滨海旅游绿色发展规划体系，包括滨海生态保护与利用规划，协调绿色要求与发展关系；③要开展滨海生态环境普查，设置滨海生态管控区域，明确精细化的滨海生态管控内容，建立海陆统筹的生态环境监测预警机制。

（二）维护可持续的海洋生态环境

坚持开发与保护并重、污染防治与生态修复并举，持续改善海洋生态环境质量，维护海洋自然再生产能力，筑牢海洋生态安全屏障，促进海洋经济可持续发展。

加强海洋生态保护修复。开展海洋生态保护修复行动，完善海洋自然保护地、海洋生态保护红线制度，统筹实施沿海防护林、河口、岸滩、海湾、湿地、海岛等保护修复工程，加强典型生态系统和海洋生物多样性保护，维护海洋生态系统稳定性和海洋生态服务功能。推进海洋自然保护地整合优化，制定省级重点保护滨海湿地名录，建立滨海湿地类型自然保护地。实施自然岸线保有率目标管控，严格落实海岸建筑退缩线制度。加强海洋生物资源养护，持续实施增殖放流，支持海草床、牡蛎礁修复，实施大型海藻生态修复工程，抓好互花米草等外来物种入侵长效防治，着力提升海洋资源多样性指数和丰度指数。

推进海陆污染联防联控。强化陆源入海污染控制、海洋污染防治。严格限制低水平、同质化、高耗能、高污染建设项目准入，拓展入海污染物排放总量控制范围，保障入海河流断面水质。重点对严重污染海域、环境质量退化海域、环境敏感海域开展连续监测和网格化精细化管控。完善海上溢油、核泄漏物、危化物等突发性水污染事故预警系统，推进海洋环境网格化监测和实时在线监控。

集约节约利用海洋资源。建设海洋资源基础信息平台，动态监管海洋资源开发利用活动，开展海域使用后评估研究。加强行业用海精细化管理，严控海域开发规模和强度。推动海域立体综合利用，推广多营养层次综合养殖，推进分层用海，支持海上风电、海洋牧场、海洋旅游等活动兼容用海、融合发展。

推动海洋生态与海洋产业协同发展。坚持"谁保护、谁受益，谁污染、谁付费"原则，建立健全海洋生态补偿机制。推进节能减排技术在海洋渔业、海洋制造业、海洋交通运输业等领域的推广应用，促进海洋产业绿色低碳发展。

专栏七　青岛银行支持海洋污染防治

青岛银行支持海洋污染防治，一方面支持污水治理，另一方面支持以塑料为主的固体废物治理。2021年10月，青岛银行为高密市城镇生活垃圾污水处理项目发放8年期基础建设项目贷款2亿元，用于支持项目建设及后期运营。该项目规划对全市城镇进行环境整治，其中建设城镇污水处理站35处，铺设城镇生活污水收集管网39万米，改扩建垃圾转运站3座，更换垃圾桶3万个，设置生活垃圾智能分类箱395个，购置生活垃圾转运车、收集车、吸污车、清扫车等113辆。项目建成后，年收集处理城镇生活垃圾8.35万吨、生活污水3.8万吨。该项目总投资约8.2亿元，由高密市益源水处理科技有限公司实施。

2022年5月，青岛银行为生产可降解塑料包装的企业发放1年期流动资金贷款1000万元，帮助企业扩大生产规模，以助力减少海洋塑料污染。目前塑料污染已成为海洋的重要污染之一。该公司生产的可降解塑料包装袋可从源头上避免塑料污染，保护海洋。

（三）分析总结

山东省将在"十四五"期间构建和完善现代化海洋产业体系，包括优化提升海洋传统产业，发展壮大海洋新兴产业，加快发展现代海洋服务业，优化加强产业价值链，培育壮大海洋高端产业集群和特色产业基地等。对于海洋传统产业、新兴产业和海洋服务业的发展，都有了比较具体的规划，对于一些行业甚至提出了定量的发展目标。海洋生态环境保护作为三类增长支柱产业的物质基础和基本保障，也得到了充分的关注。尽管目前规划的生态环境部分提到了"推动海洋生态与海洋产业协同发展"，但关于这三类产业的发展如何产生环境效益依然缺乏探讨。如何突破传统的"资源观"、把海洋经济作为整体的系统看待、将环境保护和资源养护按照生态文明的理念融入海洋产业发展中去，是山东省海洋经济发展面临的重要挑战。

金融行业已经积极参与到山东省海洋经济的建设中，开展了很多有益的探索。从现有的案例来看，也有一些已经成功地将经济效益和生态效益结合起来的例子。但是也存在项目数量少、信息披露有限、项目对可持续发展的贡献存疑的现象。这从另一个角度体现了规则和引导的不足。经过数十年的发展，中国的金融行业已经比较成熟，针对不同类型的需求有不同类型的产品和服务。但是绿色和生态行业是一个比较新的领域，而海洋更是这一领域中的新兴部门，因此要充分发挥金融行业支持可持续蓝色经济的作用，需要一方面强化环境的规则和目标，另一方面为金融业提供关于海洋可持续性投资相关的知识性支持。因此，在以上对山东省海洋产业现状梳理的基础上，本文试图对山东省可持续海洋经济活动进行分类，希望能为金融机构在山东省的海洋经济高质量可持续发展中发挥更大的作用提供参考。

五、可持续海洋产业投融资支持目录

根据《山东省"十四五"海洋经济发展规划》，山东省政府支持产业部门和金融机构进行海洋投融资，定期修订发布海洋产业投融资指导目录，建立海洋经济融资项目库，推进海洋产业与多层次资本市场深度对接。基于现有的相关环境目标、蓝色金融的原则以及山东省海洋产业的现实，本部分尝试提出对山东省蓝色金融应支持的可持续海洋产业及其具有环境效益的海洋经济活动目录的设想。

（一）蓝色金融环境目标

国家及山东省、青岛市陆续出台了"十四五"期间的海洋生态环境保护和海洋经济发展规划，分别明确阐述了保护海洋生态环境、养护和可持续利用海洋资源、可持续发展海洋经济等具体要求。结合规划相关内容，我们认为蓝色金融应致力于实现围绕海洋展开的多元环境效益目标。从环境治理的角度，需要防治海洋污染，如减少陆源等排海污染、清除已有污染，修复和保护海洋生态环境；从资源利用角度出发，要有序合理、高效可持续地开发利用海洋资源；从保护海洋生物多样性的方面来看，要避免和减少对海洋生物生态的直接损害和负面影响，修复和养护海洋生物资源；同时，海洋要支持应对气候变化，实现减缓和适应的双重气候目标。所以，四个环境目标分别概括为：污染防治、资源高效和可持续利用、保护生物多样性以及应对气候变化。

（二）蓝色金融指导原则

按照绿色金融标准体系建设的经验，在界定具体的产业活动分类之前，应设定蓝色金融指导原则。一方面，指导原则作为核心内容，将是具体蓝色产业活动分类的基础；另一方面，当出现暂定蓝色产业活动分类界定模糊或者缺乏的产业活动时，指导原则可以发挥指导作用，界定该产业活动是否可以获得蓝色金融支持，乃至提出对暂定分类的补充修改，以反映蓝色金融市场的持续发展。

本部分提出蓝色金融应遵循的指导原则如下：

第一，避免海洋产业活动对海洋乃至广泛的生态环境及其资源可持续利用产生消极影响乃至造成重大损害。涉海项目只有在不给海洋乃至广泛的生态环境及其资源可持续和高效利用带来实质性风险的情况下，才能被贴上蓝色标签。例如，某些产业活动即使可以减少海洋污染，但如果同时导致了明显更多的碳排放，也不能被认为是可持续经济活动；某些产业活动即使可以实现降污减碳的效益，但如果同时导致了明显的生物多样性丧失，也不能被认为是可持续经济活动。

第二，确保海洋产业活动为保护海洋生态环境和高效可持续地利用海洋资源作出实质性的积极贡献。蓝色金融支持恢复、保护或维持海洋生态环境的多样性、生产力、复原力、核心功能价值和整体健康，以及高效可持续地利用海洋资源。涉海项目必须符合可持续发展和海洋健康相关的国际、区域、国家法律和其他相关框架，遵循国际公认或行业特定的可持续性标准以及某些特定的产品标准，引导资金投向解决海洋问题（包括陆上和海上）的创新商业方案。

第三，根据海洋产业发展趋势、政策动态等持续修订完善海洋产业投融资指导目录。国家生态文明建设重大任务、资源环境状况、污染防治攻坚重点、科学技术进步、产业市场发展、政策措施完善等因素引导着蓝色金融的发展。为了细化标准、加强监管，将资金准确引导到推动海洋可持续发展的关键产业及部门，应不断厘清海洋产业活动边界，更新和完善海洋产业投融资指导目录，提高其可操作性，促进其与既有国内外相关可持续发展标准的衔接。

（三）蓝色产业投融资支持目录

基于前文分析，可持续海洋（蓝色）产业投融资支持目录（如表2所示）识别出蓝色金融应该支持的十大海洋产业及部门。本目录结合国家最新标准《海洋及相关产业分类》（GB/T20794—2021）对这十大产业及部门进行分类和界定。本目录参照我国海洋产业及部门相关的政策规划、标准规范等文件，初步阐述了蓝色金融支持的产业活动应符合的条件和要求，其中，具体的条件和指标应以科学为基础来确定。通过满足这些具体条件和指标，产业活动可以贡献于一个或多个上述环境目标。

表2 山东省蓝色产业投融资支持目录

一级分类	二级分类	具体活动应符合要求（包括但不限于）	环境效益
1 可持续海洋渔业及海洋产品加工业（包括可持续的海上养殖、海洋捕捞、海洋渔业专业及辅助性活动）	1.1 可持续水产养殖（包括可持续的海上养殖、滩涂养殖、其他海水养殖）	● 需要符合的条件和指标： ○ 在富营养化沿海水域，可持续养殖双壳类等动物去除藻类和营养物质。 ○ 采用尾水治理技术使资源化利用或达标排放，如循环水养殖。 ○ 持续获得水产养殖管理委员会（ASC）的标准认证或同等标准的认证。 ○ 通过使用信息系统、技术和仪器来测量、监测和报告水的物理和化学指标，以支持可持续的海水养殖管理。可能的技术包括无人机、自主帆船、水下航行器和海洋浮标等。 ○ 采用疫苗免疫和生态防控等技术来预防病害，包括苗种检疫、疫病监测和预警，如动物病原菌耐药性监测；科学安全规范用药：如使兽药用量同比减少5%以上，抗生素类兽药用量同比降低10%以上。 ○ 提升水产种业质量，选育针对适应性的优质、高效、多抗、安全的新品种，提高良种覆盖率。 ○ 提高配合饲料替代野生捕捞幼杂鱼的比例：如使养殖的鲆鲽类和大口黑鲈的配合饲料替代率实现100%；大黄鱼、花鲈、石斑鱼超过90%；鳜、鳢、河蟹超过70%。 ○ 合理规划养殖密度，采用轮养轮休方式：如牡蛎养殖的生产区不应超过2000亩，区间应保持60~100米，筏架长度不超过100米，绳间距不低于12米，笼间距不低于20米，笼间距不少于2.0米，每层放置10~20个牡蛎；夹绳或串片养殖时，每个固着基上的牡蛎数量宜为8~10层；对生长缓慢的区域，应增加间距；通过疏苗和提前售卖来降低养殖密度。 ● 相关条件和指标可参考： ○ 《海水养殖水排放要求》（SC/T9103—2007） ○ 《生态环境部 农业农村部关于加强海水养殖生态环境监管的意见》 ○ 《关于加快推进水产养殖业绿色发展的若干意见》	● 污染防治 防治海水养殖尾水污染，防治沿海海水体富营养化 ● 资源高效和可持续利用 可持续地利用鱼类资源

续表

一级分类	二级分类	具体活动应符合要求（包括但不限于）	环境效益
	1.2 可持续海洋捕捞 包括可持续的远洋捕捞和近洋捕捞	● 需要符合的条件利指标： ○ 遵循国际区域渔业组织的管理框架； ○ 遵守实施自主休渔、负责任捕捞和分鱼种捕捞限额的制度； ○ 按照国际公约，实施电子渔捞日志、船位监测、渔获观察、洛火统计系统和观察员监管制度； ○ 采用环保和生态友好的捕捞技术及装备，减少误捕，如更新拖网渔船为围网、钓具作业渔船； ○ 保持捕捞项目符合海洋管理委员会（MSC）或同等的渔场认证标准； ○ 在国际海产可持续发展基金会注册渔业改进项目（FIPs）； ○ 整合副渔获物排除装置和渔具改造计划； ○ 运用信息系统、技术和仪器，如无人机、自主帆船、水下航行器、测量和报告水体物理和化学指标，以实现可持续渔业管理。 ● 相关条件利指标可参考： ○ 《远洋渔业管理规定》 ○ 《国务院关于促进海洋渔业持续健康发展的若干意见》 ○ 《农业部关于实施海洋捕捞准用渔具和过渡渔具最小网目尺寸制度的通告》	
	1.3 可持续海产品加工业 指以海水经济动植物为主要原料加工制成食品或其他产品的生产活动	● 需要符合的条件利指标： ○ 改善处理、储存渔获的方式，避免渔伤和撕裂； ○ 对冷藏和加工、认证计划和可追溯海产品的改进，实行海产品可追溯体系，加强可追溯性； ○ 禁止非法、不报告、不管制（IUU）捕捞海产品进入市场； ○ 海产品加工获得MSC/ASC产销监管链认证。 ● 相关条件利指标可参考： ○ 《〈蒙特利尔公约定书〉基加利修正案》	

续表

一级分类	二级分类	具体活动应符合要求（包括但不限于）	环境效益
2 海洋友好型海洋盐业及化工业 指以生态环境和生物资源友好方式来利用海水（含沿海浅层地下卤水）生产以氯化钠为主要成分的盐产品的活动，以及以对生态环境和生物资源友好的作业方式利用海盐、海藻等海洋原材料生产化工产品的活动；	海洋友好型海洋盐业及化工业	●需要符合的条件和指标： ○排放废水废液符合规定、指标； ○开发高技术含量、高附加值的海洋精细化工产品； ○开发高附加值产品，发展原盐加工产品精细化、系列化； ○对所有产品进行生命周期评估（LCA），衡量其对全球生物地球化学循环的影响； ○开发和实施创新的可追溯性监测工具； ○创新推广全年有效的海藻种植； ○加大了解海藻生物活性化合物，提高其价值和市场规模； ○限制化石燃料和淡水使用，尽可能使用可再生能源； ○在供应链内减少海洋塑料污染，报告废物量和材料类型，回收有害的石油基塑料； ○激励小农户以及加工厂进行良好的废物管理，践行相关政策并报告使用情况，推广可生物降解材料，并利用副产品。	●污染防治 防治废水污染和以塑料为主的固体废物污染 ●资源高效和可持续利用 可持续地利用海盐、海藻等海洋原材料
3 清洁环保海洋船舶工业及可持续海洋工程装备制造业 ●清洁环保海洋船舶工业，包括清洁环保海洋船舶制造、清洁环保海洋船舶改装拆除与修理、清洁环保海洋船舶配套装备制造、清洁环保海洋航标器材制造等；	3.1 清洁环保海洋船舶工业 包括清洁环保海洋船舶制造、清洁环保海洋船舶改装拆除与修理、清洁环保海洋船舶配套装备制造、清洁环保海洋航标器材制造等活动	●需要符合的条件和指标： ○加强清洁能源应用：船舶清洁能源建设，如加强装备船舶的岸电设备；加强集装箱船舶的岸电建设，采用节能减排技术；采用新型替代燃料动力系统，采用电动船舶、船舶岸电和磁悬浮节能技术等； ○远洋渔船应采用安全高效、节能减排的船用装备和技术，如改造资源破坏强度大的渔船为环保船；并配备防污染、北斗和天通卫星通导、"插卡式AIS"等装备； ○推广船舶使用清洁燃料（氨、氢气、合成甲醇乙醇、生物燃料）； ○加速大型散货船、油船、集装箱船等的优化升级为绿色船舶。 ○相关条件和指标可参考： 《船舶工业污染物排放标准》（GB 4286—84） 《船舶压载水和沉积物控制和管理国际公约》（BWM公约） 《防治船舶污染海洋环境管理条例》 《中华人民共和国船舶及其有关作业活动污染海洋环境防治管理规定》	●污染防治 防治废水污染和以塑料为主的固体废物污染 ●应对气候变化 通过减低碳、零碳途径以减缓气候变化 ●保护生物多样性 避免外来物种入侵

续表

一级分类	二级分类	具体活动应符合要求（包括但不限于）	环境效益
●可持续的海洋工程装备制造业，指人类可持续开发利用和保护海洋活动中使用的海洋工程装备和辅助的工程装备制造活动，包括海洋风能与可再生能源开发利用装备、海洋油气与综合利用装备、海洋信息装备、海洋工程通用装备等海洋工程用装备制造及修理生物资源利用等的装备制造及修理活动	3.2 海上可再生能源开发利用及修理，包括海上风电和海洋能开发利用的制造及修理	●需要符合的条件和指标： ○开发海上风电水磁发电系统、海洋浮式风力发电系统、大容量储能系统等新产品以及海洋潮汐能及海洋潮流能综合利用、波浪能和潮汐能发电装备； ○推进海洋能源综合利用，加速研发海岛可再生能源电力设备，降低建造和运行成本，提升可靠性、稳定性及可维护性； ○提高海洋能装置能量转换效率； ○突破新材料、新工艺、防腐防生物附着等技术瓶颈； ○设计制造万千瓦级低水头大容量潮汐能发电机组； ○扶持与农渔业发展的潮间带风电建设； ○加快5兆瓦以上上海上风电机组整机、叶片、高可靠传动等技术优化，重点开发300~1000千瓦模块化、系列化装备； ○开展潮流能机组整机化、叶片、能量捕获、动力输出等技术优化，重点开发50~100千瓦模块化、系列化装备。 ●相关条件和指标可参考： ○《人为水下噪声对海洋生物影响评价指南》	●污染防治 防治废水污染和以塑料为主的固体废物污染 ●应对气候变化 通过使用可再生清洁能源以减缓气候变化
	3.3 可持续海水淡化与综合利用装备制造及修理，包括海水淡化、海水直接利用和海水化学资源利用等的装备制造及修理	●需要符合的条件和指标： ○应用由水能、太阳能、风能、地热能等多种能源相结合的海水淡化技术与装备； ○开发和推广使用可再生能源相结合、水电联产、纳滤及其他新型分离膜、贵稀金属提取，核电海水循环冷却等技术；海水淡化膜材料、新型传热材料和绿色制药剂；膜法和热法海水淡化用产品制造技术；一体化海岛或舰船用海水淡化装备制造技术； ○以使用浓海水制盐、提钾、提溴、提锂及其添加及海水淡化技术，将海水化学资源综合利用与海水淡化相结合，培育产业链； ○推广普及中小规模的蒸馏法和膜法海水淡化工艺与技术； ○积极鼓励利用海水淡化，发展苦咸水淡化技术。	●污染防治 防治废水污染和以塑料为主的固体废物污染 ●资源高效利用 持续地利用可持续海水

续表

一级分类	二级分类	具体活动应符合要求（包括但不限于）	环境效益
	3.4 可持续海洋生物资源利用装备制造及修理 主要指用于深海养殖活动的装备及其配套设备的制造及修理活动	● 需要符合的条件和指标： 大型化、规模化的深远海网箱养殖：HDPE、金属、防污涂料等新材料利用技术的运用，提高网箱结构强度，增强其抗腐蚀、抗老化、抗风浪能力。	● 污染防治 防治废水污染和以塑料为主的固体废物污染 ● 资源高效和可持续利用 可持续地利用海洋生物资源
4 海上可再生能源 指利用海上风能、海洋光能、海洋能等可再生能源进行的清洁电力生产活动	4.1 海上风力发电 将海上或沿海风能、海洋能转化为电能的生产活动	● 需要符合的条件和指标： 海域使用符合国土空间规划要求，进行环境影响评价和空间规划以协调不同用海需求； 建设项目不可占用自然岸线，不可围填海； 环境影响评价、排污许可、入海排污口设置须符合红线管控要求； 海上风电场的设计中可包括额外的功能，如作为海洋牧场和幼苗的渔业保护区； 降低风电场施工和运营对海洋环境、生态及渔业资源的影响，控制噪声污染，以降低对海洋动物的影响；降低风机运行对鸟类、栖息的影响； 避免选址在鸟类、蝙蝠、鱼类和海洋哺乳动物的洄游路线上，减少风电场建设、运行和退役对野生动物的洄游生态协，受威胁物种（ETP）物种的洄游的影响，避免将风电场选址在高生态价值的地区及危及ETP物种生境的地区； 降低开发利用活动对周围海域的影响； 运营期间进行定期环境监测； 进行为期一整年的综合环境影响评估基线调查； 海上风电场选址在在海岸线20公里以外的海域。 ● 相关条件和指标可参考： 《人为水下噪声对海洋生物影响评价指南》 《防治海洋工程建设项目污染损害海洋环境管理条例》	● 保护生物多样性 降低对海洋生态环境、生物多样性影响 ● 应对气候变化 通过利用可再生清洁能源以减缓气候变化

续表

一级分类	二级分类	具体活动应符合要求（包括但不限于）	环境效益
	4.2 海洋能发电 将包括潮流能、潮汐能、波浪能、盐差能、温差能等海洋能转化为电能的生产活动	●需要符合的条件和指标： ◇海域使用符合国土空间规划要求，进行环境影响评价和空间规划以协调不同用海需求； ◇建设项目不可占用自然岸线，不可围填海； ◇环境影响评价、排污许可，入海排污口设置须符合红线管控要求； ◇发电场的设计中可包括额外的功能，如作为海洋物种幼苗的渔业保护区，加入人工鱼礁； ◇降低风电场施工和运营对海洋环境、生态及渔业资源的影响：如减少地震勘探，控制噪声污染，以降低对海洋动物的影响；降低风机运行对鸟类迁徙、栖息的影响；避免环境事故风险，避免选址在鸟类、蝙蝠、鱼类的洄游路线上，减少对海洋哺乳动物的建设、运营的影响，受保护（ETP）物种的建设、运行和退役对野生动物的影响；避免将风电场选址在高生态价值的地区及危及ETP物种生境的地区； ◇降低开发利用活动对周围海域的影响； ◇运营期间进行定期环境监测； ◇进行为期一整年的综合环境影响评估基线调查。 ●相关条件和指标可参考： ◇《人为水下噪声对海洋生物影响评价指南》 ◇《防治海洋工程建设项目污染损害海洋环境管理条例》	●保护生物多样性 降低对海洋生态环境、生物多样性影响 ●应对气候变化 通过利用可再生清洁能源以减缓气候变化
5 可持续海水淡化与综合利用业 包括可持续海水淡化、海水直接利用和海水化学资源利用等活动		●需要符合的条件和指标： ◇保护地下水源和湿地，避免高盐污染； ◇使用滴灌、水循环等水效率技术及管理措施降低水足迹； ◇浓盐水可采混合稀释、加速扩散等方式处置后入海； ◇开采浓盐水入海海域水动力、海水水质、海洋生态环境特征指标等的长时间序列动态监测，建立企业、地方、部门同共享海洋生态监测监管体系；	●污染防治 防治对海水体和陆地的高盐污染 ●资源高效利用 资源高效可持续利用

续表

一级分类	二级分类	具体活动应符合要求（包括但不限于）	环境效益
	6 海洋友好型海洋药物和生物制品业 指在以对生态环境和生物资源友好的生产方式的前提下，以海洋生物（包括其代谢产物）等物质为原料，生产药物、功能性食品以及生物制品的活动	● 积极开发利用电厂余热、核能、风能、海洋能和太阳能等可再生能源进行海水淡化的技术； ○ 新建或扩建处理、储存和可持续供应基础设施时，每单位服务与基线相比节水20%；修缮改造现存基础设施时也应达到此标准。 ● 相关条件和指标可参考： ○ 《山东省人民政府办公厅关于加快海洋发展海水淡化与综合利用产业的意见》 ○ 《海水淡化利用发展行动计划（2021—2025年）》	可持续地利用海水
		● 需要符合的条件和指标： ○ 持续提供环境影响评价； ○ 新旧污染源符合排气控制要求； ○ 恶臭及锅炉等大气污染物的排放均符合规定； ○ 废气及排放装置应采用收集、治理措施； ○ 新、改、扩建项目在废气处理设施的进出口预设采样口和平台； ○ 涉及生物安全的废水、废液、废气、废渣等的排放应符合生物安全和污染控制的法律、规章；如对涉及生物安全的废水、废液、废气、废渣等进行灭活灭菌的，在规定位置设置永久性标志； ○ 废水、废气采样设施应根据污染物种类，在监控后设置位置； ○ 按照国家监测技术规范，对水、大气污染物监控监测；安装污染物监控设备，并与环保部门联网，保存记录；按照规定监测排污状况，《环境监测管理办法》和《污染源自动监控管理办法》检测排污状况，保证设备正常运行； ○ 排气筒高度高出周围200米半径范围内的建筑5米以上，或严格按照50%的排放速率标准执行； ○ 现有和新污染源在排放水污染物时应符合限值，现有污染源向特殊保护水域、一般水域直接排放水污染物应符合限值；新污染源向环境水体直接排放水污染物应符合限值；现有和新污染源通过排气筒排放大气污染物应符合限值（浓度和速率）；挥发性有机物处理设施的处理效率应符合限值。	● 污染防治：防治废水、废气、废液等污染 ● 资源高效和可持续利用 可持续地利用海洋生物资源

续表

一级分类	二级分类	具体活动应符合要求（包括但不限于）	环境效益
		●相关条件和指标可参考： ○《生物制药行业污染物排放标准》	
7 清洁海洋交通运输业 指以清洁船舶为主要工具清洁从事海洋运输以及为海洋运输提供服务的活动	7.1 清洁海洋运输 以清洁船舶为主要工具从事海运、货运等沿海和远洋运输活动	●需要符合的条件和指标： ○采取措施防治负载水中沉积物中的人侵物种和污染物； ○对电池供电的船舶，管理其电池和电子产品的回收及重复使用； ○减少和缓解解型船舶撞击（海洋生物）； ○膜生物反应器类型的水处理设备，处理黑水和灰水以及舱底水； ○减少船舶对海上空气或噪声的污染； ○改善石油等燃料泄漏有的预防、风险保障和回收设施 ○船舶须使用清洁燃料，如氨、氢气、合成醇和生物燃料等； ○船舶的硫化物、氮氧化物，可吸入颗粒物、黑碳和甲烷排放不超过相关规定和最佳可得科学的限值。 ●相关条件和指标可参考： ○《港口和船舶岸电管理办法》 ○《船舶大气污染物排放控制区实施方案》 ○《船舶水污染物排放控制标准》 ○《船舶发动机排气污染物排放限值及测量方法（中国第一、二阶段）》 ○《国际防止船舶造成污染公约》 ○《防治海洋工程建设项目污染损害海洋环境管理条例》	●污染防治 防治废水、废气造成的污染 ●应对气候变化 通过低碳、零碳途径以减缓气候变化 ●保护生物多样性 避免外来物种入侵
	7.2 清洁海洋港口 沿海清洁港口客运服务活动以及沿海清洁港口货运活动	●需要符合的条件和指标： ○港口和码头的固体废物接收处理设施，用于收集垃圾； ○膜生物反应器类型的水处理设备，处理黑水和灰水；污水处理后出水水质达到相关标准； ○采用防尘设备防治扬尘污染，如防风抑尘墙网、卸船机化学抑尘系统、矿石流程系统皮带清洗装置、无尘清扫器等；	

续表

一级分类	二级分类	具体活动应符合要求（包括但不限于）	环境效益
8 可持续海洋旅游业 指以对生态环境和生物资源友好的开发利用方式为前提，以来海为目的，开展的观光游览、休闲娱乐、度假住宿和体育运动等活动		○ 开展大气、海水、放射源、污水等常规监测，如周围海域水质、海水悬浮物、大气颗粒物达标率等； ○ 加强清洁能源应用，如"油改电"技术改造，能量回馈系统应用，氢能及"氢+5G"关键技术等应用，如对驱动场桥、岸桥、门机等设备进行"油改电"技术改造，件杂货码头纯电动牵引车、氢动力自动化轨道吊、氢动力集卡； ○ 采用低能耗作业模式和流程； ○ 港口的硫化物、氮氧化物、可吸入颗粒物、黑碳和甲烷排放不超过相关规定和最佳可得科学的限值。 ● 相关条件和指标可参考： 《防治海洋工程建设项目污染损害海洋环境管理条例》 《港口和船舶岸电管理办法》	
		● 需要符合的条件和指标： ○ 避免在保护区、濒危、受威胁、受保护（ETP）物种的关键栖息地或提供重要生态系统服务的地区（如沿海防洪）内进行目的地开发； ○ 限制游轮交通或船舶在这些区域的游轮客流量，并限制游客流量； ○ 避免游轮在有高生物多样性、高生态价值的地区或保护区停泊，并保持最低安全距离； ○ 在繁殖和哺乳等敏感时期，游船避免经过洄游物种和高密度该物种经常出没的地区； ○ 限制游客进入生态敏感地区，并采取措施限制压载水中的生物数量，致力于碳减排； ○ 邮轮公司采取措施避免途经ETP物种和高密度洄游物种的有害影响； ○ 邮轮公司使用清洁燃料，致力于碳减排； ○ 避免前往对气候变化高脆弱性的地区。 ● 相关条件和指标可参考： 《海岸带保护修复工程环境评价指南》 《滨海旅游度假区环境评价指南》 《海滨酒店、餐饮店污水油烟排放标准》	● 污染防治 防治废水、以固塑料为主的体废物污染 ● 保护生物多样性 保护生态价值、生物多样性丰富的区域，避免外来物种人侵

续表

一级分类	二级分类	具体活动应符合要求（包括但不限于）	环境效益
9 海洋生态环境保护修复、海洋碳汇资源可持续利用、沿海基础设施建设以应对气候变化 包括海洋生态环境保护修复、海洋碳汇资源可持续利用、沿海基础设施建设以应对气候变化	9.1 海洋生态保护修复 对海洋生态环境和生物资源等开展保护和修复活动	● 需要符合的条件和指标： 　○ 海洋保护区的建立和管理； 　○ 开发与珊瑚礁、红树林和湿地等关键水生生态系统有关的生态系统保险产品； 　○ 管理、恢复珊瑚礁、治理； 　○ 入侵物种的根除； 　○ 测量并报告水体物理和化学指标等指标的信息系统和技术等技术，如无人机、自主帆船、自主水下航行器和修复浮标等技术的系统，如人工生境修复结构和珊瑚礁恢复项目； 　○ 投资新修复技术，位于海洋环境中、位于海洋的河流上、位于海岸距人海口100公里以内。 ● 相关条件和指标可参考： 　○ 《海洋生态修复技术指南（试行）》 　○ 《近岸海域环境监测规范》	● 保护生物多样性 通过保护修复海洋生态环境 ● 应对气候变化 通过开发海洋碳汇功能，增强海洋气候韧性应对气候变化
	9.2 海洋碳汇 海洋从大气中清除温室气体、气溶胶或温室气体前体的过程、活动或机制，包括生物和非生物过程两大类	● 需要符合的条件和指标： 　○ 目前公认可以吸收碳的海岸带的蓝色碳汇（海洋生物形成的海洋碳汇）生态系统主要包括红树林、滨海盐沼、海草床，大型海藻（场）。 ● 相关条件和指标可参考： 　○ 《海洋碳汇经济价值核算方法》 　○ 《红树林生态修复手册》	
	9.3 沿海基础设施建设	● 需要符合的条件和指标： 　○ 保护文化自然遗产区，避免侵占保护区 　○ 建设中使用循环利用材料和靠近建设现场的材料，以限制运输排放； 　○ 采取减少温室气体排放的建设和维护措施； 　○ 防止与基础设施建设有关的化学污染物渗入环境； 　○ 避免建设、运营、维育或补救有关的噪声、光、振动和热污染对ETP物种等造成有害影响；	

续表

一级分类	二级分类	具体活动应符合要求（包括但不限于）	环境效益
	为了增强沿海韧性而建设的基础设施和采取的基于自然的解决方案，旨在抵御风暴潮，海平面上升、海水入侵，陆地沉降和海岸侵蚀等特别是气候变化导致的自然灾害	● 避免基础设施的开发或运营过程中，扰乱重要的自然过程，如自然防洪、沉积物运输、动物运动或物繁殖； ● 基础设施建设过程中，只使用本地物种，避免引入非本地和入侵物种； ● 避免影响社区对资源获取，土地保有权协议，居民家园和生计的迁移。 ● 相关条件和指标可参考： ● 《海堤生态化建设技术导则》 ● 《红树林生态修复手册》 ● 《滨海泥质盐碱地造林绿化造林技术规范》 ● 《海藻场建设及效果调查与评价技术规范》 ● 《海岸带保护修复工程工系列标准》	
10 海洋污染防治 以污染防治为重点 的海洋环境治理	10.1 废水治理 农业径流和工业废水的防治	● 需要符合的条件和指标： ● 禁止在岸滩采用不正当方式排放有毒、有害废水； ● 禁止向海域采用不正当的排放含高，中放射性物质的废水排放必须符合国家标准；排放含病原体的废水必须经过处理并符合含有关标准和规定；排放含热废水的水温应当符合国家有关规定；向自净能力较好的海域排放含有机物和营养物质的废水，应控制排放量； ● 禁止向海域排放油类、酸液、碱液和毒液；含油废水、含有重金属废水和其他工业废水的排放必须经过处理，符合有关标准和规定，处理后的残渣不得弃置入海； ● 排污口应当设置在海水交换良好处，并采用合理排放方式，防止富营养化； ● 减少农业污染，废水污染物进入沿海和海域的新技术或系统； ● 减少水生环境的氮和磷负荷，如使用低碳、可生物降解的、不含磷的、非塑料包装的洗涤剂和洗护用品，用可持续的替代肥料取代磷基海洋或藻基肥料； ● 使用能够防止农用、工业化学品入海岸100公里以内， ● 项目必须在距海岸100公里以内，或汇流入海污染的河流（及支流）50公里以内。 ● 相关条件和指标可参考： ● 《中华人民共和国防治陆源污染物污染损害海洋环境管理条例》	● 污染防治 防治废水、以塑料为主的固体废弃物造成的污染

续表

一级分类	二级分类	具体活动应符合要求（包括但不限于）	环境效益
	10.2 固体废物治理 以塑料为主的固体废弃物	● 需要符合的条件和指标： ○ 禁止弃置失效或禁用药物及药具干岸滩； ○ 新建或升级固废管理和废水处理系统和基础设施； ○ 修复沿海或河边的垃圾处理场； ○ 减少塑料废物的新商业模式和绿色供应链管理计划； ○ 减少一次性塑料生产和消费的新技术或方法； ○ 减少化肥和农药用化学品投入的农业项目； ○ 保护沿河岸区和重新造林以防止河流侵蚀土壤后流入海洋； ○ 循环使用或再利用或重新利用塑料，建立塑料收集设施，用可持续和可生物降解的材料替代塑料包装，并对塑料进行循环使用或再利用； ○ 使用能够防止塑料、化学品或污染物流动的排水系统和防洪减灾系统； ○ 禁止倾倒的物质：含有机盒素、汞及汞化合物、镉及镉化合物的废弃物（微量或可迅速转化为无害物的除外）；强放射性废弃物及物质；渔网、绳索、塑料制品及其他能在水中悬浮、严重妨碍航行、捕鱼及其他活动或危害海洋生物的物质；含有上述禁止倾倒物质的阴沟污泥和疏浚物； ○ 需要获得特别许可证才能倾倒的物质：含有大量砷、铅、铜、锌及它们的化合物、有机硅化合物、氰化物、氟化物、镍、铬、铍、镍及其副产品的废弃物；含弱放射性物质的废弃物；容易沉入海底、可能妨碍捕鱼和航行的容器；含有上述物质的阴沟污泥，或在流入海洋的河流（及其支流）50公里以内。 ○ 项目必须在距海岸100公里以内，或在流入海洋的河流（及其支流）50公里以内。 ● 相关条件和指标可参考： ○ 《中华人民共和国防治陆源污染物污染损害海洋环境管理条例》 ○ 《中华人民共和国固体废物污染环境防治法》 ○ 《防治船舶污染海洋环境管理条例》 ○ 《中华人民共和国船舶及其有关作业活动污染海洋环境防治管理规定》	● 污染防治 防治废水、以塑料为主的固体废弃物造成的污染

96

六、小结

蓝色经济是改善海洋生态环境、保障海洋资源可持续利用的解决方案，发展可持续的海洋经济需要蓝色金融的支持和推动。蓝色金融支持促进海洋生态保护与开展可持续海洋资源利用的经济活动，并逐渐成为我国发展健康、高质量海洋经济和建设现代化海洋产业体系的重要途径。相比绿色金融过去十年在政策完善与市场规模的快速发展，蓝色金融仍处于起步阶段，需要政策、市场与产业联动推进。

目前，我们已构建了完善的绿色金融体系，丰富的绿色金融产品不断涌现。对标绿色金融，构建蓝色金融体系首先需要制定蓝色分类标准，以拟定蓝色金融支持的边界和范畴，引导资金投向支持海洋可持续发展的相关产业活动与项目。

本报告结合山东省的海洋发展规划，首次提出可持续海洋产业投融资支持目录，初步明确了蓝色金融支持的可持续性目标、可持续海洋经济活动以及需要符合的原则。蓝色分类标准不是一成不变的，需要根据区域海洋产业的阶段性发展需求、政策与技术变化等不断修订与完善。为确保所支持的项目遵循无重大损害原则，本次提出的目录暂未纳入那些采取了新兴技术和创新管理模式但环境可持续性尚不明确的海洋活动，如增殖放流、海洋牧场、海上光伏发电等。希望该目录能够帮助金融监管部门对相关绿色金融目录中涉海经济活动进行不断细化和完善，为金融机构进行蓝色金融实践提供政策激励。

致谢：

我们要特别感谢以下专家对本课题的指导与支持：中国金融学会绿色金融专业委员会主任、北京绿色金融与可持续发展研究院院长马骏，亚洲开发银行东亚局公共管理、金融部门和区域合作处处长范小琴，亚洲开发银行东亚局金融处高级金融专家黄安迁，自然资源部海洋战略规划与经济司博士邓康桥，中国海洋大学经济学院副院长刘曙光，自然资源部第一海洋研究所海岸带科学与战略中心主任刘大海，自然资源部第三海洋研究所海洋可持续发展研究中心副主任刘正华，国家海洋信息中心海洋经济研究室主任段晓峰，山东省海洋局海洋战略规划与经济处二级调研员苏庆猛，中国农业银行绿色金融研究院绿色金融创新实验室专家李长波，恒丰银行山东省重点项目办公室执行主任韩伟杰，中国水产流通与加工协会副秘书长朱亚平，世界自然基金会（瑞士）北京代表处海洋和塑料项目总监张亦默。他们为本课题的顺利开展作出了很大贡献，在此我们表示衷心的感谢。

银行机构生物多样性风险管理方法与标准

编写单位：中国人民大学环境学院

支持单位：中国人民银行衢州市中心支行

开化县人民政府

野生生物保护学会

课题组成员：

  蓝 虹 中国人民大学环境学院教授、博士生导师

       生态金融研究中心副主任

       中研绿色金融研究院特聘院长

  张子彤 中国人民大学

  陈川祺 中国人民大学

  张 奔 中国人民大学

编写单位简介：

  中国人民大学环境学院：

  中国人民大学环境学院成立于2001年11月，在环境经济学等学科专业的基础上组建，是一家经济、管理、科学、工程并重的多学科综合型环境教育与研究机构。环境学院下设环境与资源经济学系、环境与资源管理系、环境工程与科学系、环等教学研究单位，形成了经济学、管理学、理学和工学多学科融合的环境学科群。

一、生物多样性危机

（一）生物多样性的定义

根据《生物多样性公约》的定义，生物多样性是指"所有来源的活的生物体中的变异性，这些来源包括陆地、海洋和其他水生生态系统及其所构成的生态综合体；这包括物种内、物种之间和生态系统的多样性"。

生物多样性是生物及其与环境形成的生态复合体以及与此相关的各种生态过程的总和，由遗传（基因）多样性、物种多样性和生态系统多样性三个层次组成。遗传（基因）多样性是指生物体内决定性状的遗传因子及其组合的多样性。物种多样性是生物多样性在物种上的表现形式，也是生物多样性的关键，它既体现了生物之间及环境之间的复杂关系，又体现了生物资源的丰富性。生态系统多样性是指生物圈内生境、生物群落和生态过程的多样性。

物种多样性常用物种丰富度来表示。所谓物种丰富度是指一定面积内种的总数目。到目前为止，已被描述和命名的生物种有200万种左右，但科学家对地球上实际存在的生物种的总数估计出入很大，由500万到1亿种。其中以昆虫和微生物所占的比例最大。

基因多样性代表生物种群之内和种群之间的遗传结构的变异。每一个物种包括由若干个体组成的若干种群。各个种群由于突变、自然选择或其他原因，往往在遗传上不同。因此，某些种群具有在另一些种群中没有的基因突变（等位基因），或者在一个种群中很稀少的等位基因可能在另一个种群中出现很多。这些遗传差别使有机体能在局部环境中的特定条件下更加成功地繁殖和适应。不仅同一个种的不同种群遗传特征有所不同，即存在种群之间的基因多样性；在同一个种群之内也有基因多样性——在一个种群中某些个体常常具有基因突变。这种种群之内的基因多样性就是进化材料。具有较高基因多样性的种群，可能有某些个体能忍受环境的不利改变，并把它们的基因传递给后代。环境的加速改变，使基因多样性的保护在生物多样性保护中占据着十分重要的地位。基因多样性提供了栽培植物和家养动物的育种材料，使人们能够选育具有符合人们要求的性状的个体和种群。

生态系统多样性既存在于生态系统之间，也存在于一个生态系统之内。在前一种情况下，在各地区不同背景中形成多样的生境，分布着不同的生态系统；在后一种情况下，一个生态系统其群落由不同的种组成，它们的结构关系（包括垂直和水平的空间结构，营养结构中的关系，如捕食者与被捕者、草食动物与植物、寄生物与寄主等）多样，执行的功能不同，因而在生态系统中的作用也不一样。总之，物种多样性是生物多样性最直观的体现，是生物多样性概念的中心；基因多样性是生物多样性的内在形式，一个物种就是一个独特的基因库，可以说每一个物种就是基因多样性的载体；生态系统的多样性是生物多样性的外在形式，保护生物的多样性，最有效的形式是保护生态系统的多样性。

（二）生物多样性减少情况

自从工业革命以来，人类活动不断破坏森林、草地、湿地和其他重要的生态系统，导致生态环境退化，人类福祉也因此受到威胁。总体来说，人类已经显著改变了地球75%的无冰地表，污染了大多数海洋并且导致85%的湿地丧失，这些改变和破坏直接干扰了原有的生态系统，造成不同层面的生物多样性损失。根据INCU等机构的整理与统计，人类目前面临的生物多样性危机可从物种多样性、生态系统多样性和基因多样性三个层次来度量减少和损坏现状。2019年发布的《生物多样性和生态系统服务全球评估报告》显示，目前全球物种灭绝速度比过去1000万年的平均值高数十倍至数百倍，在地球上大约800万个动植物物种中有多达100万个面临灭绝威胁，其中许多物种将在未来数十年内消失。

1. 物种多样性的减少和损坏

从物种分类的角度看，生物大致可分为动物、植物、细菌等域，根据IUCN的红色名录数据看，10年内受威胁物种（包括极度濒危、濒危和脆弱三类）从2010年的10533种，激增到2022年的41459种，增长了近3倍。就物种数量而言，植物类占比最大，为59%。其次，受威胁数量比例超过5%的有两栖动物、鱼类、昆虫和软体动物，如图1所示。

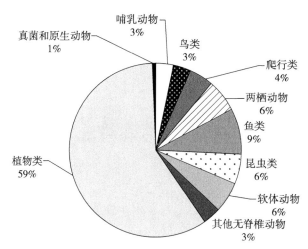

图1 2022年IUCN统计各类型物种受威胁数量占比

从濒危程度角度看，归类为IUCN脆弱、濒危和极度濒危三种类型的数量如图2所示。

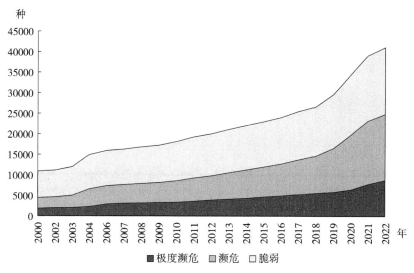

图2 2000—2022年IUCN受威胁物种的数量

从图2中数据可见，最近10年的受威胁物种数量都在迅速上升，并且可见自2018年以后上升的速度在加快，显示了2018年以来的物种多样性处境的相对恶化，到了需要重视的程度。

而从物种类型角度看，共可以分为哺乳动物、鸟类、爬行类、两栖动物、鱼类、昆虫类、软体动物、其他无脊椎动物、植物类、真菌和原生动物共10类。

（1）哺乳动物

从图3中可见，哺乳类动物受威胁的数量相对平稳，但是自2008年后的大量的脆弱分类被重分类到濒危分类，而2020年后濒危和脆弱类也有明显上升的趋势。

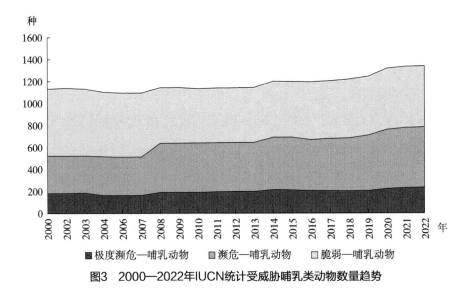

图3　2000—2022年IUCN统计受威胁哺乳类动物数量趋势

（2）鸟类

从图4中可见，鸟类受威胁的数量从2010年后有较大增长，2018—2019年后略有缓解。

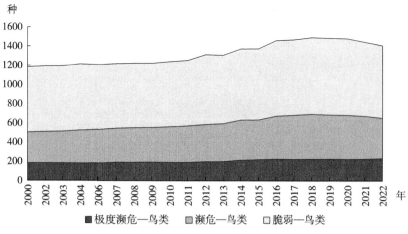

图4 2000—2022年IUCN统计受威胁鸟类数量趋势

（3）爬行类

从图5中可见，爬行类受威胁的数量从2008年后有开始激增，无论是脆弱、濒危还是极度濒危，数量都有加速上升的趋势。

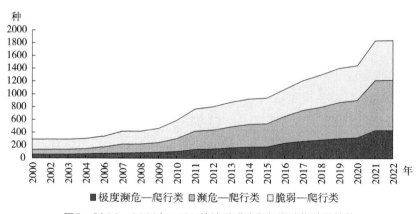

图5 2000—2022年IUCN统计受威胁爬行类动物数量趋势

（4）两栖类

从图6中可见，两栖类受威胁的数量从2004年后跳跃，可能是因为统计的问题。然而从图6中趋势可见，无论是脆弱、濒危还是极度濒危，数量都有加速上升的趋势。

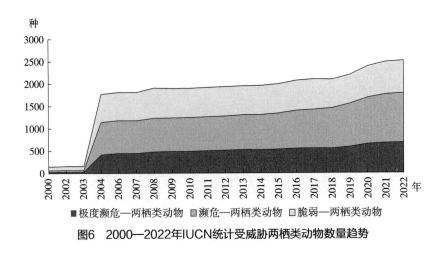

图6　2000—2022年IUCN统计受威胁两栖类动物数量趋势

（5）鱼类

从图7中可见，鱼类受威胁的数量在2006年、2010年和2019年都有加大幅度的跃升，特别是从2019年开始有加速上升的趋势。

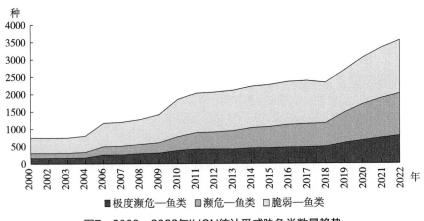

图7　2000—2022年IUCN统计受威胁鱼类数量趋势

（6）昆虫类

从图8中可见，昆虫类的濒危和极度濒危数量从2011年开始呈现加速上升的趋势。

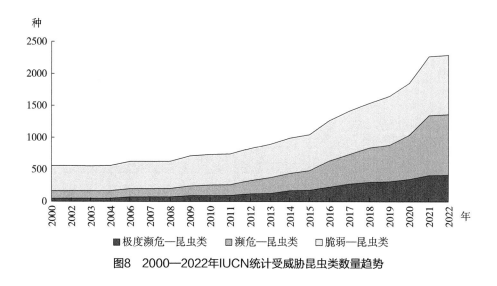

图8　2000—2022年IUCN统计受威胁昆虫类数量趋势

（7）软体动物

从图9中可见，软体动物的濒危和极度濒危数量从2010年开始呈现加速上升的趋势。

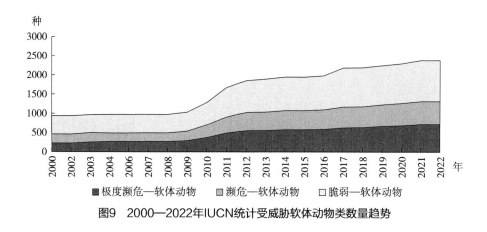

图9　2000—2022年IUCN统计受威胁软体动物类数量趋势

（8）其他无脊椎动物

从图10中可见，其他无脊椎动物的濒危和极度濒危数量在2008年和2014年都出现了跃升，而2017年后呈现持续上升的趋势。

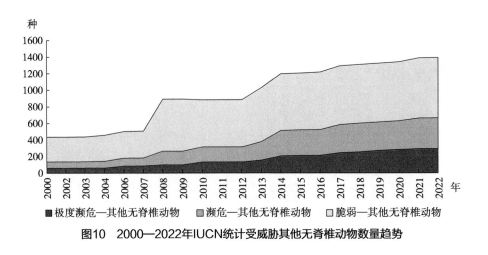

图10　2000—2022年IUCN统计受威胁其他无脊椎动物数量趋势

（9）植物

从图11中可见，植物的濒危和极度濒危数量呈现不断加速上升的趋势，2004年开始有加速的趋势，而2019年后上升的速度变得更快，可见植物的破坏是各类物种中受威胁最严重的类型。

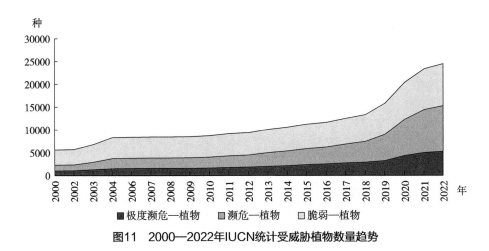

图11　2000—2022年IUCN统计受威胁植物数量趋势

（10）真菌和原生动物

从图12中可见，最近20年来真菌和原生动物开始受到显著影响，2002年开始出现极度濒危，2015年也开始出现濒危和脆弱。特别是2018年开始数量激增，显示在目前的环境变化中，真菌和原生动物开始面临生态脆弱性。

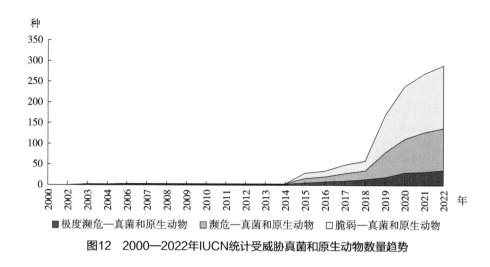

图12　2000—2022年IUCN统计受威胁真菌和原生动物数量趋势

综上所述，各物种数量都呈现加速上升的趋势，特别是2008—2010年、2018—2019年两个时间段，不同类型物种的受威胁特别是濒危数量开始有跳升和更快的上升数量，说明世界正在面临非常严峻的生物多样性危机，而且危机有加速深化的风险，因此保护生态多样性刻不容缓。

此外，从2022年统计的灭绝数量来说，占了IUCN统计数量超过5%的比例，意味着物种多样性永久性丧失的威胁不容小觑。特别是极度濒危数量占了21%，如果不加快行动保护物种多样性，会有更多物种永远消失，造成难以估量的损失，如图13所示。

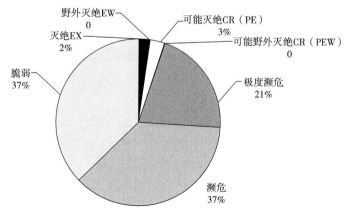

图13　2022年IUCN统计所有物种受威胁及灭绝数量占比

2. 基因多样性面临的危机

种群层面的生物多样性损失危机，不仅表现在全球各类型生物的物种数量的锐减，还表现在种群内的基因多样性的损失，包括亚种、变种数量的减少。其中，导致基因多样性损失的主要原因，是种群的个体数量的减少。

典型实例之一是野生虎的品种单一化。虎仅分布于亚洲，原本分化出9个亚种：华南虎、西伯利亚虎（东北虎）、孟加拉虎、东南亚虎、苏门答腊虎、巴厘虎、里海虎、爪哇虎和新疆虎。而到了20世纪以后，由于栖息地的灾难性破坏，老虎的类型和数量在急剧减少，大量亚种灭绝或者野外灭绝。目前据世界自然基金会的统计，这9个亚种中，新疆虎、巴厘虎、里海虎和爪哇虎4个亚种已经灭绝。而剩下的5个亚种中，数量最稀少的是华南虎，20世纪90年代已经处于野外灭绝状态。华南虎目前有数百只为人工圈养，而且大多是从近亲繁殖而来，面临严重的基因单一化问题，对虎群的整体健康非常不利。如果再不重视生物多样性保护，将有越来越多的物种即便幸运存活下来也会面临品种单一化，被迫依赖近亲繁殖的无奈境地。

另外一个基因多样性损害的实例是非洲野生咖啡。近年来，人们发现非洲肯尼亚野生咖啡的13个种群中，已有2个消失，3个受到严重威胁，只有2个种群处于正常状态。如英国的谷仓猫头鹰、黎巴嫩雪松等动植物因为人类的活动于对自然环境的破坏，导致其种群数量和分布都大幅减少，物种变得单一化。而挪威生物经济研究所等机构发现1995—2016年栖息在挪威斯瓦尔巴群岛四个地区的北极熊基因多样性减少了3%~10%，并且由于浮冰融化导致栖息地四分五裂，北极熊内种群基因交流受阻，近亲繁殖退化的风险越来越大。

3. 生态系统多样性面临的危机

目前，生态系统多样性指标正在迅速下降。总体而言，75%的地表显著改变；66%的海洋区域受到持续增加的累积影响；超过85%的湿地区域消失。土地退化正发生在所有土地覆盖、土地利用、景观类型以及所有国家。这导致生物多样性和生态系统服务的丧失，原因包括：森林、牧场和湿地的丧失；侵蚀的增加导致净初级生产和作物产量的减少；破坏性野火的增加，有时由于外来入侵植物而加剧；害虫和疾病的暴发增加，造成自然和作物动植物的损失。

就湿地而言，估计有75%已经消失（已证实但不完整）。森林丧失的程度和速度已确定，但森林内部的状况变化却没有得到很好的解决。

（三）生物多样性危机给人类带来的损害

生物多样性的减少和损失，可通过直接或间接途径给人类带来不利影响。生物多样性丧失已不单纯是环境问题，更是发展、经济、全球安全和道德伦理问题。保护生物多样性也是保护人类自己。总体而言，生物多样性危机会通过影响人类生存条件、冲击社会条件、影响经济运行等机制对人类造成不同程度的损害。

第一，生物多样性危机会对人类的基本生存条件产生影响。自然生态系统平衡受到冲击，会直接导致基因（遗传）多样性的损失，这意味着人类生存所伴随或依赖的群落关系会受到破坏。而生态系统是千万年以来地理、气候、生物交互作用而演化形成的相对稳定、平衡的系统，在其中每一种生物都有其独特的作用，都与其他生物和物种形成了稳定的生物链条，一旦其中的某一物种灭绝，将深刻地影响生态系统的平衡，甚至直接引发生态系统的退化，而这更可能形成其他物种灭绝的"多米诺骨牌"效应。同时，随着生物多样性的丧失，会直接或间接地导致未来食物来源、工农业资源和材料的供应紧张，严重影响人类的生产和生活，不利于人们生活质量的提高。

第二，生物多样性危机会对社会造成冲击。生物多样性为人类直接提供了美学价值，名山大川、自然造化鬼斧神工，花鸟鱼虫，万物斑斓竞自由，构成了令人赏心悦目、心旷神怡的自然美景，也激发了人类的文学甚至科学创作与发现。如果生物多样性丧失得不到有效的遏制，其带给人类的美学价值也将一并消失。

第三，生物多样性危机会影响正常的经济运行。人类因各类生物多样性损失而导致生存条件的恶化，则可能导致生产生活的停顿、迫使人们花费更大的经济成本来进行治理和修复，从而导致或轻或重的经济损失。

二、生物多样性危机给银行机构带来的物理风险

越来越多的证据和实例表明，生物多样性危机会给银行机构本身的资产和业务运作带来风险，而且，当生物多样性危机广泛地影响到社会经济时，会给金融系统带来系统性金融危险，从而影响金融稳定。生物多样性风险主要分为两大类：物理风险和转型风险。

物理风险是生物多样性本身维系着相关金融活动，一旦生物多样性遭到损失，将直接引发金融、投资标的物的损失，从而引发金融风险。

（一）传导机制

银行机构面临的生物多样性物理风险主要来自两个层面：

一方面，银行机构参与的投融资项目有可能对生物多样性造成负面影响。从金融角度来看，由于大量资金投入到与生物多样性相关的产业，生物多样性丧失对经济的影响必然会波及金融稳定性。在上述的行业中，其投资价值可能会因生物多样性的丧失而变低，或出现估值下降。某些贷款也会由于生物多样性丧失而变成坏账。

另一方面，生物多样性损失反过来也会增加金融风险。生态失衡引发重大破坏（如物种入侵给农林业带来严重危害），造成直接的经济损失，而与该经济活动相关联的金融投资也有可能遭到连带损失。

（二）风险分析

从目前看，人们已知的直接依赖于生物多样性的物理风险还相对有限，但也不可小觑。可能的风险来源主要是前文所涉及的农业生产、具有直接经济价值（包括药用价值）的动植物、旅游观光类行业等。

第一，企业、银行和投资者可能面临保险风险。例如与生物多样性丧失造成的保险费增加（如墨西哥坎昆的珊瑚礁）、保险索赔或因环境退化而恶

化的极端天气事件造成的投资回报率降低有关。

第二，企业、银行和投资者可能面临信贷相关风险。当前不少农业生产活动依赖于小额贷款，而小额信贷业务往往风险比较大，并且缺乏足够的担保抵押品保护银行机构的投资，因此如果农业生产遭受生物多样性损失导致的冲击（如更易受病虫害侵袭），则可能会进一步加剧该领域小额信贷风险的收益下降及风险上升。由于对生物多样性的负面影响或依赖性导致资本成本或贷款需求增加，金融风险可能与获得资本有关。

第三，企业、银行和投资者可能面临投资机会损失。某些动植物是重要的经济作物来源，若生物多样性受损，可能会导致该领域变得没有投资价值。旅游观光类行业，比如生态公园等，若其生物多样性受损，特别是其明星物种消失，则会使该生态公园损失观光价值，从而其相关投资项目失去投资价值。因为投资者越来越多地采用影响力投资或排除策略，优先考虑减少对生物多样性的不利影响甚至支持积极影响的投资（Girvan et al.，2018），因此导致企业和投资者可能会面临投资机会的额外丧失。

（三）案例分析

1. 墨西哥

墨西哥政府在大自然保护协会和瑞士再保险的协助下成功地开展了坎昆（Cancun）计划，该计划由政府税收资助，为坎昆地区的珊瑚礁群进行保险投保。据Business Insurance报道，2019年保险行业为墨西哥坎昆地区的珊瑚礁群提供了高达38亿美元的保险保额。

珊瑚礁对维持渔业资源、生物的多样性、保护海岸线免予被海浪侵蚀等有重要作用，但近年人为破坏加上气候变化使珊瑚状况恶化，威胁着旅游业数十亿美元的商机。在2005年威尔玛飓风的袭击造成墨西哥75亿美元的损失，海域附近饭店业者便开始向政府要求额外税收来修复海滩及保护礁石。

当地仰赖观光的业者集体投保，支付约100万至750万美元的保险费，保护沿岸60公里长的珊瑚礁及所属海滩。若遭暴风雨破坏，保险公司在当年度将支付约2500万至7000万美元的修复费用。

2. 荷兰

荷兰中央银行（DNB）是第一家试图量化其监管的银行机构面临生物多样性丧失风险程度的中央银行。DNB审查的14000亿欧元投资中，5100亿欧元高度或非常高度依赖一种或多种生态系统服务，即36%的金融投资通过其资助的公司的活动间接接触到生态系统服务。生态系统服务的损失将导致业务流程的重大中断和财务损失。

该研究考察了动物授粉消失的风险，估计风险为280亿欧元。据估计，全球作物产量的5%~8%（全世界每年价值2350亿~5770亿美元）都依赖于动物授粉。

3. 法国

2021年8月，法国银行（Banque de France）发布了法国银行机构持有证券的生态系统服务的依赖性和影响的评估报告。

法国银行机构所持证券总价值的42%是由高度或非常高度依赖至少一种生态系统服务的公司发行的。9%是由对至少一种生态系统服务有非常高的直接依赖性的公司发行的，21%是由对五种或更多生态系统服务的综合依赖性至少为"中等"的公司发行。投资组合公司特别依赖与供水（地表水和地下水）以及某些维护和调节服务（侵蚀控制、洪水保护和气候调节）有关的生态系统服务。

三、生物多样性危机给银行机构带来的转型风险

与物理风险相比，生物多样性危机带来的转型风险是银行机构面临的更直接和更严重的威胁，而该类风险往往并未得到银行机构的充分认识。或者即便意识到转型风险，也因为生物多样性保护领域涉及的专业性质，导致银行机构在面临转型风险时，管理能力缺乏，导致其正常运营受到影响。

（一）传导机制

生物多样性危机给银行带来的转型风险大多源于相关的法律法规和政

策。大体而言分为两大类型：

第一，政府针对生物多样性的保护政策趋于严格，导致该领域失去投资经济价值。例如，部分药物直接提取自某些动植物，如果政府发布针对这些动植物的保护政策，则可能导致该类药物的生产受限制，甚至可能被禁止，针对该行业的投资将会失去经济回报前景。对把这类动植物资产作为主营业务的公司而言，这些受保护的动植物资产将变为"搁浅资产"，成为该行业的重要投资风险。

第二，现有法律法规针对投资项目具有生物多样性的保护条款或相关规定，而相关企业未尽保护责任而造成生物多样性损失，并且违反了相关的法律法规而导致的投资损失。由于生物多样性保护往往具备高专业性，因此银行机构在投资项目时往往缺乏对项目可能面临生物多样性风险的识别、计量和防范能力，导致投资项目启动后因为相关违法违规行为引发项目中止，引起资金损失。后文所介绍的云南绿孔雀案和萨哈林2号油气开发项目都是典型案例。

（二）我国生物多样性保护法律制度演进分析

金融体系所面临生物多样性的转型风险主要源自日益完善的法律法规要求和各类保护政策的推动。自顶向下主要包括国际生物多样性公约（这是生物多样性保护方面最顶层的"根本大法"）、国家性质的自然保护地相关法律体系以及地方的生物多样性法律法规三大层次。

1. 国际生物多样性公约

20世纪80年代以来生物多样性的保护和可持续利用引起国际社会普遍关注，并成为当今全球环境保护的热点问题。1988年11月联合国环境署开始组织启动国际生物多样性公约文本的起草工作。1992年6月在巴西召开的联合国环境与发展大会上，《生物多样性公约》（以下简称《公约》）连同《21世纪议程》等几个重要文件一起提交与会各国并开放签字。当时中国政府签署了《公约》。同年11月七届人大常委会第28次会议审议批准加入《公约》。《公约》于1993年12月29日正式生效。目前已有174个国家签署了《公约》。

《公约》的就地保护（in-situconservation）原则，是构成国家保护生物多样性义务的重要支柱之一。除了要求各缔约国必须设立一套保护区系统外，它也传递了对生物科技可能导致环境破坏的关注。为增加农业生产，活生物体的基因改变已更加普遍地被加以运用，其对环境乃至人类健康的潜在危害，也引起更广泛的讨论和重视。从企业经营和金融的角度看，第八条就地保护原则是其转型风险管理过程中十分重要的法律依据。企业经营活动在涉及影响当地生物多样性时，应当尽可能遵守就地保护原则，避免对当地野生生物产生不利影响，特别是应当尽可能远离就地保护涉及的区域，如自然保护区。银行机构根据就地保护原则应当事前审查企业的经营活动，避免其对需要就地保护的野生生物产生不利影响，从而触犯法律遭遇投资损失。

此外，基于金融风险管理视角分析，《公约》的以下条文与银行机构投融资活动有潜在密切联系。

第一条，"本公约的目标是按照本公约有关条款从事保护生物多样性、持久使用其组成部分以及公平合理分享由利用遗传资源而产生的惠益；实现手段包括遗传资源的适当取得及有关技术的适当转让，但需顾及对这些资源和技术的一切权利，以及提供适当资金。"这意味着生物多样性相关领域是银行机构重要的潜在投资领域，其经营风险是银行机构重要的管理对象。

第十四条，影响评估和尽量减少不利影响。这一条为银行机构对投资对象实施生物多样性影响评估提供基本的全球性法律要求，这意味着无论哪个国家，只要是参与《公约》缔约国的投资项目，银行机构就有法律义务审查投资目标的生物多样性影响，目标是尽可能降低不利影响。具体包括以下内容：

（1）《公约》要求考虑项目可能对生物多样性产生严重不利影响的方案和政策的环境后果。因此银行机构应针对项目的潜在环境后果建立处置机制，以减少不利的环境影响。

（2）《公约》要求针对涉及跨区域特别是跨国的项目建立多边合作和沟通机制。因此银行机构针对毗邻边境的项目，应当事前建立并审查项目环境影响的跨区域问题，一方面，尽可能避免项目的潜在影响扩散到其他区域，应当确保项目同时符合不同辖区的法律要求，以免自身陷入多个地区的法律纠纷。另一方面，与具体项目建设方相比，银行机构可能在跨辖区甚至跨国的政策沟通上更具优势，因此银行机构应当主动针对环境影响可能跨区域的项目安排沟通机制，以避免项目出现风险时，导致更复杂的跨区域法律和政策协调难题，增大项目经营风险。

以自然保护区为代表的自然保护地体系，是落实《公约》（以第八条"就地保护"为代表的要求）的重要举措。我国自然保护区的数量不断增加，面积不断扩大。但由于国家投入不足，不少保护区难以开展本职工作，部分保护区则开展其他经营以维持正常运营，这对于生物多样性保护必然是不利的。在此背景下，通过法律法规形式规范和完善自然保护区等在管理和科研方面的制度尤为重要。

2. 我国自然保护地的法律法规体系

就地保护是《公约》所规定的重要原则，建立自然保护区和各种类型的风景名胜区是实现这种保护目标的重要措施。自20世纪90年代起，我国自然保护实践不断拓展，各类自然保护地的法律体系也开始建立和不断完善，极大限度地推动了生物多样性保护。

（1）我国自然保护地体系的分类与基本特点

自然保护地（Protected Areas，也称保护地）的概念是世界自然保护同盟（IUCN）在考察世界各国各类自然保护地的基础上综合提出的，它是指"通过法律或其他有效手段加以管理的，专门用于保护和维持生物多样性、自然及其相关文化资源的土地和/或海洋"，包含严格的自然保护地、荒野保护地、国家公园、自然历史遗迹或地貌、栖息地/物种管理区、陆地景观/海洋景观、自然资源可持续利用自然保护地七种管理类别。20世纪90年代以来，中国自然保护实践不断拓展，"自然保护地"的概念已不能涵盖IUCN提出的自然保护地的外延。根据中共中央办公厅、国务院办公厅于2019年6月印发的《关于建立以国家公园为主体的自然保护地体系的指导意见》，按照自然生态系统原真性、整体性、系统性及其内在规律，依据管理目标与效能并借鉴国际经验，将自然保护地按生态价值和保护强度高低依次分为国家公园、

117

自然保护区、自然公园3类。^①本文对自然保护地的分类分析参照《指导意见》中提出的三类。

国家公园，是指由国家批准设立并主导管理，以保护具有国家代表性的自然生态系统、珍稀濒危物种、自然遗迹、自然景观为主要目的，依法划定的大面积特定陆域或者海域。

- 地位：体系主体。是我国自然生态系统中最重要、自然景观最独特、自然遗产最精华、生物多样性最富集的部分，生态过程完整，具有全球价值、国家象征，国民认同度高，在维护国家生态安全中发挥着关键作用。
- 管理模式：国家公园实行分区管控，原则上核心保护区内禁止人为活动，一般控制区内限制人为活动；国家公园建立后，在相同区域一律不再保留或设立其他自然保护地类型。

自然保护区，是指保护典型的自然生态系统、珍稀濒危野生动植物种的天然集中分布区、有特殊意义的自然遗迹的区域。具有较大面积，确保主要保护对象安全，维持和恢复珍稀濒危野生动植物种群数量及赖以生存的栖息环境。

- 地位：体系基础。
- 管理模式：自然保护区实行分区管控，核心区内禁止人为活动，缓冲区和实验区内限制人为活动。

由于国家公园和自然保护区具有全国性的立法，而自然公园目前只有地方立法，因此可对比国家公园和自然保护区的营运模式差别。

---

① 此前，我国曾经的旧体系包含主要自然保护区、风景名胜区、地质公园、森林公园、海洋公园、湿地公园、冰川公园、草原公园、沙漠公园、草原风景区、水产种质资源保护区、野生植物原生境保护区（点）、自然保护小区、野生动物重要栖息地，现在统一划归到新的 3 类里。

表1 国家公园和自然保护区的管理与经营模式对比

项目	国家公园	自然保护区
级别分类	无	国家级和地方级
内部分区	核心保护区和一般控制区	核心区、缓冲区和实验区
监测要求	天空地一体化监测体系与动态综合检测	环境监测
核心区管控要求	最大限度限制人为活动	禁止任何人进入
科学研究	允许	允许，进入核心区和缓冲区需批准
宣传教育	允许	允许
参观旅游	核心保护区禁止，一般控制区允许适度规模	核心区和缓冲区禁止，实验区在不影响保护自然保护区的自然环境和自然资源的前提下允许
调查活动	允许	需批准
建设生产设施	在不扩大现有规模和利用强度的前提下允许	核心区和缓冲区内禁止，实验区内不得污染环境、破坏资源或者景观
生产经营活动	在不扩大现有规模和利用强度的前提下允许	核心区和缓冲区禁止，实验区允许
明确禁止活动	引进、释放或丢弃外来物种，排放、倾倒或者处置有放射性的废物、含传染病病原体的废物、有毒物质或者其他有害物质	砍伐、放牧、狩猎、捕捞、采药、开垦、烧荒、开矿、采石、挖沙等，另有规定除外
资金支持	财政与金融	政府安排、国家补贴

从表1可以看出，从管理模式上，自然保护区特别是核心区和缓冲区的活动受到更严格的限制和禁止，相比之下国家公园略微宽松，并且非核心控制区适当允许非污染性和有毒、有害的经营等活动。因此，在管理过程中，国家公园可以允许更多的经济性活动，而可以得到金融的适当支持，而自然公园仅能通过政府资金维持经营。

自然公园，是指保护重要的自然生态系统、自然遗迹和自然景观，具有生态、观赏、文化和科学价值，可持续利用的区域。确保森林、海洋、湿地、水域、冰川、草原、生物等珍贵自然资源，以及所承载的景观、地质地貌和文化多样性得到有效保护。包括森林公园、地质公园、海洋公园、湿地公园等各类自然公园。

- 地位：体系补充。
- 管理模式：自然公园原则上按一般控制区管理，限制人为活动。
- 目前尚无全国性法律法规。

（2）各类自然保护地的法律风险分析

- 中华人民共和国自然保护区条例

《中华人民共和国自然保护区条例》（以下简称《条例》）是为加强自然保护区的建设和管理，保护自然环境和自然资源而制定。由中华人民共和国国务院于1994年10月9日发布，自1994年12月1日起实施。这是我国自然保护区立法史上的一个重要里程碑，它属于行政法规的范畴，是我国第一个关于自然保护区的正式的综合性的法规。《条例》第一条规定"为了加强自然保护区的建设与管理，保护自然环境和自然资源，制定本条例"，从立法所追求的目标来看，明显地突出了"保护自然环境与自然资源"，而对"合理利用自然资源"并没有提到，可见在这个阶段中国自然保护区立法追求的目标较为单一，没有从目的上体现自然保护区保护的多元目标和最终价值追求——保持生物多样性，维护生态平衡，保障国家生态安全，促进经济社会可持续发展。2017年10月7日，国务院总理李克强签署第687号中华人民共和国国务院令，《中华人民共和国自然保护区条例》（1994年10月9日中华人民共和国国务院令第167号发布，根据2011年1月8日国务院令第588号《国务院关于废止和修改部分行政法规的决定》第一次修订，根据2017年10月7日国务院令第687号《国务院关于修改部分行政法规的决定》第二次修订）中组织机构、项目背景、项目条件和项目取消等内容进行了修改。相较于1994年的版本，该版本仍未明确提出生物多样性概念，但提到在对自然保护区进行保护的同时，妥善处理与当地经济建设和居民生产、生活的关系。

《条例》中与银行机构生物多样性风险的相关条例如下：

第五条，"建设和管理自然保护区，应当妥善处理与当地经济建设和居民生产、生活的关系"，银行机构在对项目进行投资建设前，应当对当地的生产生活进行充分的调研和了解，若银行机构投资进行的项目与当地的经济建设方向不符，或无法融入当地居民的生产生活中，不被当地居民所需要，该项目会面临无法长期稳定发展的风险。

第七条，"一切单位和个人都有保护自然保护区内自然环境和自然资源的义务，并有权对破坏、侵占自然保护区的单位和个人进行检举、控告"，银行机构同样有保护自然区内自然环境和自然资源的义务，其投资建设的项目应当与自然保护区的发展方向一致，不得抱有侥幸心理对其进行破坏、侵占，否则会面临被检举、控告的风险。

第十八条依次对自然保护区内核心区、缓冲区和实验区可以开展、严禁开展的活动进行了明确的规定，第二十五条至第三十二条对自然保护区内可以进行的活动、可以进入的人员进行了进一步的规定，银行机构在进行项目投资之前应当明确该项目类别是否被允许在相应的区域内进行、相关人员是否被允许进入特定区域，且因特殊原因需要进入相关区域开展活动的应当得到有关部门的批准，必要时应将研究成果的副本提交至相关部门，否则会因违规开展活动而给银行机构的投资活动带来风险。

第三十三条，单位或个人因发生事故或者其他突然性事件造成或者可能造成自然保护区污染或者破坏，"必须立即采取措施处理，及时通报可能受到危害的单位和居民，并向自然保护区管理机构、当地环境保护行政主管部门和自然保护区行政主管部门报告，接受调查处理"，不得存在侥幸心理不报告给相关人员，不接受调查处理，避免因信息披露不完全给银行机构的投资带来违规风险。

- 中华人民共和国环境保护法

自《条例》后，《环境保护法》发布，进一步强化了生态环境损害责任承担，2014发布的新环境保护法首次提出了"生态红线保护"的概念，极大地推动了我国生物多样性保护进程，同时愈加严苛的标准也为银行机构的投资活动带来了极大的挑战和风险。

我国环境保护法共3个版本，1979年9月13日，《中华人民共和国环境保护法（试行）》颁布，1989年12月26日第七届全国人民代表大会常务委员会第十一次会议通过《中华人民共和国环境保护法》，历经2014年4月24日修订，《中华人民共和国环境保护法修订案》发布，这部法律增加了政府、企业各方面责任和处罚力度，被专家称为"史上最严的环保法"。修订后的《环境保护法》调整了环境保护和经济发展的关系，将"使环境保护工作同经济建设和社会发展相协调"修改为"使经济社会发展与环境保护相协调"，彻底改变了环境保护在二者关系中的次要地位。

《环境保护法》第二十九条规定"国家在重点生态功能区、生态环境敏感区和脆弱区等区域划定生态保护红线，实行严格保护"。这表明银行机构在对项目进行投资之前应明确项目所在地的生态红线，严控项目相关指标的发展，以免因误触生态红线而带来风险。目前，在保护生物多样性与关键栖息地方面的政策法规尚在逐渐完善过程中，涉及关键物种的生态红线内的在建、已建项目，未来是停止建设还是搬迁，尚未有明确政策指引。未来，随着生物多样性政策法规的逐步完善，以及关于生态红线有关政策的陆续出台，将对银行机构防控生物多样性风险带来更大挑战。

● 中华人民共和国国家公园法

现行自然保护地管理体制涉及多级政府、多个职能部门，如我国《自然保护区条例》赋予中央事权9项（涉及国务院和7个部门）、省级事权6项、市县级事权4项、自然保护区管理机构事权9项，相互间的分工有不合理、不明确且缺乏协调之处，难以充分调动各地各部门的积极性、实现自然保护地的整体性保护目标。国家公园具有面积大、跨行政区域的特征，涉及的政府层级和部门类型较其他类型的自然保护地更多，国家公园法在提炼试点经验、构建行之有效的管理体制的基础上，将为其他自然保护地立法的管理体制构建提供重要参照。

1807年世界上第一个国家公园——黄石国家公园在美国成立后，国家公园的理念逐渐向全球扩展。1879年澳大利亚成立了世界上第二个国家公园——皇家国家公园，但其效仿美国设立的国家公园模式与澳大利亚特有的生态环境、社会文化和政治背景不相适应，导致其与原住民的社区发展、文化保护、土地所有权诉求等发生冲突。国家公园在欧洲的发展也比较迅速，自1909年瑞典成立了欧洲第一个国家公园后，瑞士、西班牙、意大利、冰岛等纷纷效仿，欧洲不同国家之间对物种的管理差异很大，只有28.5%的国家公园设有野生生物不干预区。非洲早期的国家公园主要由20世纪初的殖民者建立，核心目标是保护野生动物，但也允许对超出承载力的动物进行拍卖，再将得到的资金投入保护中，形成良性循环。随着时代的发展，其目标如今已不局限在保护上，而是确立为充分利用野生动物和自然资源进行发展，既提升了环境保护意识，其带来的经济收益还能有效解决资金问题。

自2016年起，10个国家公园体制试点陆续启动，通过不间断的投资，国家公园体制试点部分建设内容取得初步成效，保护面积达23万平方公里，涵盖近30%的陆域国家重点保护野生动植物种类，且有效实现了发展和保护的平衡与共赢，同时也带动和反哺了国家公园周边地区的社会经济发展。但在我国国家公园体制试点过程中，仍存在资金来源渠道单一、特许经营制度不健全等问题。尽管政府通过中央预算内投资等方式为国家公园体制试点提供资金支持，但为确保国家公园体制的稳定运行，仍需完善而长效的融资机制，构建多渠道、多元化的国家公园资金投入机制，如PPP模式。国家公园融资机制不完善也给银行机构的投资活动带来了风险。目前国家公园资金渠道涉及财政、发改、科技、自然资源、水利和林草等部门，国家鼓励和引导金融及社会资本参与国家公园建设和运营，努力构建中央资金与金融、社会资金并举的多元化资金筹措机制。

2018年7月，国家林草局正式启动国家公园立法工作，2022年4月，结合国家公园体制建设实际需要，进一步修改完善，形成了《国家公园法（草案）》。《国家公园法（草案）》中与银行机构生物多样性风险相关条例如下：

第二十七条至第二十九条、第四十二条对国家公园内开展的活动进行了明确的规定，银行机构应对在国家公园开展的活动进行严格的审查，最大程度限制人为活动，不开展开发性、生产性建设活动，"确保国家公园毗邻社区发展与国家公园保护目标相协调"，避免项目活动与国家公园的保护方向不一致，若要开展"修筑设施和开展建设活动"等，应当获得相关行政机关的准予许可决定，且须考虑该活动对于"自然生态系统以及自然和人文景观"的影响，应采取必要措施最大限度降低对其的损害，避免因对自然生态系统造成损害而给银行机构的投资活动带来风险。

第三十五条和第三十六条对国家公园范围内物种、有害物质、工业产业的处理方式进行了规定，银行机构在执行项目过程中应当严格监管上述行为的发生，严格按照法律标准进行使用、处理和安置，以防触犯法律，为银行机构带来风险。

第五十四条至第五十六条规定国务院林业草原主管部门、人民检察院、公民、法人和其他组织均有权对国家公园管理不力的问题进行监督、举报和控告，银行机构应当做好自查工作，并及时与相关组织机构沟通确认相关工作的标准，以防因自身工作不力受到被举报和控告的风险；银行机构对项目开展全过程都应当保证国家公园范围内的"自然资源、人文资源和经济社会状况等调查统计"数据实时更新，保证信息披露的及时性、准确性和完整性，并报以有关部门监管，以防违反相关规定给银行机构的投资活动带来风险。

● 中华人民共和国野生动物保护法

第十二条，"国务院野生动物保护主管部门应当会同国务院有关部门，根据野生动物及其栖息地状况的调查、监测和评估结果，确定并发布野生动物重要栖息地名录"，银行机构应当专设部门跟进国务院野生保护主管部门发布的"野生动物重要栖息地名录"，并更新自有名录保证其与国务院发布的一致，避免项目活动范围与国务院的名录有偏差而导致项目运营出现风险。

"禁止或者限制在相关自然保护区域内引入外来物种、营造单一纯林、过量施洒农药等人为干扰、威胁野生动物生息繁衍的行为"，第二十条至第四十一条对野生动物猎捕、人工繁育、野生动物及制品出售购买使用运输等活动进行了规定和限制，银行机构在项目投资全过程均应当确认清楚项目是否涉及上述行为，避免违反法律规定给自身的投资活动带来风险。

第十三条对项目规划建设过程中需要注意的问题进行了规定，银行机构在对项目进行投资时首先应当确认项目中所涉及的活动是否被法律所允许在自然保护区域内进行，以及可能会对自然保护区域、野生动物迁徙洄游通道产生影响的项目的环评文件是否征求了有关部门的意见，若未经确认上述内容即对项目进行投资，则会面临风险。

3. 我国区域生物多样性相关法律法规

近年来，我国的区域生物多样性法规也正在完善，特别是一些重点保护生物的聚集地栖息地所在的省市，都领先出台生物多样性保护的法规。云南是全国首部地方生物多样性法规出台的省份，而且也出现过"绿孔雀"案的公益诉讼判例。浙江正在试点钱江源国家森林公园体制，这两个省市在区域生物多样性保护方面具有代表性价值，因此本部分将以《云南省生物多样性保护条例》和《浙江省生态环境保护条例》为典型代表，分析银行机构在项目投资过程中可能遇到的生物多样性风险点，从而建立一套风险管理框架，保护投资安全。

（1）云南省相关法律法规

2018年9月，《云南省生物多样性保护条例》（以下简称《条例》）通过，并于2019年1月1日起施行，成为全国首部地方生物多样性保护法规，《条例》明确了"生物多样性"的概念，即生物（动物、植物、微生物）与环境形成的生态复合体以及与此相关的各种生态过程的总和，包含生态系统、物种和基因3个层次。《条例》规定，生物多样性保护应当遵循保护优先、持续利用、公众参与、惠益分享、保护受益、损害担责的原则。《条例》以"就地保护""迁地保护""离体保护"这3种最有效的保护措施为切入点，围绕建立保护网络、编制物种名录、规范生物遗传资源收集研发活动、避免生物多样性资源流失、规范外来物种管理等方面提出了要求并设定管理制度，其中专门强调，对云南特有物种和在中国仅分布于云南的物种实施重点保护。同时，严禁擅自向自然保护区引进外来物种，如有违反最高可处以15万元罚款。

从《条例》内容看，有很多内容可能会因为各种原因成为银行机构的风险：

第六条，"促进生物多样性保护信息化建设，提高生物多样性的保护、利用和管理水平"，这一条实际上与银行机构的风险管理利益攸关。对于银行机构来说，规避生物多样性风险的难点和痛点主要来自对受保护生物的分布地和栖息地信息缺乏了解，从而导致在事前风险评估中忽略或者无法了解项目可能涉及的生物多样性问题，因此重视甚至参与各地方区域的生物多样性保护信息化建设至关重要。生物多样性保护方面的信息建设和智力支持是当前银行机构所急需解决的问题。

第十条、第十一条监督管理中，生态保护规划或计划需要"分析、预测、评估可能对生物多样性保护产生的影响，提出预防或者减少不良影响的对策和措施""建立健全生物多样性调查、监测、评估和预警预报等制度"，政府的分析与监测是最权威的生物多样性保护信息源，银行机构需要及时更新相关的政府披露信息，这可能是生态环境执法或者是生态环境诉讼所涉及的主要法律依据。

第十二条特别提到"省人民政府环境保护主管部门应当组织编制本行政区域生物物种名录、生物物种红色名录和生态系统名录，并向社会公布"，区域生物物种名录、红色名录、生态系统名录是区域最重要的生物多样性信息库，银行机构要及时跟踪这些名录的更新，建立生态环境评估数据库，是规避生物多样性风险最重要的金融基础设施。

第十三条列举了自然保护地的分类：与生物多样性保护有关的自然保护区、风景名胜区、国家公园、森林公园、重要湿地、世界自然遗产地、饮用水水源保护区、水产种质资源保护区等，以及其他依法划定的与生物多样性保护有关的区域。尽管目前中国的自然保护地体系一划分为自然保护区、国家公园和自然公园三大类，但从银行机构风险管理的角度看，对不同类型自然保护地的监测和管理应当区别分析，宜细不宜粗，从而实现精准保护，提高保护效果。

第十七条强调了"各级人民政府应当加强区域协作，建立健全生物多样性保护的信息共享、预警预报、应急处置、协同联动等工作机制""建立跨境保护合作机制"，这同样适用于银行机构的生物多样性风险管理的机制设置，特别是区域生物多样性保护协助往往是项目执行容易触及的操作盲点和法律盲点，银行机构需要发挥自身的优势，确保投资对象符合不同地区的生态环境保护要求，以及自身也需要与相关机构建立信息共享、预警预报等机制，将风险控制在问题出现之前。

第十八条强调"对珍稀濒危物种、极小种群物种实施抢救性保护，对云南特有物种和在中国仅分布于云南的物种实施重点保护"，地区特有物种往往是投资项目容易忽略而容易造成项目风险，如下文所提到的"绿孔雀"等，因此银行机构需要建立地区特有物种重点关注名录，以免投资对象触犯相关法律法规。

第二十三条，境内外组织或者个人对野生生物物种进行采集、收购、野外考察或者携带、邮寄出境，应当遵守有关法律法规规定。尽管这一条通常与企业或银行机构经营活动无直接关联，但那些毗邻生物多样性敏感地区的项目，应留意项目执行地区范围要做好来往人员管理、下属员工管理，以免属地范围内出现非法搜集野生生物的组织和个人，从而承担不必要的连带责任。第二十四条同理，要注意项目执行过程中不要出现外来物种引入的意外。万一发现意外（第二十五条），要及时上报当地管理机构，防患于未然。

第二十九条，尽管环评是项目执行前的必要阶段，但应当注意不同地域的生物多样性特点，"应当评价对生物多样性的影响，并作为环境影响评价的重要组成部分""对可能造成重要生态系统破坏、损害重要物种及其栖息地和生境的，应当制定专项保护、恢复和补偿方案，纳入环境影响评价"，如果环评对这些内容未作评价，将导致项目执行遇到更大的风险，因为环评未作评估或无法评估影响的部分，将由项目方承担法律后果，因为环评报告不能作为这些未作评估部分的免责依据。

其他相关法律法规如表2所示。

表2 云南省生物保护相关法律法规与政策文件

法律法规或政策文件	类型	出台日期
云南省自然保护区管理条例	法规	1997年12月3日
云南省湿地保护条例	法规	2013年9月25日
云南省加强三江并流世界自然遗产地保护管理若干规定	法规	2018年7月17日
云南省生物多样性保护条例	法规	2018年9月21日

续表

法律法规或政策文件	类型	出台日期
云南省昭通大山包黑颈鹤国家级自然保护区条例	法规	2008年9月25日
丽江纳西族自治县玉龙雪山管理条例	法规	1993年4月7日
云南省地方级自然保护区调整管理规定	规章	2018年5月31日
关于进一步加强生物多样性保护的实施意见	政策文件	2022年8月9日
云南省人民政府办公厅关于成立云南省生物多样性保护委员会的通知	政策文件	2017年3月24日
云南省人民政府办公厅关于加强长江水生生物保护工作的实施意见	政策文件	2019年3月27日
云南省人民政府关于加强滇西北生物多样性保护的若干意见	政策文件	2008年8月20日

（2）浙江省相关法律法规

就《浙江省生态环境保护条例》而言，第三十七条规定"组织开展外来入侵物种普查、监测与生态影响评价"。因此，银行机构应当审查其投资项目是否有毗邻自然保护区等问题，以及从事可能有物种入侵风险的业务（比如物流运输、农林种植业等）时，应当事前评估其对附近自然保护区的潜在影响，并在项目执行过程中全过程监督检查，特别是排除入侵物种的风险，以防触犯相关法规。

其中第三十八条规定"规范生物遗传资源采集、保存、交换、合作研究和开发利用活动，加强对生物遗传资源保护、获取的监督管理"，因此银行机构在项目过程审查中，也应当注意关注项目是否涉及或者影响了生物遗传资源的保护和获取等相关问题，以免出现误触法律的意外。

第三十九条至第四十九条是关于生态产品价值实现的，其中部分与银行机构的投融资业务可能相关，如第四十一条"鼓励探索生态产品价值权益质押融资"，因此银行机构的投资对象可能涉及这些业务，银行机构也需要监督企业经营过程潜在涉及的生态产品价值的实现过程是否会出现生态损害，从而导致质押品减值等风险。第四十七条"探索通过发行企业生态债券和社会捐助等方式，拓宽生态保护补偿资金渠道"，银行机构和投资者在投资这些项目时，也应当注意其中的生态风险，以及生态保护补偿执行过程中的操作、合规风险。

第五十二条"列入环境信息依法披露名单的企业应当按照国家和省规定的披露内容、时限，将其环境信息录入企业环境信息依法披露系统，并对环境信息的真实性、准确性和完整性负责"，信息披露是监督企业生态与环境表现、防范生态环境风险的重要部分，因此银行机构应当在项目执行的全过程都关注和审查企业的信息披露的真实性、准确性和完整性，以防在信息披露方面触犯法律法规，为银行机构的投资带来风险。

其他法律政策文件如表3所示。

表3　浙江省生物保护相关法律法规与政策文件

法律法规或政策文件	类型	出台日期
浙江省生态环境保护条例	法规	2022年5月
浙江省生物多样性保护与战略行动计划（2011—2030年）	政策	2013年
浙江省八大水系和近岸海域生态修复与生物多样性保护行动方案（2021—2025年）	政策	2021年9月
浙江省生态环境厅关于开展浙江省生物多样性体验地建设的通知	政策	2022年7月

（三）案例分析

1. 中国云南省绿孔雀案

事件背景和经过：2020年12月31日，云南省高级人民法院对上诉人北京市朝阳区某环境研究所、上诉人中国水电顾问集团某开发有限公司与被上诉人中国电建集团某勘测设计研究院有限公司环境污染责任纠纷一案进行了二审宣判。该案一审由北京市朝阳区某环境研究所向云南省昆明市中级人民法院提起，其诉称红河（元江）干流戛洒江一级水电站淹没区系国家一级保护动物、濒危物种绿孔雀的栖息地。该水电站一旦蓄水，将导致该区域绿孔雀灭绝的可能。同时，该水电站配套工程将破坏当地珍贵的干热河谷季雨林生态系统。

云南省高级人民法院审理后认为，戛洒江一级水电站淹没区对绿孔雀栖息地及热带雨林整体生态系统存在重大风险，在生态环境部已要求建设方开展环境影响后评价的基础上，戛洒江一级水电站是否永久停建应由行政主管机关根据环境影响后评价等情况依法作出决定，原审判决并无不当，应予维持。在二审期间，建设方向其上级公司请示停建案涉项目并获批复同意。案件审理结果使该项目最终停建，该项目投资30多亿元，停建的结果使提供资金的银行机构承受巨大损失。

事件涉及法律法规：法院生效裁判认为：本案符合《最高人民法院关于审理环境民事公益诉讼案件适用法律若干问题的解释》（以下简称《解释》）第一条"对已经损害社会公共利益或者具有损害社会公共利益重大风险的污染环境、破坏生态的行为提起诉讼"规定中"具有损害社会公共利益重大风险"的法定情形，属于预防性环境公益诉讼。预防性环境公益诉讼突破了"无损害即无救济"的诉讼救济理念，是环境保护法"保护优先，预防为主"原则在环境司法中的具体落实与体现。预防性环境公益诉讼的核心要素是具有重大风险，重大风险是指对"环境"可能造成重大损害危险的一系列行为。本案中，自然之友研究所已举证证明戛洒江一级水电站如果继续建设，则案涉工程淹没区势必导致国家一级保护动物绿孔雀的栖息地及国家一级保护植物陈氏苏铁的生境被淹没，生物生境面临重大风险的可能性毋庸置疑。

此外，从损害后果的严重性来看，戛洒江一级水电站下游淹没区动植物种类丰富，生物多样性价值及遗传资源价值可观，该区域不仅是绿孔雀及陈氏苏铁等珍稀物种赖以生存的栖息地，也是各类生物与大面积原始雨林、热带雨林片段共同构成的一个完整生态系统，若水电站继续建设，所产生的损害将是可以直观估计预测且不可逆转的。而针对该现实上的重大风险，新平公司并未就其不存在的主张加以有效证实，而仅以《环境影响报告书》加以反驳，缺乏足够证明力。因此，结合生态环境部责成新平公司对项目开展后评价工作的情况及戛洒江一级水电站未对绿孔雀采取任何保护措施等事实，可以认定戛洒江一级水电站继续建设将对绿孔雀栖息地、陈氏苏铁生境以及整个生态系统生物多样性和生物安全构成重大风险。

金融风险分析：关于《环境影响报告书》与投资项目的法律责任问题，往往是银行机构存在误解和疑惑的重要地方。多数银行机构认为一个项目完成了环境影响评价，就已经规避了环境与生物多样性的法律风险。然而，通过分析我国环境影响评价制度，这种认识事实上是不严谨的。对于部分《环境影响报告书》未规定采取必要措施的领域，而项目执行中发生环境和生态损害，仍然可能会导致项目方需要承担法律责任。换句话说，《环境影响报告书》不能给项目方提供完全的法律责任规避。根据《中华人民共和国环境影响评价法》，项目方能否以《环境影响报告书》作为免责依据，主要涉及以下三类情形。

第一，如果新的法律法规出台晚于《环境影响报告书》的出具，则企业的环境行为应当优先以新法律法规所要求的采取环境治理措施为准，此时《环境影响报告书》不能免除企业在新法律法规中的责任。

第二，如果运营过程中会出现不确定行为（可能发生或不发生），而《环境影响报告书》是因为无法预测发生的不确定行为而未规定相应的环境治理措施，并且法律法规有相应要求，则《环境影响报告书》不能免除企业在新法律法规中的责任。

第三，如果运营过程中存在多道工序，其中部分工序是因为预计影响小而不做要求，《环境影响报告书》仅对影响大的工序做要求，并且法律法规无相应要求，那么《环境影响报告书》可以免除企业在新法律法规中的责任。

对照案例中的执行方，可见应当属于第二种情形的范畴。即现有法律法规有相应保护生物多样性的要求，而《环境影响报告书》之所以没有规定项目方执行对绿孔雀栖息地的保护措施，是因为未能获知绿孔雀栖息地的存在，而非第三种情形中预计项目工序对绿孔雀栖息地较小而不作要求，因此《环境影响报告书》不能免除项目方执行对绿孔雀栖息地的法定保护责任。

该项目之所以出现投资风险，是因为银行机构未在投资前了解到水电站开发项目涉及国家保护动物的栖息地。银行机构所依赖的涉及环境相关问题投资决策仅参考生态环境部所出具的《环境影响报告书》。然而从《解释》看，《环境影响报告书》并不构成对投资项目的法律免责条款，从而使银行机构承担了其未预料到的投资风险。

第一，《解释》第一条的受理要件是"已经损害"以及"具有损害……的行为"，意味着银行机构在投资决策时，应当首先关注投资项目在实际进行中是否会损害生物多样性，而非假定《环境影响报告书》能排除这种损害的可能性。

第二，《解释》第十一条"法律咨询、提交书面意见、协助调查取证等方式支持社会组织依法提起环境民事公益诉讼"，表明《环境影响报告书》等文件可以用于证明投资项目违法，而非项目不违法。银行机构需要重新理解环评报告的定位：环评报告可以告诉项目哪些方面可能违了法，而不能说明该项目为违法。通过环评仅是项目可行（就环境与生态多样性保护而言）的必要而非充分条件。

第三，《解释》第十三条"……法律、法规、规章规定被告应当持有或者有证据证明被告持有而拒不提供，如果原告主张相关事实不利于被告的，人民法院可以推定该主张成立"。从该条看，项目实施方有责任按照法律规定提供项目已经充分排除环境和生态相关风险的证明，其包含且不限于环评报告。对银行机构而言，应当综合审查关注环境和生态相关风险的评估的充分性，环评报告只能作为部分参考依据。银行机构需要额外的综合性和覆盖面充分审查工作指南，作为环评报告以外的重要补充。

结论：此前，司法审判更多侧重对环境发生损害事实之后的重建与修复，而较少考虑如何对事前的风险进行防控与预判。本案在司法实践中首次弥补了这一空白，在生物多样性司法保护中，体现出"保护优先、预防为主"的司法保护原则。生物多样性破坏、生物物种的濒危或灭绝、外来物种入侵往往具有不可逆转性，预防性保护是环境资源审判的特点之一，也是生物多样性司法保护必须采取的重要措施。因此，当司法实践越来越重视事前保护责任时，意味着银行机构必须在项目投资前的项目尽职阶段就必须将生物多样性风险纳入计量工作中，事前对投资项目涉及区域可能涉及的生物群落以及存在的生物多样性风险进行识别，是银行机构今后不得不面临的挑战。这一挑战极容易转化为投后损失风险，政府、社会团体与银行机构需要合作制定更有操作性的工作指南以协助项目更准确地防范风险。

2. 欧洲复兴开发银行银团贷款的萨哈林—2号油气开发项目

事件背景和经过："萨哈林—2"项目产品分成协议于1994年6月22日签署，俄联邦和萨哈林州政府代表俄罗斯参与其中。"萨哈林能源"是由英—荷皇家壳牌（拥有55%的股份）同日本三井有限公司（25%）、三菱公司（20%）共同投资组建，其天然气区块位于萨哈林岛东北的大陆架上。根据目前地质勘探结果，该区块蕴藏石油1.5亿吨、天然气5000亿立方米。一旦项目完工，"萨哈林—2"的产品将沿天然气管道输送到岛的最南端，并在那里将天然气进行液化处理。按照规划，兴建中的液化气工厂年生产能力可以达到960万吨。随后，液化天然气产品从港口起运，于2008年夏出口到日本、韩国和美国。为萨哈林2号油气项目提供融资的贷款银行主要包括欧洲复兴开发银行、瑞士信贷银行、摩根大通银行等6家银行和2家出口信用保险机构。

萨哈林2号油气项目位于俄罗斯远东的萨哈林岛，包括3个海上石油平台，海上和陆地输油管道，1个陆地炼油工厂，1个液化天然气厂和石油天然气出口设施。项目的平台位于濒危动物西部灰鲸唯一的产卵和捕食海域；项目还穿越200多条河流及其支流，这些流域是野生大马哈鱼的产卵地；项目还向Aniva湾排放100万吨废水，会严重破坏当地的水生态，从而使依靠渔业为经济基础的当地居民受到影响，威胁到几千个渔民的生活。2003年1月，由50个俄罗斯民间团体和国际非政府组织组成的联盟，向项目执行机构之一——壳牌公司提出严重抗议，但是并没有得到壳牌公司的充分回应。

2003年12月，来自日本的32个民间组织写信给为该项目提供融资的商业银行，表示该项目有严重的环境影响。这些抗议行动，引起了欧盟和北美对该项目的强烈关注。2004年，国际社会呼吁项目执行机构采取措施规避风险，比如，改变项目设计方案，将平台转移至其他海域等。但项目执行机构仍然没有给予积极的回应。2004年，来自15个国家的39个民间团体劝告各商业银行不要为该项目提供融资，并警告因该项目导致西部灰鲸灭绝，所有提供融资的商业银行都将负有不可推卸的责任。但项目执行机构仍然没有接受采取规避措施的建议，并没有将平台转移出灰鲸捕食区。在这种情况下，非政府组织将俄罗斯联邦自然资源部作为被告人，该项目公司作为第三方，提出了法律诉讼，指出萨哈林2号项目由于威胁到濒危物种而违反了俄罗斯环境法，要求停止严重违反俄罗斯环境法的项目。2004年3月，莫斯科一家法院同意审查该诉讼，2006年9月，俄罗斯自然资源部根据俄总检察院的要求，撤销了先前对该项目作出的国家环境鉴定结果；2007年7月，俄罗斯负责工业安全和环境保护的机构叫停了该项目的建设。此时萨哈林2号项目已经完成了90%的工作量，由于该项目的融资方式是项目融资，其有限追索的特性使贷款银行损失惨重。

事件涉及法律法规：2006年9月，俄罗斯自然资源部以违反生物多样性公约和俄罗斯环境法，环境法规为由吊销了俄远东萨哈林（Sakhalin）油气项目开发商的执照。这个估价220亿美元的项目包括近海钻井平台和油气管道。抗议者认为，该项目对鱼类和最后存留的西部灰鲸造成了威胁。陆上的基础设施包括两个800千米长的输油管道，经1000多条河道、沼泽地、地震断层带、公路和铁路。为萨哈林2号油气项目提供融资的贷款银行主要包括欧洲复兴开发银行、瑞士信贷银行、摩根大通银行等6家银行，2家出口信用保险机构曾经投资了萨哈林。欧洲复兴开发银行银团贷款的萨哈林油气开发项目存在着巨大的环境风险，破坏珍稀鱼类和鸟类的栖息地，对地区渔业发展造成损害，违反了生物多样性公约和俄罗斯环境法。

金融风险分析：根据《俄罗斯联邦环境保护法》（以下简称俄环保法）第三条的原则，其中明确规定"保全生物多样性"，意味着任何项目执行需要考虑其对生物多样性的影响。"自然生态系统、自然景观和自然综合体的保全优先""对计划中的经济活动和其他活动，实行生态危害推定原则""保证根据环境保护标准，减轻在考虑经济和社会因素、利用现有最佳工艺技术的基础上可以达到的经济活动和其他活动的不良环境影响"意味着项目的执行不得与环境和生态保护相冲突，如果项目对当地环境和生态保护，需要尽可能减害，甚至停止。"萨哈林—2"项目方在面对公众对生态威胁的质疑无动于衷，违反了该法的多条原则。

此外，第三条原则还包括"公民、社会和其他非商业性团体参与解决环境保护任务"，意味着当地社区或者国际NGO等组织和团体在俄罗斯法律体系下在生物多样性保护方面有着重要地位，因此企业或项目执行方应当与这些组织和团体有着充分交流，银行机构有必要去了解甚至监督企业或项目的执行方是否已经与这些团体有着必要的沟通，以免在项目的执行过程中产生不必要的纠纷和冲突，而后者常常对项目的顺利执行构成威胁，成为银行机构的风险来源之一。而"萨哈林—2"项目正是在俄罗斯国内外的环保组织的强烈阻止下搁置，这表明了项目执行者在事前并没有与这些环境相关组织进行过沟通交流，取得必要的事前谅解，或者项目执行者以及相关的银行机构都没有意识到环境影响与生物多样性保护的公众性，为项目终止埋下冲突的导火索。

从俄环保法第三十四条至第五十六条来看，特别是第三十五条"并考虑项目使用后近期和远期的生态、经济、人口及其他后果"，它对进行经济活动和其他活动的环境保护要求体现在各个领域、行业的经济活动、投资经营的各个阶段中，具有全方位性和全程性特征。因此，对于银行机构而言，环保问题的风险存在于整个经营过程之中，绝非投资初期项目生态审查所需的一份环评鉴定的问题，环保风险的警戒应当成为我国投资人进入俄罗斯后保护项目安全的常态化风险意识，从而保障项目的合法运行。

俄环保法第五十六条，"对违反自然保护要求的应对措施"的规定可能使外来投资项目遭遇终止风险。西伯利亚州立交通大学（2014）认为，对东道国来说可能正常使用这一条款，也可能非正常使用该条款[①]，包括俄罗斯本土的私权主体和公法主体都可能运用这一条款作为他们手中终止外来在俄投资活动的利器。私权主体为了争夺资源和市场，而公权主体可能出于保护本土企业利益或地方民情的需要，以转化利益冲突为法律上的托词，从而决定一个外来投资项目的命运。第五十六条甚至可能用来作为铲除外来投资项目的法律借口，当然这在一定程度上还取决于投资主体存在违反自然保护要

---

① 西伯利亚州立交通大学.《俄罗斯环境保护法》关键条款解读[EB/OL].（2014-12-29）[2023-06-15]. http：//www.gepresearch.com/87/view-2068-1.html.

求的行为或由于管理不慎给人以借口。

俄环保法第六十七条对"环境保护领域的生产监督（生产生态监督）"作出规定。该条规定，要在环保领域实施生产监督（生产生态监督）。经济活动和其他活动主体，向实施国家监督和市政监督执行权力机关及地方自治机关提供有关组织生产生态监督情况。因而对银行机构而言，俄环保法的要求是生产生态监督贯穿整个项目过程，并且对监督情况进行必要的信息上报和披露，而不仅仅是事前完成环评鉴定。

在俄环保领域，环境监督具有全民性，具体体现在实施国家监督、生产监督、市政监督和社会监督。俄环保法第六十八条规定：环境保护领域的市政监督（市政生态监督），由地方自治机关或其授权的机关在市政建制地区实施；环境保护领域的市政监督（市政生态监督），根据俄立法，依照地方自治机关的规范性法律文件规定的程序在市政建制地区实施；实施环保社会监督（社会生态监督），是为了实现每个人都享受良好环境的权利和预防环保领域违法行为的发生；环保社会监督（社会生态监督），由公民根据立法进行，或由社会团体和其他非商业性团体根据其章程进行。对于提交到俄联邦国家权力机关、俄联邦各主体国家权力机关和地方自治机关的环境保护社会监督（社会生态监督）的结果，必须按法定程序进行处理。俄罗斯的这种环境保护监督机制的设定，意味着全民都对生态环境监督有着强大的法律要求和制度保障，这也是为什么在该案例中，"萨哈林—2"项目会因为NGO的起诉而终止，显然项目执行方和银行机构都对NGO等公民监督的力量严重低估，以至于缺少事前和过程中的沟通，最终错误地让该项目上马而又被迫终止。

俄环保法规定，因违反俄环保法而发生纠纷须通过司法程序解决。包括外国投资者在内的法人和自然人，……给环境造成损害的，必须依法全部赔偿损害。由经济活动和其他活动主体造成的环境损害，包括其活动方案取得了国家生态鉴定肯定结论和取用自然环境要素的活动，由定货人和经济活动及其他活动主体赔偿。由经济活动和其他活动主体造成的环境损害，依照按规定程序批准的环境损害数额计算表和方法予以赔偿。因此，国家生态鉴定既不能作为免除项目生态环境方面法律责任的依据，也不能作为免除生态环境损害赔偿的依据。如果项目方在执行过程中对生态环境造成损坏，不仅可能导致项目终止，还有可能承担额外的赔偿责任，这一点构成了银行机构的重要风险来源，然而银行机构过于"信任"生态环境鉴定等环评报告的做法，为自身的经营安全带来了风险。银行机构需要自身建立一套更为完善和全面的生态环境审查与监督机制，这本身也是俄罗斯环境保护法的要求。

案例启示：在环境相关诉讼中，自然资源部等政府部门的环境鉴定并非项目的"免死金牌"，这些负有主要监管责任的政府部门同样可能成为违法一方、成为被告人。因此银行机构的环境与生态多样性保护责任不能简单以满足政府监管要求为目标。司法实践表明银行机构需要独立且综合的审查过程以确保投资项目确实尽到环境相关责任且符合法律法规要求，政府监管要求与法律法规要求具有一定的独立性，政府监管行为不能完全替代合法合规审查，这是银行机构往往忽略之处，尽管满足政府监管行为的项目很少会违法，但司法实践的现实表明这种例外情况仍然存在，因此银行机构需要注意。

四、项目组编制的银行业生物多样性风险管理标准

银行机构在尽职调查中应当将生物多样性风险管理包含在内，并将其贯穿到包括贷前贷中和贷后管理的整个信贷管理流程中。银行机构生物多样性风险管理，不是发现风险后就拒绝为这些项目提供资金，而是要进行风险管理，毕竟，这些具有高生物多样性风险的行业，都是国家需求的，例如采矿、能源等。中国人民大学蓝虹教授课题组、中国人民银行衢州市中心支行、开化县人民政府、世界野生生物保护学会联合编制了《银行机构生物多样性风险管理方法与标准》（以下简称《标准》）。《标准》在联合国《生物多样性公约》第十五次缔约方大会（COP15）第二阶段会议"生物多样性保护在中国矿业投资和实践中的主流化"边会、"银行业自然与气候行动"边会以及"生物多样性与能源革命"论坛上发布，得到了参会的多家国际银

行和国际组织的认可，还得到了联合国生物多样性公约秘书处执行秘书穆雷玛的好评。《标准》于2023年3月17日在浙江省开化县正式发布，这是目前国内外首个出台的绿色金融支持生物多样性保护地方标准，为银行机构规避生物多样性风险、减少项目开发对生物多样性的影响提供了方法准则。按照《标准》，银行机构在为客户提供融资时，要求融资客户在生物多样性保护方面要做到《标准》中的相关要求，否则将不能获得银行机构的融资支持。

按照《标准》，在信贷管理全过程中，银行机构需要从以下几个方面对生物多样性风险进行评估和管理：（1）识别生物多样性风险管理级别；（2）识别生物多样性高敏感区域的可能分布区域；（3）识别生物多样性高敏感行业；（4）明确主要行业的生物多样性风险审核要点及相应的管理方法。

（一）识别生物多样性风险管理级别

融资客户的生物多样性敏感性可分为区域敏感性与行业敏感性两个维度，根据其是否具有区域敏感性或行业敏感性可分为以下四个等级：

一是既属于高敏感行业，又在生物多样性高敏感区域，且投资额度高于1亿元人民币或等值货币，需要进行A类管理。

二是既属于高敏感行业，又在生物多样性高敏感区域，但投资额度低于1亿元人民币或等值货币，需要进行B类管理。

三是属于高敏感行业，但不在生物多样性高敏感区域，需要进行C类管理。

四是无生物多样性风险，或者较低生物多样性风险，既不属于高敏感行业，又不在生物多样性高敏感区域，这类项目属于D类管理，直接进入下一个审核环节。

按照融资项目所属不同生物多样性风险管理级别，应当配备不同的管理措施。具体要求如下：

A类项目，要求聘请外部专家和银行风险管理人员合作，按照标准所列审核要点和管理方法，通过与客户以及其他利益相关方的商榷，实地考察，共同拟订风险管理计划和行动方案。

B类项目，要求银行信贷人员与风险管理部门人员合作，按照标准所列审核要点和管理方法，通过与客户以及其他利益相关方的商榷，实地考察，共同拟订风险管理计划和行动方案。

C类项目，要求银行信贷人员，按照标准所列审核要点和管理方法，督促和审核客户拟订的风险管理计划和行动方案。

D类项目，因为生物多样性风险很小，甚至没有，所以，可以直接进入下一个信贷审核流程。

同时，《标准》基于上述A、B、C、D四个类别，提供了各行业的风险审核清单及管理方法明细。其中，审核要点供银行机构审核投资对象与行业相关的潜在风险；管理方法明细供银行机构审核被投资对象的经营行为，银行机构应该要求和审核客户在贷前逐条针对项目可能涉及本标准所列明的生物多样性风险清单，编制应对计划书，计划书应当包含且不限于本标准所列明的管理方法。银行机构信贷审核人员和风险管理人员，应该与客户商榷，就本标准所列管理方法制定执行预案，或者在有充分理据情况下说明项目不适用于该条方法。

（二）识别生物多样性高敏感区域

生物多样性高敏感区域应当包含且不限于以下类型地区（见表4）。

表4 生物多样性高敏感区域类型清单

高敏感区域类型	区域列表
法定保护地	国家公园 自然保护区 生态功能保护区 森林公园 地质公园 世界自然遗产地 特殊价值的生物物种资源分布区 风景名胜区 饮用水水源保护区 法律法规所规定的其他保护地类别

续表

高敏感区域类型	区域列表
生态脆弱地区	荒漠绿洲 濒危动植物栖息地或特殊生态系统 天然林 热带雨林 红树林 珊瑚礁 鱼虾产卵场 重要湿地 天然渔场

（三）识别生物多样性高敏感行业

银行机构为了实现对投资项目的生物多样性风险管理，提高管理的精准性和降低管理成本，首先要对具有较高的生物多样性风险的行业进行识别，由于不同行业对生物多样性的影响不同，产生生物多样性风险的来源也不同，因此，管理的方式方法和标准也有差异。银行机构特别需要关注：一是从地理位置敏感性分析来看，位于被改变的、自然的或重要的栖息地的项目，更容易遭受生物多样性风险；二是从行业特征来说，可能影响或依赖于生态系统服务的行业；三是包含生物资源生产利用（如农业、畜牧业、渔业、林业）等行业。

经过分析各行业对生物多样性可能产生的威胁，我们发现以下行业对生物多样性的潜在影响最大：

①采矿业；②水利业；③森林采伐与林下经济业；④建筑材料开采业；⑤水泥、石灰制造业；⑥酒店与旅游业；⑦种植业；⑧哺乳动物家畜饲养业；⑨水产业；⑩药品和生物技术制造业；⑪公路业；⑫铁路业；⑬航运业；⑭港口和码头业；⑮电力转移与分配；⑯供气系统；⑰热力发电厂；⑱地热发电厂；⑲风能；⑳光伏；㉑石油、天然气开发业。

这些行业因为其经营业务影响了保护动物的栖息地、生态系统、或引入了外来入侵物种等，而导致其对生物多样性产生威胁。因而，银行机构在审查项目时需要主动且优先对这些行业的生物多样性风险进行审核。

（四）明确风险审核要点及管理方法

由于不同行业生物多样性风险的来源和表现不同，按照上述生物多样性高敏感行业的划分和识别，《标准》分别给出了银行机构对不同行业项目的审核要点及相应的管理办法。审核要点可以帮助银行机构识别项目中的生物多样性风险，而相应的管理办法则可以帮助银行机构采取手段对生物多样性风险进行针对性管理。受篇幅限制，本部分仅以受到生物多样性风险影响较大的采矿业和水利业为例进行展开叙述。

1. 采矿业

采矿活动可能是对生物多样性存在巨大威胁的行业之一，其影响会发生在采矿周期的各个阶段。采矿的直接影响来自土地清理或对水体、大气的直接排放。同时，采矿作业引起的社会或环境变化会造成间接影响。

（1）识别采矿业的生物多样性风险

采矿项目的选址对生物多样性具有威胁。如果采矿项目的选址位于已受到其他采矿以及非采矿项目影响的环境中，就会对生物多样性产生累积影响。

选址风险对生物多样性高敏感区域有重大影响。由于行政区划原因，部分生物多样性高敏感区域属于法定的保护地区域，但周围未设置足够的缓冲区，项目选址尽管不违反相关法律法规，但会因为采矿地过于接近生物多样性高敏感区域，从而使其开发建设和运营活动影响了生物多样性高敏感区域内的动植物生存繁衍，蕴含潜在的生物多样性风险。

总体上看，采矿业的勘探活动、开发建设活动和运营作业活动对陆地和水体生态造成极大的暂时性或永久性改变。

勘探活动需要开发出入口道路、运输走廊和为工人提供临时营地，这些都会造成不同程度的土地清除和移民进入，对生物多样性产生影响。同时，勘探活动需要使用钻井技术穿透地下岩层，这需要对钻井场地进行清理，并为钻井设备设立新的通道。钻井液取水，勘探钻井过程中燃料、油和钻井液溢出或泄漏也会对生物多样性产生威胁。在建立勘探营地的地方，废水排放、污水处理和小规模废石堆积场（以及相关的重金属和沉积物排水）会造成地表水污染，这会影响水生生物多样性或污染野生动物的饮用水源。

根据采矿种类，开发建设活动要求进行土地清理和一些项目相关基础设施的建设。土地清理，会影响到受保护动植物物种的生存。如果社区因土地清理而需要重新安置，它们被转移到其他地点会对搬迁地点附近的生物多样性造成额外压力。

项目相关基础设施的建设会威胁生物多样性，包括一些基础设施如楼房、公路、建筑工地、城镇现场用地、水管理构造、发电厂、运输线和通往采矿现场的出入口走廊。出入口走廊和其他线性项目基础设施，如专用公路、输送浆料或精矿的管道、运输线的建设会导致栖息地的隔离，切断动植物种群之间的自然联系，从而对生物多样性产生重大影响。它还会导致栖息地碎片化，由此分离的较小区域对周边环境变化的适应能力较差。碎片化的栖息地边缘更容易受到非本土植物和动物的入侵，也更容易出现退化。

与采矿项目建设相关的大量工人会对生物多样性产生重大影响。建设活动结束后可能会带来更多的永久移民，这会增加当地生物多样性面临的压力。建筑工人的过度用水需求或不当使用可能会对水生生物多样性构成威胁。

运营作业活动涉及基础设施、辅助基础设施的使用和维护，矿石开采、加工及废弃物处理。与水和卫生基础设施有关的潜在影响在运营作业期间也存在。虽然线性基础设施的主要影响发生在开发建设期间，但物理障碍的持续存在对动物物种的迁徙或活动构成威胁。辅助基础设施对生物多样性造成的主要风险涉及危险工艺化学品、危险废物（如冶炼厂烟气脱硫产生的硫酸）和会与其他金属发生反应的危险金属（如汞）的运输。生物多样性也受到线性基础设施维护活动的影响，特别是杂草和害虫防治。矿石开采、加工及废弃物处理对生物多样性的主要影响来自对矿坑、通道的土地清理和向新区域的逐步扩张。覆盖层剥离或清除和处置废石、尾矿会占用大量土地，并通过受污染的径流对生物多样性造成额外的潜在影响。

受矿坑的影响，采矿地区地表土壤易发生迁移，尤其发生在暴雨等地表径流较大的时期。土壤迁移会造成沉淀，这些沉淀能够进入河道，改变水质和水量。

（2）采矿业生物多样性风险审核要点

第一，审核项目是否毗邻或位于生物多样性高敏感区域和受保护动植物的栖息地；

第二，审核采矿项目的勘探活动、开发建设活动、运营作业活动是否会导致陆地和水体生态的暂时性或永久性改变；

第三，审核采矿项目的勘探活动是否导致土地清除和过度的移民进入；

第四，审核采矿项目的勘探活动在钻井过程中是否存在燃料、油和钻井液溢出或泄漏，以及在建立勘探营地的地方，废水排放、污水处理和小规模废石堆积场（以及相关的重金属和沉积物排水）是否导致地表水污染和野生动物饮用水源污染；

第五，审核采矿项目的开发建设活动是否导致土地清除、生物栖息地的隔离或碎片化、地表水系统的破坏和过度的永久移民；

第六，审核采矿项目的运营作业活动涉及的基础设施使用和维护是否会对生物多样性造成持续威胁；

第七，审核采矿项目的运营作业活动涉及的危险工艺化学品、危险废物（如冶炼厂烟气脱硫产生的硫酸）和会与其他金属发生反应的危险金属（如汞）的运输是否得到妥善管理；

第八，审核采矿活动是否会导致地表水或地下水构造的改变，采矿地是否会发生土壤迁移从而造成河道沉淀和水质影响；

第九，审核海上疏浚采矿、深海采矿、海上荷载活动、港口建设和尾砂处理等活动是否会导致海洋环境改变。

（3）采矿业生物多样性风险管理方法

首先，在管理层级上，对于总投资超过一亿元人民币的项目，需要考虑与科研机构合作，进行生物多样性评估，同时进行监测和制订生物多样性管理计划；并与主要利益相关者（如政府、公民社会及受影响社区）协商，了解社区、居民的要求和任何引起的冲突。

其次，对于采矿业面临生物多样性风险的管理，应当关注采矿业项目对陆地和水体生态系统的影响，同时对采矿项目作业的各个环节（勘探环节、预可行性和可行性研究环节、开发建设环节、运营作业环节、计划收尾与复原环节）可能产生的生物多样性风险予以关注。

上述关于采矿业生物多样性风险的审核要点及相应管理方法如表5所示，银行机构在给客户提供融资时，即可参照该部分《标准》，审核融资客户是否满足以下条件，从而规避生物多样性风险、减少项目开发对生物多样性影响。

表5　采矿业生物多样性风险审核要点及管理方法

生物多样性风险审核要点	生物多样性风险管理方法
●项目毗邻或位于生物多样性高敏感区域和受保护动植物的栖息地	●在开展采矿项目之前，需对项目区域进行调查，识别并确保计划改变的栖息地类型不涉及生物多样性高敏感区域和受保护动植物的栖息地（如重要的野生动物繁殖、觅食、迁徙通道和集结区）。①如果法定保护地的核心保护区周围有缓冲区（一般控制区），则避免选址在缓冲区内。②如果核心保护区周围无缓冲区，则检查是否存在协同保护范围，如果存在则避免选址在协同保护范围内。③如果核心保护区周围既无缓冲区也无协同保护范围，则选址尽量远离核心保护区。●推荐的选址工具包括①战略环境评估，比较矿产资源分布区域的生物多样性和其他环境敏感性特征；②各类敏感性特征（叠加）地图；③显示生物多样性高价值区域的数据资源（数字地图）；④各类法定分区地图。
●勘探活动、开发建设活动、运营作业活动导致的陆地和水体生态的暂时性或永久性改变	●聘请生态顾问，与保护组织、科研机构合作，如进行生物多样性基线评估，与利益相关者共享评估结果，确保项目的设置符合利益相关者对环境的期望，并根据评估结果与利益相关者协商制定项目进行时的生物多样性指标选择和目标。●在勘探活动开始前的预可行性、可行性研究环节完成以下工作：①进行基线研究；②对生物多样性潜在影响进行初步评估，结合评估结果制定开发时间表，以避开生物多样性敏感时期；③对采矿方案、处理方案和废物、用水需求、废石或尾矿库的方案等进行初步审查，并从技术、经济、环境（包括生物多样性）和社会角度考虑每种方案的优点；④制订生物多样性保护或增强方案。

续表

生物多样性风险审核要点	生物多样性风险管理方法
• 勘探活动导致的土地清除和过度的移民进入 • 勘探钻井过程中燃料、油和钻井液溢出或泄漏导致的地表水污染和野生动物饮用水源污染 • 勘探营地建立地方的废水排放、污水处理和小规模废石堆积场（以及相关的重金属和沉积物排水）导致的地表水污染和野生动物饮用水源污染	• 利用技术和采矿实践来模仿土地清理，尽量减少对栖息地的干扰； • 尽可能避免使用直升机或现有轨道建造道路，如果要建造道路，使用现有的走廊，并远离陡坡或水道； • 使用更轻、更高效的设备，来替代对生物多样性产生影响的设备； • 钻孔和壕沟的位置远离生物多样性高敏感区域； • 盖上或堵塞钻孔，以防止小型哺乳动物被困； • 拆除和回收不再需要的道路和轨道； • 利用本地植被重新种植勘探期间清理出的土地。
• 陆地采矿的开发建设活动导致的土地清理 • 项目相关基础设施的建设导致的栖息地的隔离或碎片化 • 采矿项目建设导致的过度的永久移民	• 在当地不会影响主要陆地生境的地区建出入口道路和安装设施； • 在进行土地清理前确定清理范围内的稀有植物物种，在移除植被之前成功移植这些物种； • 采取措施改善动物的生存前景，如确保土地清理的进行时间避开了重要鸟类的筑巢季节； • 在非开发建设活动区域和非采矿工作的必经区域，尽量减少人迹活动对植被和土壤的干扰； • 尽量避免进行开发建设活动导致的山体滑坡、碎片化，泥石流，以及河岸、冲积扇失稳。 • 实行土壤保护措施（如土壤隔离，对清洁土壤和覆盖材料进行恰当的堆放和储存等），应考虑土壤处理的关键因素如放置、堆放选址、设计、持续时间、覆盖物、再使用和单独处理； • 如果表土预先剥离，应对其进行储存以备将来现场修复使用； • 保护表土中生物多样性基因的质量和成分以备现场复垦和关闭时使用； • 保证表土中生物多样性基因足以支持适应当地气候及将来土地使用的本土植物物种； • 对出入口道路和永久地面设备进行绿化，移走并适当销毁外来入侵性植物物种，植入本土物种； • 在建设工作营地安排临时工人，并制定规章制度，实施管理措施，如禁止临时工人狩猎或采伐薪材。
• 运营作业活动涉及的基础设施使用和维护导致的生物多样性持续威胁 • 运营作业活动涉及的危险工艺化学品、危险废物（如冶炼厂烟气脱硫产生的硫酸）和会与其他金属发生反应的危险金属（如汞）的运输导致的生物多样性风险	• 如果要求使用除草剂控制出入口道路和设备旁边的植被生长，应对人员进行培训； • 必须在个案的基础上确定任何特定尾矿管理做法的适当性，选择符合风险评估结果以及监管机构和其他利益攸关方的要求的尾矿管理方法； • 避免或减少影响生物移动或威胁物种迁移（如鸟类）的障碍，如果障碍不可避免，为生物提供替代迁移路线。

145

续表

生物多样性风险审核要点	生物多样性风险管理方法
● 采矿活动导致的地表水或地下水构造的改变 ● 土壤迁移导致的河道沉淀和水质影响 ● 海上疏浚采矿、深海采矿、海上荷载活动、港口建设和尾砂处理等活动导致的海洋环境改变	● 减少新建、扩建穿越或影响水流河道的出入口走廊； ● 尽量对自然排水渠道进行维护，如有中断则进行恢复； ● 对水体汇集区进行维护，达到或接近开发前状况； ● 保护河道稳定性，限制采矿活动对河道和河岸的干扰，抑制在河岸带的采矿活动； ● 减弱丰水期地表径流； ● 使用现场储存和水管理基础设施； ● 根据潜在风险，设计临时性和永久性桥梁及涵洞以调节大流量； ● 对稳定、安全、有特定用途的河道交汇处进行建设、维护和复垦，减少河道或湖床的腐蚀、块体坡移和退化。

2. 水利业

水利工程是导致生物多样性问题的重要来源，如中国云南"绿孔雀案"和巴克莱银行的水电大坝项目等。

（1）识别水利业的生物多样性风险

水利工程建设过程中进行的相关基础设施建设，如水库建设、道路建设等，占用并改造项目区内的陆路和水生生态系统自然结构，占用或改变项目区内受保护物种的栖息地，进而干扰受保护物种的重要行为特征，影响原有生物多样性。例如，在进行水利工程建设时，会变更或阻断河道，影响鱼类的自然洄游，导致鱼类不能进行正常的繁殖，造成种群数量的锐减，使水利工程建设区域生物群落发生显著的变化。

在水利工程建设过程中，要保证建设用地的面积，将原有的自然生态系统转变为水利工程建设区，会对水库区内的土壤和植被进行移除或改造，造成地表或地下原有自然结构和功能变化，改变和加剧水土流失，影响生态环境的稳定性。水利工程建设会破坏原来的地质层和地表层，导致地表出现裂缝，影响地质的完整性，增加地震发生风险。尤其是大型水库蓄水后，水体压力增加会引起地壳应力增加，极容易诱发地震。部分水利工程建设过程中还会对部分岩石进行爆破，严重影响当地的地质环境。因此水利工程建设会对生物多样性造成严重影响。

①水体生态环境。水利工程的作用对象为水体，因此水利工程建设对水体生态系统的影响最为明显。建设水利工程最直接的影响是会使水位抬高，进而使水的流速以及温度改变，使水中原有的生态平衡被打破，影响水中生物的生存和繁殖。同时，位于上游的废弃物或污染物如处理不当，会堆积在水下，产生大量氮磷有机物，促进藻类生长，产生富营养化问题，造成上游动物的大量死亡，死亡的动物会继续在水中分解，使水质进一步恶化。整个水环境会处于一种恶性循环当中。《中国濒危动物红皮书（鱼类）》中记载了92种濒危鱼类，其中绝迹的4种鱼类有3种致危原因是直接筑坝，而"致危因素及现状"中明确将水利水电工程列入的有24种，占27.9%。

②陆地生态环境。水利工程建设对于陆地的影响同样是十分巨大的，对于陆地生物的影响主要分为两个方面，一个是直接影响，指水库库区的淹没以及永久性的水工建筑物对陆生生物所造成的直接影响；另一个是间接影响，指的是对气候，土壤等造成的影响，包括水土流失、地貌改变、土地盐碱化、河道冲刷等。水利工程的建设对陆生动物的生存环境的影响是非常严重的，会改变动物原有的栖息地，导致动植物种群产生波动或减少。同时，陆地上的植物会因为土地盐碱化等问题而逐渐减少，这会加剧水土流失问题，从而也会影响动物赖以生存的环境。

（2）水利业生物多样性风险审核要点

第一，审核项目是否毗邻或位于生物多样性高敏感区域和受保护动植物的栖息地；

第二，审核水利工程项目建设和泄水区域是否侵占或破坏受保护物种的栖息地或存在直接引起受保护物种数量下降的风险；

第三，审核水利工程建设是否对所在水生生态系统造成影响及影响程度，包括是否导致水库水质的降低、是否导致下游水文的改变，是否导致水生附有植物过量而产生富营养化。

（3）水利业生物多样性风险管理方法

针对水利业生物多样性风险来源及审核要点，在对水利业面临的生物多样性风险进行管理时，应当重点关注项目选址阶段、项目建设阶段对水体生态环境和陆地生态环境的影响。

水利业生物多样性风险的审核要点及相应管理方法如表6所示，银行机构在为客户提供融资时，即可参照该部分《标准》，审核融资客户是否满足以下条件，从而规避生物多样性风险、减少项目开发对生物多样性影响。

表6　水利业生物多样性风险审核要点及管理方法

生物多样性风险审核要点	生物多样性风险管理方法
●项目毗邻或位于生物多样性高敏感区域和受保护动植物的栖息地	●在开展水利工程项目之前，需对项目区域进行调查，识别并确保计划改变的栖息地类型不涉及生物多样性高敏感区域和受保护动植物的栖息地（如重要的野生动物繁殖、觅食、迁徙通道和集结区）。 ①如果法定保护地的核心保护区周围有缓冲区（一般控制区），则避免选址在缓冲区内。 ②如果核心保护区周围无缓冲区，则检查是否存在协同保护范围，如果存在则避免选址在协同保护范围内。 ③如果核心保护区周围既无缓冲区也无协同保护范围，则选址尽量远离核心保护区。 ●推荐的选址工具包括①战略环境评估，比较水利资源分布区域的生物多样性和其他环境敏感性特征；②各类敏感性特征（叠加）地图；③显示生物多样性高价值区域的数据资源（数字地图）；④各类法定分区地图。
●水利工程项目建设和泄水区域导致的对受保护物种的栖息地的侵占或破坏，或直接引起受保护物种数量下降	●针对国家重大战略等必须实施的项目，应开展严格的环境影响评估，尤其是生物多样性本底调查，并制订相应的生物多样性保护行动计划（包括安置计划和应急计划等），建立并管理补偿保护区，以最大限度弥补水利项目造成的生物多样性损失，具体可包括： ①设计用于上、下游鱼类迁徙的通道，设计曝气池以增加尾水中的氧气含量，设计沉积物旁路通道、隧道等。 ②聘请生态顾问，与保护组织、科研机构合作，在预可行性、可行性研究阶段进行生物多样性影响评估，根据评估结果制订管理计划。 ③对于因水利工程而造成栖息地损失的物种，如在全球范围内面临灭绝的威胁，并能够适应新的栖息地的生态环境，可考虑采取异地保护措施。 ④如考虑异地保护措施或者通过对项目外区域进行保护投入以补偿项目区内不可避免的生物多样性的减少，在外部选择补偿保护区时，须确保目标补偿区域内生物多样性和生态系统的质量与受水利工程影响区域的原有本底一致；避免选址在可能导致目标区域生物多样性，尤其是受保护动植物的栖息地发生重大转变或退化的地方；目标区域的面积和生物多样性质量应与因水利工程而损失的自然区域相当或更大。

生物多样性风险审核要点	生物多样性风险管理方法
● 水利工程建设导致的所在水生生态系统受到影响	● 管理鱼类孵化场以维持能够在水库中生存但不能成功繁殖的本地物种种群数量，并注意避免引入非本地鱼类。 ● 颁布限制在大坝下方捕鱼的条例以维持项目周边水生物种群落的完整性和丰富度。 ● 在水库蓄水前完成库区内的选择性植被清理，并确保受保护物种不受影响。 ● 根据国家相关规定标准，采取水污染控制措施来改善水库水质。 ● 利用涡轮机和溢洪道等规范技术进行有管理的放水，放水模式应该近似于自然的洪水状态。放水时要考虑的目标包括：①为河岸生态系统提供充足的下游供水；②水库和下游鱼类生存；③水库和下游水质；④水草和病媒控制；⑤灌溉和其他人类用水；⑥下游防洪；⑦娱乐项目（如激流划船）；⑧发电。 ● 对水生杂草进行物理清除，并避免使用化学品清除杂草或相关害虫。 ● 在不影响发电、鱼类生存的前提下，可偶尔降低水库水位来杀死水生杂草。

五、总结与启示

　　商业银行生物多样性风险主要来自物理风险和转型风险。法律法规是防范生物多样性风险并将其转为机遇的重要工具。在法律的框架下，金融可以通过建立风险防范机制降低生物多样性风险对项目的影响，同时保障项目本身的开发不会对生物多样性造成危害。金融是实体经济的血液，实体经济是金融发展的物质基础，实体经济顺畅运行离不开自然界生物多样性的长期维系，因此金融发展与生物多样性唇齿相依。生物多样性丧失将破坏金融系统稳定性，而金融支持生物多样性，则是金融支持实体经济的必要之举和应有之义。金融的生物多样性物理风险，主要在于企业、银行和投资者可能面临的因为投资业务所依赖生物多样性而衍生的保险风险、信贷风险和投资机会损失；而转型风险主要在于生物多样性保护所涉及法律法规约束，当银行机构投资的企业（项目）在触犯了相关法律法规时，会导致项目被迫中止而投资损失，甚至可能因为环境损害赔偿而导致额外的风险。因此，银行机构需要事前评估可能存在的涉及生物多样性的法律风险，针对性地制定风险规避措施，以及项目执行过程的监督与审查，避免反复重现云南绿孔雀案、萨哈林—2号等项目的结果。银行机构首先需要关注的是国际《生物多样性公约》的规范，这是所有投资项目可能涉及的法律约束，其次是银行机构投资活动避免对各类自然保护地环境的侵害，因此需要熟悉全国及各地方省市关于自然保护地相关的法律法规。

为了防止触碰到保护动物的栖息地，导致项目意外被迫中止，银行机构需要一份不断更新和完善的重要栖息地分布区域名录，来帮助在事前有的放矢地规避敏感地区的投资，以免遭到损失。此外，当贷款项目涉及国际项目时，特别是国际银团贷款项目，需要更审慎地去评估各国的法律法规，特别是需要国际生物多样性领域的专家协助银行机构了解投资所在地的生物栖息地信息，以免触犯该国的生物保护相关法律法规。

中国人民大学蓝虹教授课题组、中国人民银行衢州市中心支行、开化县人民政府、世界野生生物保护学会联合编制了《银行机构生物多样性风险管理方法与标准》（以下简称《标准》），这是目前国内外首个出台的绿色金融支持生物多样性保护地方标准，为银行机构规避生物多样性风险、减少项目开发对生物多样性影响提供了方法准则。按照《标准》，银行机构在为客户提供融资时，要求融资客户在生物多样性保护方面要做到《标准》中的相关要求，否则将不能获得银行机构的融资支持。

我们要重视金融发展对于生物多样性的影响。严格管控对生物多样性有破坏性的投资项目，同时还应该鼓励银行机构向保护生物多样性的项目提供更多的资金支持，推动金融承担起保护生物多样性的责任。金融支持生物多样性大有可为，可以从识别风险、完善机制、创造收益与创新演化四方面入手，发挥金融在支持生物多样性上的独特作用。一是公私部门合作，识别生物多样性风险。二是完善保障制度，降低生物多样性投资风险。三是强化价值实现机制，创造生物多样性投资价值。四是推动金融创新，丰富生物多样性投资种类。通过这些举措，降低银行机构在生物多样性相关领域开发和利用的风险，并为推动生物多样性保护和利用提供支持。

致谢:

本报告为中国人民大学环境学院蓝虹教授课题组的工作成果。在报告编写过程中,课题组和报告撰写团队通过数据收集、文献研究、专题研讨、专家咨询等方式,助力银行机构应对生物多样性危机。

在本课题编写过程中,我们要特别感谢野生生物保护学会(WCS)区域策略总监康蔼黎博士对本研究工作的持续支持、关注、资料提供及专业建议。同时我们还获得了来自中国人民银行衢州市中心支行,开化县人民政府的大力支持,在此深表谢意!

该报告由蓝虹教授、张子彤博士、陈川祺博士、张奔博士主笔。此外,还要感谢张熹、康瑾龙、张钦、王以沫等中国人民大学在校学生为报告数据汇集及整理所付出的努力与辛苦工作,感谢他们对本报告的贡献!

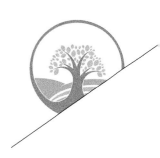

银行贷款项目对生物多样性影响的评估

——以具体项目为例

编写单位：兴业银行股份有限公司

支持单位：北京绿色金融与可持续发展研究院

课题组成员：

陈亚芹　兴业银行股份有限公司

赵建勋　兴业银行股份有限公司

张胜轩　兴业银行股份有限公司

编写单位简介：

兴业银行股份有限公司：

国内首家"赤道银行"，绿色金融先行者。2021年，兴业银行发起并加入《生物多样性金融伙伴关系全球共同倡议》，承诺加强生物多样性保护支持力度。2022年，发布《关于加强生物多样性保护的通知》，明确将生物多样性保护作为银行可持续发展战略的重要组成部分，成为国内首家制定并推出生物多样性保护方案的金融机构。

一、开展生物多样性影响评估的必要性

（一）生物多样性定义

1992 年，联合国环境与发展会议召开并签署了《生物多样性公约》（*Convention on Biodiversity*），正式确定了生物多样性的定义。根据定义，生物多样性是指所有来自陆地、海洋和其他水生生态系统的各类生物体及其所构成的生态综合体，包括物种内部、物种之间及生态系统的多样性。

2010年，中国印发《中国生物多样性保护战略与行动计划（2011—2030年）》中提出："生物多样性"是生物（动物、植物、微生物）与环境形成的生态复合体及与此相关的各种生态过程的总和，包括生态系统、物种和基因三个层次。生物多样性是人类赖以生存的条件，是经济社会可持续发展的基础，是生态安全和粮食安全的保障。这与《生物多样性公约》的定义基本一致。

（二）生物多样性的价值

生态系统服务是指人们从自然界获得产品和服务，表现在供给、调节、文化三个方面的服务功能。根据《生态系统生产总值（GEP）核算技术规范 陆域生态系统》（DB33/T 2274—2020），供给服务是人类从生态系统获取的可在市场交换的各种物质，如食物、木材、药材、装饰材料与其他物质材料。调节服务是生态系统提供改善人类生存与生活环境的惠益，如调节气候、涵养水源、保持土壤、调蓄洪水、降解污染物、固定二氧化碳、提供氧气等。文化服务是人类通过精神感受、知识获取、休闲娱乐和美学体验从生态系统获得的非物质惠益。这些服务的提供在一定程度上与一个地区的生物多样性水平密切相关。据有关研究，总体上，生态系统服务每年可以创造全球GNP约两倍的价值。全球生物多样性每年为人类创造的价值远高于经济生产总值。

（三）金融机构面临生物多样性风险

生物多样性丧失、气候变化（如全球变暖）和环境污染已被联合国列为三大全球性危机。从未来10年的风险发生概率和影响来看，重大生物多样性丧失和生态系统崩溃是全球前五大风险之一。世界银行（2021）最新研究显示，大自然提供的生态系统服务的崩溃，可能导致全球生产总值每年下降2.7万亿美元。国际研究表明，生物多样性的丧失会导致经济损失，进而带来金融风险。

目前，各方开始关注生物多样性金融风险。从国际来看，监管层正在推动将可持续性风险（包括生物多样性金融风险）纳入现有风险管理流程。2021年6月，借鉴气候相关财务信息披露工作组（TCFD）的成功经验，自然相关财务信息披露工作组（TNFD）正式成立，重点关注自然和生物多样性风险。央行绿色金融网络（NGFS）《生物多样性与金融风险（2021）》提出生物多样性将给金融机构带来物理风险和转型风险。

此外，生物多样性丧失会与气候变化风险形成增强效应，进一步加大金融风险程度。金融系统本身通过其贷款、投资和保险等经济活动也影响着生物多样性，也可能带来生物多样性丧失的风险。

（四）金融风险管理对生物多样性影响评估提出要求

2022年3月，由NGFS和国际可持续金融政策研究与交流网络（INSPIRE）成立的联合研究组共同撰写的《央行、监管机构与生物多样性：应对生物多样性丧失和系统性金融风险的行动议程》指出：生物多样性的丧失对经济和金融稳定可能构成威胁，全球央行和金融监管机构必须采取行动，以应对与自然和生物多样性相关的风险。

当前我国生物多样性的金融风险管理面临较大困难，一是金融监管部门尚未制定政策将生物多样性纳入金融监管框架，生物多样性因素尚未纳入金融机构风险管理战略中，金融行业关于生物多样性丧失对金融和价格稳定的影响的认知仍待提升；二是如何评估金融活动对生物多样性的影响和金融体系对生物多样性的依赖度的方法论仍待建立和完善，行业内缺少度量生物多样性和相关风险的权威指标体系，因此金融系统对生物多样性丧失所导致的风险敞口和金融风险仍未可知；三是行业范围内的生物多样性信息披露机制尚未建立，传统环境信息披露中生物多样性尚未成为披露重点，金融机构无法了解客户行为对生物多样性产生的影响；四是生物多样性概念比较抽象复杂，在无法量化生物多样性风险的情况下，金融机构构建投资组合和开展风险管理的难度较大。

二、生物多样性影响评估方法论概述

如何评估金融机构投融资活动引起的环境变化对生物多样性的影响，制定有针对性的保护措施和对策，是当前中国生物多样性保护亟须开展的研究工作之一。首先，需要对全球生物多样性影响评估理论、方法和进展进行研究，为中国开展生物多样性评估提供借鉴。

（一）将生物多样性纳入环境影响评价

将生物多样性纳入环境影响评价可以尽早识别生物多样性丧失的潜在风险，提出相应的替代方案和减缓措施，从源头扭转生物多样性减少的趋势。国际上将生物多样性纳入环境影响评价时普遍遵循三个原则：一是在环境影响评价中注重生物多样性的无净损失（NNL）；二是注重预防；三是强化利益相关方参与和专家咨询。

2000年，世界银行发布《生物多样性与环境评价工具箱》[1]，从基因、物种、生态系统和景观四个层面给出了在环境评价中考虑生物多样性影响评价的基本框架，同时也为在实践中建立生物多样性影响评价指标体系作出指导。2013年，欧盟发布《将气候变化和生物多样性纳入环境影响评价指南》，为欧盟各国将气候变化和生物多样性纳入环境评价提供了明确的指导

---

[1] 资料来源于 https://web.worldbank.org/archive/website00675/WEB/OTHER/TOOLSBIO.HTM。

与建议。在探讨将生物多样性纳入环境评价部分，欧盟分别就如何将生物多样性问题纳入环境评价，如何在环境评价中评价与生物多样性相关的影响以及可能采用的方法和工具等问题给出了建议。一是确定环境评价中生物多样性相关问题，为筛选和确定范围阶段作铺垫；二是分析环境基线的变化趋势，掌握环境本底信息；三是确定替代和缓解措施，尽可能避免对生物多样性造成不良影响；四是在影响评价时，重视生物多样性的累积影响和不确定性影响；五是积极开展监测，落实管理措施，为后续生物多样性保护提供保障。

（二）国际金融公司《绩效标准6》

国际金融公司《绩效标准6——生物多样性保护和生物自然资源的可持续管理》认识到保护和保存生物多样性、保持生态系统服务和可持续地管理生物自然资源对可持续发展至关重要。该绩效标准所列要求由《生物多样性公约》所指导，将生态系统服务分为物质供应服务、调节服务、文化服务和支持服务四种类型。

该绩效标准指出，生物多样性的风险和影响识别过程应包括列出项目可能涉及的生物多样性和生态系统服务的直接影响和间接影响，还应识别任何重大残余影响。直接影响可能包括：（1）物种栖息地受到干扰或种群缩减（如风力涡轮机碰撞；公路上被撞；噪声、光照、陆运或船运的影响）；（2）废气、废水的影响；（3）地表水文、陆地形态和沿海生态过程改变的影响；（4）外来物种竞争、边缘效应和物种传播障碍；（5）对生态系统服务的价值减少，包括服务功能损失和退化在内。项目的间接影响可能包括因项目开发带来的第三方进入项目区域和外来移民以及他们对资源利用的影响，包括土地用途转变、狩猎和野生动物贸易以及外来物种入侵等。残余影响是指在采取措施避免和尽量减少对生物多样性和生态系统服务的影响和/或尽量恢复生态系统的生存能力之后仍然可能存在的影响。基于以上影响评估，确定缓解和管理措施，以减少对生物多样性或生态系统服务的不利影响。

影响评估的主要方法是就相关的物种分布和生态系统服务进行本底调查。本底调查应结合使用文献回顾、利益相关方参与和协商、实地调查和其他相关评估等多种方法。

（三）赤道原则

赤道原则旨在提供一套通用的金融行业基准和框架，以便金融机构在为项目提供融资时用于识别、评估及管理环境和社会风险，其中也包括对生物多样性影响的评估。

根据2020年第四版赤道原则，当项目提呈进行融资时，作为内部环境和社会审查和尽职调查工作的一部分，采纳赤道原则的金融机构将根据包括生物多样性有关的风险及影响在内的潜在环境和社会影响及风险的程度，将项目分为A、B、C三类。A类项目及部分视情况而定的B类项目的评估文件应包括一份环境和社会影响评估（ESIA），其中应涵盖生物多样性的保护和保全（包括变迁过的栖息地、自然栖息地和关键栖息地中的濒危物种和敏感生态系统）及受法律保护地区的认定。

关键栖息地的确定基于其他如下清单：（1）如果物种在遵守IUCN 指南的国家被列为国家/地区极度濒危或濒危，将在咨询有能力的专家后逐项目地确定关键栖息地；（2）如国家或区域所列物种的分类不能很好地对应IUCN的分类（如一些国家更普遍地将物种列为"受保护"或"受限制"），则会进行评估，以确定列入清单的理由和目的。在这种情况下，关键栖息地的确定将基于这样的评估。

包括生物多样性的环境和社会风险评估过程中，应首先符合东道国相关的法律、法规和许可。然后，如果项目位于非指定国家，则应该符合当时适用的国际金融公司（IFC）环境和社会可持续性绩效标准，以及世界银行集团环境、健康和安全指南（EHS指南）。

（四）金融机构生物多样性足迹（BFFI）

金融机构生物多样性足迹（BFFI）是一项利用欧盟的EXIOBASE数据库①衍生而成的工具，可评价金融机构所投资对象的经济活动对生物多样性的影响。

BFFI的方法包含四个步骤：一是界定衡量边界，确认经济活动与企业（或项目）直接或间接相关的项目，以便界定生物多样性的分析范围。二是评价经济活动相关的环境输入与输出，例如，将经济活动必须使用到的土地、水和其他资源当作输入，二氧化碳排放当作输出，评价其对生物多样性的影响。三是对生物多样性影响的分析，将这些因经济活动而产生的环境输入与输出，转化为环境压力。四是同步展现定性和定量分析结果，BFFI强调需同时使用定量计算和定性分析的说明方式来显示企业经济活动的生物多样性足迹结果。

（五）综合生物多样性评估工具（IBAT）

综合生物多样性评估工具（Integrated Biodiversity Assessment Tool，IBAT）是一个能够快捷有效获取三个最权威的全球生物多样性数据包的工具，包括世界自然保护联盟濒危物种红色名录、世界保护区数据库和国际自然保护联盟濒危物种红色名录。IBAT帮助企业将生物多样性考虑纳入关键的项目规划和管理决策中，包括筛选潜在的投资、在特定区域选址、制订管理生物多样性影响的行动计划、评估与潜在采购区域相关的风险，以及报告企业的生物多样性表现。IBAT允许企业筛选潜在项目审查供应链风险和基础设施的土地位置，通过登录门户网站，用户将能够通过一个互动的地图工具过滤数据层并生成报告，以确定项目边界内或附近的生物多样性风险和机会。

（六）探索自然资本的机会、风险和风险敞口（ENCORE）

探索自然资本的机会、风险和风险敞口（Exploring Natural Capital

---

① EXIOBASE 是一套由欧盟针对不同产业和产品的生命周期，对于自然资源的使用和碳排放总表。目前有 3 种版本，内容涵盖 5 大洲 44 个国家、163 个产业、200 多项产品、417 项排放项目、662 种原物料。

Opportunities，Risks and Exposure，ENCORE）由自然资本金融联盟（Natural Capital Finance Alliance）与UNEP-WCMC合作开发，是一个基于网络的工具，帮助全球银行、投资者和保险公司更好地理解、评估和整合其活动中的自然资本风险（例如，海洋污染或森林破坏），并将其纳入现有的风险管理流程。ENCORE的综合数据库涵盖了167个经济部门和21个"生态系统服务"，即自然界提供的、使商业生产得以实现或促进的利益。ENCORE就生产经营活动对21项生态服务的依赖程度进行了详细分析，每一项业务流程对每一项生态服务都有一个依赖系数，分别为很低、低、中等、高度、非常高度5个等级。通过关注自然为经济生产提供的商品和服务，它指导用户了解经济各部门的企业如何潜在地依赖和影响自然，以及这些潜在的依赖和影响如何产生商业风险。

（七）中国生物多样性评估方法

我国近年来持续重视生物多样性保护，相继出台生物多样性影响评价相关技术导则与管理要求。2010年，《中国生物多样性保护战略与行动计划（2011—2030年）》要求在"将生物多样性保护纳入部门和区域规划"的优先领域中开展生物多样性影响评价试点工作。2021年，我国印发《关于进一步加强生物多样性保护的意见》，强调完善生物多样性评估体系，要求开展大型工程建设、资源开发利用等对生物多样性的影响评价，明确评价方式、内容、程序，提出相应的生物多样性保护策略。总体来说，我国生物多样性影响评价机制目前并不成熟，在实践中也存在数据支撑不足、技术方法薄弱的短板。目前可借鉴生态系统生产总值（Gross Ecosystem Product，GEP）的核算方法来核算生物多样性保护的价值量。GEP是指生态系统为人类福祉和经济社会可持续发展提供的各种最终产品与服务价值的总和，主要包括生态系统提供的产品供给、调节服务和文化服务。生态产品总值核算的主要工作程序包括：（a）明确生态系统类型与分布；（b）编制生态系统产品与服务清单；（c）收集资料与补充调查；（d）核算生态系统产品与服务实物量；（e）确定生态系统产品与服务单位价值；（f）核算生态系统产品与服务价值量；（g）核算生态产品总值；（h）开展核算结果分析八个步骤。

三、兴业银行生物多样性影响评估实践

作为国内首家"赤道银行"，兴业银行利用赤道原则的理念、工具和方法，从顶层设计、组织架构、授信管理、能力建设和国际合作等多个方面持续开展环境和社会风险的识别和管理工作。兴业银行于2009年发布《环境与社会风险管理政策》、2012年印发《环境与社会风险管理子战略》系列文件，确立环境与社会风险管理指导方针、职责划分、适用范围、管理措施与操作流程等内容。此外，兴业银行在环境与社会风险管理的政策上不断与时俱进，2020年以来，通过对标赤道原则（第四版），对行内环境社会风险管理相关制度进行了全面修订完善，充分考虑SDGs、《巴黎协定》、TCFD等对气候风险、生物多样性风险管理的要求，并根据自身近年来积累的环境和社会管理经验，进一步细化包括生物多样性风险在内的环境社会风险全流程管理规范，提升环境社会风险管理能力，进一步顺应国际最新可持续发展趋势。

2021年10月，兴业银行签署《银行业金融机构支持生物多样性保护共同宣示》。该宣示在第十五次联合国生物多样性大会（COP 15）第一阶段的生态文明论坛上签署和发布。2021年10月25日，兴业银行作为"生物多样性金融伙伴关系"（PBF）的13家共同发起机构之一，与世界资源研究所、亚洲基础设施投资银行、保尔森基金会、联合国环境署、联合国开发计划署、世界银行、世界自然基金会等多家机构组织向全球发出《生物多样性金融伙伴关系全球共同倡议》，切实有力推动金融机构及各利益相关方将生物多样性保护主流化，促进生态保护与自然资源可持续利用目标的实现。2022年8月12日，兴业银行发布《关于加强生物多样性保护的通知》（以下简称《通知》），明确将生物多样性保护作为可持续发展战略的重要组成部分，并对金融支持措施提出具体要求，成为国内首家制定并推出生物多样性保护方案的金融机构。《通知》明确要求将可持续发展理念融入经营活动及投融资活

动，制定全行生物多样性保护战略，建立并完善生态友好型授信政策，加强生物多样性风险管理，积极探索研究生物多样性保护缓释措施及压力测试工作。同时建立健全生物多样性保护金融服务能力，开发并不断完善生物多样性保护金融产品和服务，提升生物多样性保护专业能力，开展生物多样性信息披露等。

自2008年正式公开承诺采纳赤道原则，到2019年将生物多样性保护等内容纳入绩效标准，兴业银行认真践行赤道原则，落地多笔涉及生物多样性保护的融资业务，支持生态环境改善，促进生物多样性保护和恢复。在云南，兴业银行昆明分行对昆明滇投综合授信额度达80亿元，支持滇池水域综合治理。目前，滇池水质已经从原先的劣V类改善为IV类，消失多年的鸟类、鱼类回到滇池，湖滨生态带修复、湖内水生植物恢复成效显著。在浙江，兴业银行温州分行为苍南4号海上风电项目提供40亿元授信额度，在确保项目符合赤道原则相关条款后，兴业银行实现首笔放款，并督促建设单位履行生物多样性保护措施，有效管理和防范生物多样性风险。在山东，兴业银行青岛分行以唐岛湾湿地碳汇为质押，为项目公司发放贷款2000万元，专项用于湿地公园岸线清淤等海洋湿地保护，有力改善了东部候鸟迁徙路线上的重点停歇地，保障区域生态安全。

截至2022年12月末，兴业银行累计适用赤道原则项目共计1346笔，所涉项目总投资51739.39亿元。适用赤道原则的项目，兴业银行均采取聘请第三方环境影响评价公司开展包括生物多样性影响评价的方式，评价采用的方法依据均为赤道原则的相关要求。

因此，我们本次对于贷款项目对生物多样性影响的评估所采用的案例也是基于赤道原则所规定的方法，同时，我们也将尝试借鉴IBAT[①]、ENCORE等先进影响评估的方法和数据库，对所选择的案例进行一次有益的尝试，为未来能更好地开展生物多样性风险管理打下更好的基础。

---

① IBAT 国家概况提供了从全球数据集中分离出来的国家相关数据，以支持保护规划和报告。它提供了来自 IUCN 濒危物种红色名录™的物种信息，来自世界保护区数据库（WDPA）的保护区信息，以及来自世界关键生物多样性区域数据库（WDKBA）的关键生物多样性区域（KBAs）的信息。

四、兴业银行生物多样性影响评估案例

（一）项目基本情况

某海上风电项目，项目位于浙江省苍南县东海海域，风电场场区中心离岸距离约25千米，水深15~24米。项目工程平面布置主要包括风机、海上升压站和海底输电电缆的布置。项目拟安装77台单机容量5.2MW风电机组，总装机规模400MW，采用220kV海上升压站和陆上集控中心，风电场由80.8公里12回35kV海底电缆汇流至海上升压站，经两台220/35kV变压器（240MVA）升压后由25.9公里2回220kV海底电缆介入陆上集控中心。风机基础采用高庄承台基础和单桩基础，海上主路由含南北两条路由，两者平行，间距20~50米不等，自陆向海增大，平均间距为38米。

（二）适用的评估标准

本项目采用赤道原则（共十项原则）①及国际金融公司环境和社会绩效标准（共八项）②开展环境和社会风险评估工作。其中，国际金融公司绩效标准第六项，即《绩效标准6——生物多样性保护和生物自然资源的可持续管理》用于项目生物多样性影响评估。生物多样性影响评估具体要求包括：（1）生物多样性的保护和保存：客户应考虑项目对生物多样性的相关威胁；（2）生态服务系统的管理：客户应考虑项目对生态服务系统的相关威胁。

---

① 十项原则分别为审查与分类、社会和环境评估、适用的社会和环境标准、行动计划和管理系统、磋商和披露、投诉机制、独立审查、承诺性条款、独立监测和报告、EPFI报告。
② 八项标准分别为环境和社会风险与影响的评估和管理，劳工和工作条件，资源效率和污染防治，社区健康，安全和治安，土地征用和非自愿迁移，生物多样性保护和生物自然资源的可持续管理，土著居民，文化遗产。

（三）评估方法

主要包括访谈、资料收集与审阅、聘请第三方环境社会影响评估机构尽职调查、公开数据查询等，具体包括调研项目所在地是否涉及世界自然保护联盟濒危物种红色名录、陆地和海洋保护区以及关键生物多样性区域（KBA），抽查客户的环境、健康、安全、员工、社会相关的制度文件；评估项目建设生产过程中可能产生的生物多样性影响；审查本项目相关的合规文件；调查相关的环境和社会绩效表现；调查项目建设生产过程中是否存在重大违法违规问题；调查项目建设生产过程中是否发生过严重的环境社会影响。

（四）影响评估

本项目为海上清洁能源项目建设，根据以上所列国际公开数据库查询，本项目所在地不涉及世界自然保护联盟濒危物种红色名录、陆地和海洋保护区以及关键生物多样性区域（KBA）。尽管如此，考虑项目所占海域位置距离海洋自然保护区等生态敏感点和环境保护目标较近，项目建设和运营过程中对海洋生态系统等环境风险较高，根据赤道原则的审查和分类要求，结合项目所在行业和受影响预期的环境和社会敏感性等因素，认定本项目属于赤道原则分类中的A类项目。需聘请专业第三方机构对项目开展包括生物多样性影响在内的环境社会影响评估工作。

1. 生物多样性的保护和保存

根据兴业银行所聘请专业第三方环境评估机构的评估意见，项目所在地区包括海上和陆地，项目用海区域不涉及滨海湿地、滩涂区域，占地区域远离居民区，项目可能影响的生物主要包括海洋经济鱼类和鸟类。

此外，根据ENCORE提供的风电项目可能对生态系统服务及自然资本带来的影响分析，本项目对生物多样性影响主要需考虑海洋生态系统使用、干扰和水污染三个方面（见表1）。

表1　项目对生物多样性影响

驱动因素	主要影响	重要性
海洋生态系统使用	海上风电场的建设导致海洋环境生态的改变	高
干扰	施工阶段的海洋环境噪声污染可达80千米。与涡轮叶片碰撞造成的伤害或死亡是常见的，尤其是在鸟类和蝙蝠中。涡轮机的建造可能破坏鸟类的繁殖和觅食行为，如果选址不当，可能导致栖息地破坏。据记录，单个风力涡轮机会对周边800米内的鸟类繁殖和觅食造成干扰	中
水污染	维修活动可能会引起石油或其他废物的污染	低

资料来源：ENCORE官方网站。

结合专业第三方机构及ENCORE的海上风电生物多样性影响评估建议，可得出：

本项目施工过程中，海底电缆开挖敷设施工产生的高浓度悬沙将增加局部海水浊度，导致海水透光性降低，使浮游植物的光合作用受到影响；水下施工噪声一定程度上影响海洋生物的生存环境；施工过程中产生的噪声、灯光等将对工程附近地区栖息和觅食的鸟类产生一定影响。但是，由于项目占用海域面积有限，项目施工期对海洋生态的影响程度及范围都较小。

本项目运营对鱼类几乎没有影响，对鸟类的影响较小，不占用鸟类栖息地，对鸟类迁徙、飞行影响很小，鸟类撞击风机的概率小，不会对鸟类活动产生威胁。项目运营时产生的工频磁感应强度远低于《电磁环境控制限值》（GB8702—2014）中公众暴露控制限值的规定，因此工程产生的电磁场对海洋生物影响较小。

2. 生态服务系统的管理

本项目用海区域不涉及滨海湿地、滩涂区域，体现的海洋支持服务价值较少。项目区植物含量少，对人类生态环境的气体调节作用较低，项目整体对生态服务影响较小。项目废水经收集后送到陆地上处理后达标排放，不会对水体生态环境造成明显不利影响，此外，项目产生的危险废物处置由有资质单位实施。

（五）建议行动计划

第一，针对海水水质，施工期船舶含油废水、生活污水和生活垃圾将交由专业公司接受处理。

第二，针对沉积物环境，在严格施工管理条件下，施工船舶将产生生产废水、生活污水和垃圾经收集处理后运至陆上处置，海上工程施工不会对海洋沉积物质量产生明显影响。

第三，针对鸟类环境，在风机采用不同色彩搭配，如旋转时形成图案，促使鸟类产生趋避行为，降低撞击风险。慎选光源设备，并且尽可能少安装灯，灯的亮度和闪烁次数也要尽可能小和低。在大雾天气、鸟类迁徙高峰期的夜间，若有鸟类集中穿越风电场区，派专人巡视风场，遇到有撞击受伤的鸟类要及时送至鸟类救护站，由鸟类救护站人员紧急救助。强化运营期鸟类保护和监测，合理调整运行及防范措施，进行鸟类种类、数量变化的长期监测。

第四，针对渔业，落实海洋渔业资源损失的生态修复或补偿措施，在当地渔业主管部门的指导下，开展增殖放流工作，减缓对海域渔业资源造成的影响。

五、生物多样性影响评估工作建议

中国金融机构投融资业务对生物多样性的影响评估刚刚起步，虽然在评估理论和方法方面开展了一些工作，但离国际水平还有很大差距。在今后的研究实践中，建议加强以下几个方面。

一是加强对全球生物多样性评估理论和方法总结。积极跟踪全球重大生物多样性评估项目的进展。结合国际提出的IFC绩效标准、赤道原则、BFFI等评估理论和方法，发展一套适合中国国情和区域特点的投融资活动对生物多样性影响评估框架和方法体系。阐明生物多样性和生态系统服务丧失引起的经济价值损失及其对人类福祉的影响，是今后评估理论研究的重点。在进行生态系统服务价值评估时，建议可综合采用定性和定量的方法。

二是要加强评估模型和情景分析方法的研究。中国在这方面的研究较少，基础较为薄弱，今后应积极发展适合中国区域特点的、具有自主知识产权的生物多样性综合评估模型和情景分析方法，定期对全国生物多样性进行综合评估，切实掌握全国生物多样性现状及其变化趋势，为中国生物多样性保护和管理决策提供服务。

三是为了保护和保存生物多样性，多层次的减缓措施中应包括生态补偿措施。生态补偿方案的设计和实施需要设定获得可监测的保护目标，这些目标的设定应该基于合理预期，使项目通过生态补偿之后不会造成生物多样性净损失，或者还能带来净收益（针对重要栖息地的生态影响则要求产生净收益）。生态补偿方案的设计必须遵循"相似或更好"原则，而且必须符合当下拥有的最全面信息和最佳实践。

四是要筑牢生物多样性影响评估的数据基础。生物多样性评估需要长期的观测数据作为支撑，这是确保评估结果科学可靠的基础。中国应加强全国生物多样性监测网络建设，继续加强对重要物种资源，尤其是国家保护物种和濒危物种的监测，逐步形成全国性的生物多样性监测网络。

致谢：

在本课题编写过程中，我们要特别感谢中国金融学会绿色金融专业委员会的马骏主任、北京绿色金融与可持续发展研究院的白韫雯副院长、姚靖然和殷昕媛老师。他们为课题顺利开展提供了很多国际参考和专业指导，为中国金融学会绿色金融专业委员会的生物多样性课题组及本子课题的顺利组织推动和最终研究成果作出了很大贡献，在此我们表示衷心的谢意。

促进生物多样性投融资的实践
及产品创新研究

编写单位：江苏银行

湖州银行

中国人民大学

课题组成员：

董善宁　江苏银行

王　磊　江苏银行

华　楠　湖州银行

卞文昊　湖州银行

蓝　虹　中国人民大学

张　奔　中国人民大学

编写单位简介：

江苏银行：

江苏银行坚持以"融创美好生活"为使命，是全球百强银行、全国系统重要性银行，江苏省最大法人银行和A股上市银行。近年来，江苏银行深入学习贯彻习近平生态文明思想，努力践行绿色发展理念，先后采纳"赤道原则"和联合国"负责任银行原则"，持续打造"国内领先、国际有影响力"的绿色金融品牌，助力实现经济高质量发展。

湖州银行：

湖州银行是习近平总书记"绿水青山就是金山银山"理念诞生地湖州市的唯一一家法人城商行，也是全国最早一批开展绿色金融和环境信息披露的商业银行，从2016年开始，就提出了打造"绿色特色银行"的战略目标。目前，湖州银行是赤道银行、中英金融机构环境信息披露首批试点单位、联合国环境规划署金融倡议机构（UNEP FI）成员单位。

中国人民大学：

中国人民大学环境学院成立于2001年11月，是我国第一家经济、管理、科学、工程并重的多学科综合型环境教育与科研机构。其中人口、资源与环境经济学是国家级重点学科、全国首批"双一流"重点建设学科。学院长期致力于资源与环境经济、资源管理与环境治理等理论与现实问题的研究，是我国环境经济与管理学科的重要学术研究中心。

一、生物多样性概念及发展

（一）生物多样性概念

生物多样性是人类社会赖以生存发展的基础。保护生物多样性有助于维护生态系统稳定，保障经济平稳运行，构建可持续发展模式。1993年12月29日，联合国《生物多样性公约》（*Convention on Biological Diversity*，CBD）正式生效，为全球生物多样性保护提供了战略框架和行动指南。根据《生物多样性公约》的定义，生物多样性是指："所有来源的活的生物体中的变异性，这些来源除其他外包括陆地、海洋和其他水生生态系统及其所构成的生态综合体；这包括物种内部、物种之间和生态系统的多样性。"

目前，《生物多样性公约》已有196个缔约方，成为世界上各国最为广泛参与的联合国多边环境保护协定之一。它的目标包括：保护生物多样性，生物多样性组成部分的可持续利用，以及公平合理分享由利用遗传资源而产生的惠益。2022年12月，《生物多样性公约》缔约方大会第十五次会议（CBD COP15）在加拿大蒙特利尔成功举办，会上通过了《昆明—蒙特利尔全球生物多样性框架》，在减少对生物多样性的威胁、通过可持续利用和惠益分享满足人类需求、执行工作及主流化的工具和解决方案三个层面设立了23个全球行动目标，提出各国应积极开发各类金融工具，促进生物多样性领域的融资；此外，还应确保所有大型跨国公司和金融机构定期监测、评估和透明地披露其生物多样性的风险、依赖程度和影响，并且需覆盖其供应链和投资组合。

（二）国际生物多样性保护相关公约

生物资源是地球的宝贵财富，国际社会在保护海洋生物、野生动植物、迁徙物种和湿地、自然遗产等方面出台了一系列公约以加强生物多样性保护工作（见图1）。

1. 保护海洋生物

《国际捕鲸管制公约》于1948年生效，该公约建立了国际捕鲸管制制度，防止对各类鲸鱼的过度捕猎，以确保鲸鱼种群的养护和繁衍。《联合国海洋法公约》于1994年生效，作为一个全面、综合的海洋管理国际公约，对海洋生物资源的保护与开发、公海生物资源的养护和可持续利用进行了专项规定。

2. 保护野生动植物

《濒危野生动植物物种国际贸易公约》于1975年生效，其宗旨是保护濒危野生动植物物种免受国际贸易的过度开发利用，避免其濒临灭绝的危险。《关于森林问题的原则声明》于1992年生效，为森林的管理、开发和利用提出了一系列指导性的国际原则。《粮食与农业植物遗传资源国际条约》于2004年生效，该条约旨在为可持续农业和粮食安全而保存粮食和农业植物遗传资源，并且公平合理地分享由利用这些资源所产生的收益。

3. 保护迁徙物种和湿地

《关于特别是作为水禽栖息地的国际重要湿地公约》于1975年生效，重点关注水禽栖息地和迁徙水鸟的保护，以及湿地生态系统及其功能的发挥，推动缔约方保护和合理利用湿地资源。《保护野生动物迁徙物种公约》于1983年生效，其目标是通过国际合作，禁止捕捉跨界迁徙物种，保护跨界迁徙物种及其生存环境。

4. 保护自然遗产

《保护世界文化和自然遗产公约》于1975年生效，公约规定了文化遗产和自然遗产的定义、文化和自然遗产的国家保护和国际保护措施等条款。该公约的目标是为保护具有突出的普遍价值的文化和自然遗产，建立一个以现代科学方法为基础的永久性有效保护制度。

5.《生物多样性公约》及议定书

《生物多样性公约》自1993年生效以来，已召开了15次缔约方大会，通

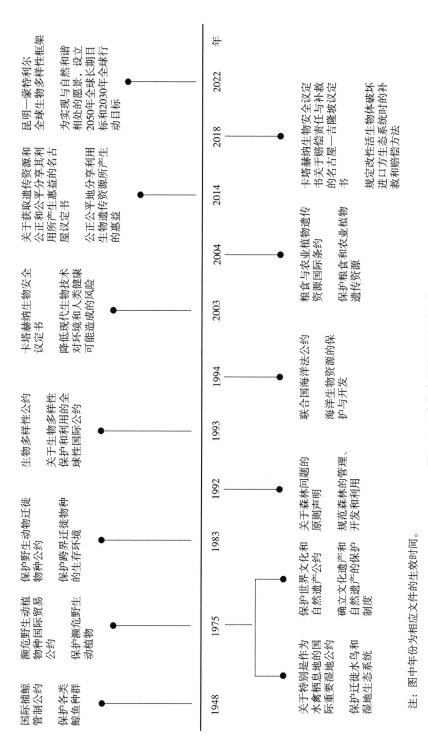

图1 国际生物多样性保护相关公约

注：图中年份为相应文件的生效时间。

过了近四百五十项决定，这些决定不仅对缔约方履行《生物多样性公约》的义务作出了具体要求，也为全球生物多样性保护工作确立了行动目标。目前，国际社会在《生物多样性公约》框架下通过了三个议定书。《卡塔赫纳生物安全议定书》于2003年生效，其作用是确保对通过使用生物技术手段改性的活生物体的安全转移、处理和使用，最大限度地降低现代生物技术对环境和人类健康可能造成的风险。《关于获取遗传资源和公正和公平分享其利用所产生惠益的名古屋议定书》于2014年生效，其宗旨在于公正、公平地分享利用生物遗传资源所产生的惠益，确保可持续利用生物多样性的组成部分。《卡塔赫纳生物安全议定书关于赔偿责任与补救的名古屋—吉隆坡议定书》于2018年生效，规定了改性活生物体破坏进口方生态系统时的补救和赔偿方法，为现代生物技术的发展和应用建立了信任措施。

（三）生物多样性融资现状

生物多样性融资是指将资金投向生物多样性和生态系统的保护、恢复及可持续利用。目前，生物多样性融资主要来源于公共部门的政府资助和官方开发援助以及私营部门的资本投入。其中，公共部门资金占生物多样性保护融资的60%以上，主要通过国内公共预算和财政政策以设立自然保护区，征收环保税、资源税等方式，监测并管理人类活动对生态系统的影响；此外，政府组织或多边机构常为发展中国家的生物多样性保护工作提供资金或技术支持。近年来，为更好应对气候变化和生态系统退化问题，国际社会呼吁扩大生物多样性融资的资金来源，增加来自私营部门的资本流入。私营部门生物多样性融资方案包括绿色债券、绿色贷款、可持续供应链、慈善捐赠、碳市场等。

全球生物多样性融资需求可以分为三个领域：生产型陆地和海洋景观的可持续利用与管理，陆地和海洋保护区建设，城市周边地区生物多样性与水资源保护。其中，以可持续农业、牧业、渔业转型及物种入侵防治为代表的生产型景观管理，所需融资规模最大，占比达75%。陆地和海洋保护区建设是当前生物多样性保护的重点工作，COP15提出全球要在2030年前实现至少

30%的陆地、内陆水域、沿海和海洋区域得到保护和管理，并且有效修复至少30%的陆地、内陆水域、沿海和海洋生态系统退化区域。另外，城市化扩张将动植物栖息地整体转变为人类居住环境，负面影响自然生态系统的完整性，因此需要改进各类公用设施和雨洪管理系统，将生物多样性保护纳入城市生态系统建设之中。

保尔森基金会发布的《为自然融资：填补生物多样性资金缺口》报告指出，2020—2030年每年平均需要8445亿美元的投资来遏制全球生物多样性退化，而2019年投向生物多样性保护和修复的资金仅有1335亿美元。可以看出，目前的投资水平与维持生物多样性现状所需投资之间存在明显差距。据该报告估算，2021—2030年全球每年平均生物多样性融资缺口达7110亿美元。综合考虑生物多样性保护的资金需求与来源，社会各界可以借助两个途径填补生物多样性融资缺口。一方面，公共和私营部门需要取消有害于生物多样性的各类补贴，阻止资金流入负面影响生物多样性的活动之中，从而降低用于恢复已受损生物多样性的资金需求。另一方面，通过加大财政支持力度，创新绿色金融产品，推广可持续供应链等方式，拓宽生物多样性保护的资金来源。

（四）生物多样性损失对金融机构的影响

生物多样性以食物和原材料供应、碳封存及其他生态系统服务形式创造经济价值，生物多样性损失会严重影响农业、林业、渔业、制药、旅游、交通运输等行业，为金融机构带来物理风险和转型风险。

一方面，生物多样性损失会导致自然、生态系统服务对人类的贡献下降，给依赖这些服务的行业及相关经营活动形成负面影响，引发企业利润降低、亏损乃至倒闭，导致金融资产减值等物理风险。比如说，物种减少会影响农作物授粉和病虫害防治，造成农作物产量下降；由过度开采森林触发的生态退化会造成水循环中断，给渔业、水电业、制造业等生产活动带来经济损失，影响产业链供应链稳定性。因此，对相关行业或资产有敞口的金融机构会面临物理风险。

另一方面，政府监管措施的调整，如出台更加严格的生物多样性保护政策法规、提高相关标准、取消对生物多样性有害活动的补贴，以及公众行为的转变，如调整饮食习惯、改变消费偏好和出行方式等，均会影响企业经营活动，增加经营成本，造成部分金融资产估值下降甚至成为坏账，触发转型风险。例如，许多国家已经出台或即将出台政策禁止江河捕鱼、限制海洋捕鱼、限制各类破坏生态的矿业开采，此类政策会导致相应产业的生产经营活动中断，相关项目很可能搁浅或烂尾，造成项目贷款违约，给金融机构带来转型风险。

从以上两方面看，金融机构需要高度重视生物多样性保护工作，加强生物多样性融资。金融机构可以发挥资源配置和风险管理的双重功能来保护生物多样性，一是增加流入生物多样性保护项目的资金，创新绿色金融产品、投资自然基础设施、开发基于自然的解决方案、通过投融资活动支持可持续发展。二是强化生物多样性风险管理，减少对生物多样性有害项目的投资，降低融资端对生态环境的负面影响。

二、生物多样性金融倡议与标准

作为绿色金融的一部分，生物多样性金融尚处于起步阶段。由于生物多样性保护具有很强的外部性和公共属性，其产生的大部分价值难以与当前的商业模式相兼容。为推动全球生物多样性金融发展，联合国环境署、联合国开发计划署、欧盟委员会等国际组织和政府机构积极响应，推出了多种金融倡议及标准，引导金融机构强化生物多样性领域的资源配置和风险管理。

（一）生物多样性融资倡议

生物多样性融资倡议（BIOFIN，The Biodiversity Finance Initiative）于2012年在《生物多样性公约》第11次缔约方大会（COP11）上由联合国开发计划署和欧盟委员会共同发起，全球已有41个国家加入该倡议。BIOFIN面向的对象包括银行、保险公司、投资机构及企业，涉及的行动内容较为全面，包括ESG实践、公共政策制定与宣传、正向影响力构建、生物多样性金融量化分析以及生物多样性目标设立与披露。该倡议旨在支持各国制订全面的生物多样性融资计划，将金融资源从有损于生物多样性的领域重新分配到对其有益的领域，以实现国家或地区层面的生物多样性保护目标。

BIOFIN通过开展基于事实情况的评估分析来制订生物多样性融资计划，具体包含三个步骤。（1）政策机制梳理：回顾相应国家或地区的生物多样性金融政策与机制，确定涉及哪些利益相关方。（2）生物多样性支出分析和融资需求评估：通过整理用于生物多样性保护的公共部门和私营部门支出，预测未来的生物多样性支出水平，并计算实现生物多样性保护目标所需的融资规模。（3）基于评估结果制订并实施生物多样性融资计划：根据现有投资模式和未来融资需求，从BIOFIN金融解决方案目录中选择合适的生物多样性保护金融工具，因地制宜制订并落实融资计划。

（二）自然相关财务披露工作组

自然相关财务披露工作组（TNFD，Taskforce on Nature-related Financial Disclosures）于2020年由来自政府、金融机构、企业和财团的75个成员发起，并在2021年正式成立，主要目标是制定自然相关风险和影响的披露框架，用于评估和应对自然资源损失所导致的金融风险，引导金融资源流向保护自然资本的企业行为。作为气候相关财务信息披露工作组（TCFD，Taskforce on Climate-related Financial Disclosures）的扩展，TNFD的信息披露范围包括生物多样性、水、土壤和空气，以及与自然相关的矿产开采。它为生物多样性损失和生态系统退化带来的风险提供了一套披露框架，能够帮助金融机构和企业了解、披露并管理自然相关风险和机遇，最终贡献于保护和恢复全球经济发展所高度依赖的自然资本。

TNFD信息披露框架的制定遵循七项原则。（1）市场可用性：框架能够直接适用于企业、金融机构、监管机构及其他行为主体。（2）基于科学的方法：将科学依据纳入框架之中并与其他以科学为基础的倡议相结合。

（3）关注自然相关风险：重视与自然相关的实质性金融风险，围绕企业对自然的影响与依赖，进行风险分析。（4）使命驱动：为实现TNFD的主要目标，推动企业积极主动地增加有益于生态环境的经营行为，降低自然相关风险。（5）综合性与适应性：构建能够融入并增强现有披露标准的有效报告框架，框架还需考虑并适应国家和国际政策承诺、标准及市场环境的动态变化。（6）气候—自然纽带：采用综合方法应对气候和自然相关风险，为基于自然的解决方案提升融资规模。（7）全球包容性：确保框架在全球范围内具备相关性、公平性、重要性、可及性和可负担性。

（三）生物多样性融资承诺

生物多样性融资承诺（Finance for Biodiversity Pledge，FfB）由欧盟Finance@Biodiversity Community于2020年在联合国大会生物多样性峰会上发起。截至2023年1月，已有来自21个国家的126家金融机构签署FfB，致力于通过投融资活动，保护并恢复生物多样性。FfB的目标是加强各国金融机构在生物多样性领域的全球合作，促进金融机构共同引领生物多样性保护议程。在2022年COP15期间，FfB号召社会各界积极采取措施在2030年前扭转生物多样性损失，保障生态系统韧性。

FfB的签署方承诺在2024年之前实现以下五项预期成果。（1）协作与知识共享：在生物多样性影响评估方法，生物多样性相关指标、目标，以及融资手段等方面开展合作并分享知识，以产生积极影响。（2）企业合作：在金融机构的ESG政策中纳入生物多样性标准，加强金融机构与企业间合作，减少企业对生物多样性的负面损害并增加其积极影响。（3）影响评估：评估投融资活动对生物多样性的正面和负面影响，并识别造成生物多样性损失的驱动因素。（4）目标设定：根据目前最为有效的科学手段设定和披露生物多样性目标，以显著增加投融资活动对生物多样性的正面影响并降低负面影响。（5）信息披露：每年公开报告金融机构的融资活动和投资组合对生物多样性目标的积极贡献与消极影响。

（四）央行与监管机构绿色金融网络

央行与监管机构绿色金融网络（NGFS，Network for Greening the Financial System）由中国人民银行、英格兰银行、荷兰央行、法国央行和宏观审慎与处置委员会、德国央行、瑞典金融管理局、新加坡金管局以及墨西哥央行在2017年巴黎"一个地球"峰会上共同发起。截至2022年10月，NGFS成员包括来自五大洲的121家央行与监管机构，以及19个观察员组织。NGFS重点关注气候变化对宏观金融稳定及微观审慎监管的影响，通过成员自愿分享最佳实践经验，为金融部门发展绿色金融和管理环境与气候相关风险提供政策指引。

NGFS的主要目标是强化金融系统气候与环境风险管理，动员多方资本进行绿色低碳投资。目前，NFGS主要有以下四项工作成果。（1）气候风险分析的标准化情景：为全球央行、监管机构和金融机构开展气候风险情景分析和压力测试提供具有一致性和可比性的情景模板。（2）金融机构环境风险分析的典型方法与案例：为银行、基金、保险业金融机构开展环境和气候风险分析提供了模型与工具。（3）针对央行和主权基金的"可持续投资指引"：为央行储备管理和主权基金投资决策过程中的ESG分析提供了路线图和实践案例。（4）生物多样性与金融稳定研究组：该研究组由NGFS和INSPIRE（The International Network for Sustainable Financial Policy Insights，Research，and Exchange）联合成立，2022年3月发布了《央行和监管机构应对生物多样性损失、金融风险及系统稳定的行动议程》报告，指出生物多样性损失将威胁金融稳定，央行和金融监管机构必须采取行动，引导社会资金投入生态友好领域，以应对自然和生物多样性相关风险。

（五）银行业金融机构支持生物多样性保护共同行动方案

《银行业金融机构支持生物多样性保护共同行动方案》由120余家银行业金融机构及国际组织在2022年COP15"中国角"——银行业自然与气候行动主题边会上发布。该方案积极探索实现生物多样性保护和应对气候变化目标协同发展路径，为银行业开展生物多样性保护工作提出以下四点倡议。

（1）聚焦共建地球生命共同体：在《生物多样性公约》《2020年后全球生物多样性框架》以及《中国生物多样性保护战略与行动计划》的基础上，发挥金融手段在生物多样性保护中的作用，调动利益相关方力量，加大对生物多样性保护事业的金融支持力度。（2）推进绿色低碳经济全球进程：将支持生物多样性保护与应对气候变化纳入治理架构、战略目标和业务中，健全生物多样性风险和气候风险的识别、计量、监测和控制体系；建立政策制度、核算标准与信息披露体系，明确支持银行生物多样性保护和应对气候变化的偏好。（3）增进绿色金融惠企惠民全球福祉：加大生物多样性保护和应对气候变化领域资金投放力度，拓展生态产品价值实现模式，推动金融产品和融资模式创新，让绿色金融为企业及人民带来更多实惠。（4）推动生物多样性、气候全球合作：充分发挥全球化优势，深化与利益相关方的交流互动，在气候相关披露、自然相关披露等领域发出金融声音，切实加强金融领域生物多样性保护与应对气候变化领域的国际交流与合作。

（六）国内生物多样性金融相关标准

中国已将生物多样性保护纳入《绿色产业指导目录（2019年版）》和《绿色债券支持项目目录（2021年版）》两项绿色金融标准之中。2019年3月，国家发展改革委等七部门联合印发的《绿色产业指导目录（2019年版）》为中国绿色金融体系提供了标准基础，该目录从产业角度界定了绿色标准与范围，是我国目前绿色产业和项目界定最全面详细的指引。根据该目录，绿色产业可细分为六类，分别为节能环保产业、清洁生产产业、清洁能源产业、生态环境产业、基础设施绿色升级以及绿色服务，其中，生物多样性相关内容集中于生态环境产业和绿色服务。具体来说，生态环境产业下的"4.2.2动植物资源保护"列明了濒危野生动植物抢救性保护、生物多样性保护、渔业资源保护、古树名木保护等项目；"4.3.4国家生态安全屏障保护修复"列明了外来物种环境风险、河湖生态修复与保护规划、矿山生态环境保护与恢复治理、山水林田湖生态保护修复等项目。绿色服务下的"6.4.6 生态环境监测"涵盖了生物群落监测、生物多样性监测、水环境监测及林业和草原碳汇监测等内容。

2021年，中国人民银行、国家发展改革委、证监会以《绿色产业指导目录（2019年版）》为基础，研究制定了《绿色债券支持项目目录（2021年版）》，明确了绿色债券对生物多样性的支持领域，并对具体支持条件进行了说明。该目录共涉及6个一级产业，生物多样性相关项目集中于生态环境产业中的"4.2生态保护与建设"。其中，"4.2.1自然生态系统保护和修复"细分了14类项目，包括天然林资源保护、动植物资源保护、自然保护区建设和运营等内容，详细说明了绿色债券可以支持的生态系统保护和修复项目；"4.2.2生态产品供给"包含森林资源培育、碳汇林、森林游憩等5类项目，明确了生态产品价值的实现路径，通过对生态资源进行合理的开发和利用，将生态价值转化为经济价值。

（七）国际生物多样性金融相关标准

近年来，国际社会高度重视保护生物多样性和应对气候变化，发布了多项标准以规范绿色经济活动。《欧盟分类法》（*EU Taxonomy*）于2020年7月生效，是目前国际上最为广泛参考的绿色分类标准。该分类法用于识别让环境得以可持续发展的经济活动，适用于欧盟及其成员国、相关金融机构与企业。《欧盟分类法》列出了六个环境目标，分别为减缓气候变化、适应气候变化、水和海洋资源的可持续利用与保护、循环经济转型、污染防治及生物多样性和生态系统保护与修复。按照其规定，可持续经济活动需同时满足四个标准：（1）为至少一个环境目标作出实质性贡献；（2）对任意一个环境目标不造成重大损害；（3）遵守最低保障措施，符合一系列国际基本人权和劳工标准；（4）符合欧盟技术专家组制定的技术筛选标准。

此外，分类法详细阐述了以下四种有利于生物多样性和生态系统保护与修复的经济活动。（1）自然和生物多样性保护：包括实现自然和半自然栖息地及物种的有利保护状态，或防止保护状态的恶化，保护和恢复陆地、海洋和其他水生生态系统以改善其调节和提供生态系统服务的能力；（2）可持续土地使用和管理：包括充分保护土壤生物多样性、防止土地退化、补救受污染土地；（3）可持续农业：包括有助于加强生物多样性或有助于防止土壤和其他生态系统退化、森林砍伐和栖息地丧失的措施；（4）可持续森林管理：包括有助于加强生物多样性或防止生态系统退化、森林砍伐的经济活动。

《绿色债券原则（2021年修订版）》（*Green Bond Principles*）是由国际资本市场协会制定的自愿性流程指引，其目标是推动全球债务资本市场为环境和社会可持续发展提供融资。该原则明确绿色债券需具备四大核心要素，即募集资金用途、项目评估与遴选流程、募集资金管理、报告，并且建议发行人通过使用绿色债券框架和外部评审以保证信息披露的透明、准确和真实。《绿色债券原则》指出合格绿色项目应有助于实现环境目标，其中有关生物多样性的项目类别包括以下三项：（1）生物资源和土地资源的环境可持续管理；（2）陆地与水域生态多样性保护；（3）可持续水资源与废水管理。

综上所述，在全球可持续发展的时代背景下，国际组织、监管部门和金融机构推出了一系列绿色金融倡议与标准，支持生物多样性金融的推广、界定和披露。其中，生物多样性融资倡议为国家或地区层面制订生物多样性融资计划提供了方法说明，自然相关财务披露工作组致力于推动生物多样性相关信息披露，生物多样性融资承诺和《银行业金融机构支持生物多样性保护共同行动方案》的目标是加强各国金融机构在生物多样性领域的全球合作，央行与监管机构绿色金融网络主要关注监管层面对环境与气候风险的管理，《绿色产业指导目录（2019年版）》和《欧盟分类法》明确了绿色项目分类标准，《绿色债券支持项目目录（2021年版）》和《绿色债券原则》提供了绿色债券的发行指南。值得注意的是，目前全球尚未形成专门的生物多样性金融标准，各方需要加快专业化标准制定，促进生物多样性金融的发展。

三、金融机构的生物多样性金融探索

目前全球一半以上的GDP依赖于自然，生物多样性丧失会对经济活动和金融稳定造成严重负面影响。许多破坏生物多样性的经济活动背后，是忽视生物多样性的投融资项目。在这一背景下，金融机构开始逐渐意识到保护生物多样性的责任，通过债券、贷款、投资等金融服务支持生物多样性保护。

（一）多边金融机构

国际金融公司（International Finance Corporation，IFC）是世界银行集团成员，主要通过贷款或股权投资等方式，向成员国特别是发展中国家的私营部门提供资金，以促进成员国经济发展。2012年，IFC推出《环境与社会可持续性绩效标准6：生物多样性保护和生物自然资源的可持续管理》（以下简称《绩效标准6》），用于管理金融机构的项目开发以及其他经济活动对生物多样性的风险和影响。该绩效标准有三个目标：（1）保护生物多样性；（2）维持生态系统服务所产生的收益；（3）兼顾保护与发展，促进生物自然资源的可持续性管理。《绩效标准6》为金融机构识别生物多样性风险提供指导，帮助金融机构以可持续的经营方式管理环境与社会风险，同时，强调金融机构有义务与利益相关者进行沟通并披露信息。

IFC在2022年发布了《生物多样性金融参考指南》，基于《绿色债券原则》以及《绿色贷款原则》，明确了与生物多样性和自然相关的三类投资活动：（1）支持既有业务运营，同时可产生生物多样性效益的投资活动。包括：（a）对依赖自然生态系统，同时可产生生物多样性保护效益的可持续生产、经营实践提供融资；（b）为废弃物的预防和循环利用、污染防控，以及生产可以减少对生物多样性污染危害的产品等活动提供融资。（2）以生物多样性保护为主要投资目标，直接投资保护活动和相关的服务活动，如陆地与海洋栖息地保护。（3）投资基于自然的解决方案，通过生物多样性来维护、改善和恢复生态系统服务，有效应对水净化、气候变化韧性和适应等一系列挑战，并为公共和私营部门利益相关方创造经济价值。该指南提出了生物多样性金融框架，从募集资金用途、项目遴选、募集资金管理及影响力报告四个方面，为识别符合生物多样性金融要求的投资项目提供指导说明。

（二）亚太地区

1. 江苏银行

作为中国首家同时采纳"负责任银行原则"和"赤道原则"国际标准的城商行，江苏银行通过创新金融产品和强化风险管理积极支持生物多样性保护工作。针对生物多样性保护项目公益性强、收益低、期限长的特点，江苏银行创新推出了以生态环境导向开发（EOD）为核心的融资模式，切实满足生物多样性保护项目的资金需求。例如，在徐州潘安湖采煤塌陷地生态修复项目中，江苏银行运用"环境修复+产业运营"的EOD模式设计融资方案，以生态保护和环境治理为基础，特色产业运营为支撑，区域综合开发为载体，推动公益性强、收益性差的生态修复类项目与收益较好的旅游产业有效融合，将生态环境治理带来的经济价值内部化。基于上述模式，江苏银行为"潘安湖采煤塌陷地综合整治三期（解忧湖）项目"发放十年期项目贷款2.4亿元，帮助徐州潘安湖由采煤塌陷地转变成为集生态湿地和旅游产业为一体的湿地公园景区，有效保护了潘安湖地区的湿地及野生动物资源。

此外，江苏银行持续加强融资领域的生物多样性风险识别与管理。一方面，在信贷流程中评估及测度贷款企业或项目的生物多样性保护水平，明确把生物多样性指标纳入环境与社会风险管理框架。2017年，江苏银行采纳"赤道原则"，在赤道原则项目的审查评估阶段考察项目对生物多样性的影响。2020年，江苏银行在业内率先上线企业ESG评级系统，将生物多样性相关的物理风险和转型风险作为信贷客户ESG评级的重要考量因素。另一方面，江苏银行不断加强生物多样性保护和应对气候变化领域的信息披露工作。2022年，发布《江苏银行首年度负责任银行原则自评估报告》，重点介绍了自身业务对环境与社会的影响，推动全行经营发展战略与联合国可持续发展目标保持一致。

2. 三井住友信托控股公司

三井住友信托控股公司（Sumitomo Mitsui Trust Holdings）在2010年推出了最早的生物多样性基金之一：生物多样性公司支持基金（Biodiversity

Companies Support Fund），投资于满足特定生物多样性标准，并且致力于保护和可持续利用生物多样性的日本企业。该基金以企业在生物多样性方面的绩效表现为标准遴选投资标的，具体有三项评估标准：（1）风险管理：公司是否采取措施减缓商业活动对生物多样性的影响；（2）商业机遇：公司能否提供技术或服务保护生物多样性；（3）长期目标：公司是否为保护生物多样性制订了行动计划或其他长期目标。生物多样性公司支持基金的投资流程共有三个步骤，首先，由日本综合研究所通过问卷调查评估包括创业型企业在内的各类日本上市公司的生物多样性工作情况；其次，由三井住友信托控股公司依据上述三项评估标准列出符合投资条件的上市公司；最后，信托控股公司根据上市公司在生物多样性保护、财务绩效和发展潜力等方面的综合表现，创建投资组合。

生物多样性公司支持基金也被纳入了由三井住友信托控股公司及其子公司Nikko资产管理共同开发的绿色平衡基金（Green Balanced Fund）。绿色平衡基金为混合型基金，不仅通过持有相应公司的股票，投资于三类自然资本要素，分别为动植物（保护生物多样性和生态系统服务）、水（保护面临枯竭风险的水资源）和空气（减少温室气体排放），而且借助购买世界银行等组织发行的环境挂钩债券，为发展中国家环境保护筹集资金。

（三）欧洲

1. 荷兰国际集团

荷兰国际集团（ING, International Netherlands Group）是一家全球综合性金融服务公司，主要提供银行、投资、保险等服务。ING主动将生物多样性纳入气候行动方案以及环境与社会风险管理框架，在风险评估中加强对生物多样性的考量。ING的气候行动方案从三个层次对集团可持续发展进行规划，分别为（1）愿景：推动客户和整体业务在2050年之前实现碳净零；（2）目标：尽早实现自身运营、资产组合及投融资活动碳净零，推进环境与社会风险管理；（3）行动：绿色金融产品与服务创新，完善气候风险压力测试，参与生物多样性金融倡议，提升气候数据分析能力。

ING的环境与社会风险管理框架指出，企业运营会影响生物多样性，而生物多样性的丧失也会影响企业。因此，为计算企业运营和生物多样性丧失所涉及的风险，首先需要了解两者之间的关系以及具体业务如何影响和依赖于特定生态系统。为实现这一目标，ING在2021年进行了生物多样性热点分析，揭示贷款所投向的行业对于生物多样性的依赖与影响。通过分析各行业的自然资本风险和敞口，ING发现能源、食品与农业、建筑、采矿四个行业显著影响并且高度依赖生物多样性。主要原因在于以上四个行业的公司在日常运营中高度依赖于水资源、土地资源以及动植物等资源，此外，这四个行业也会对土地、水资源和生物资源造成影响。

以农业为例，一方面，作物繁育高度依赖生物多样性，如昆虫授粉；另一方面，使用化肥和杀虫剂产生的碳氮沉积物会扰乱生态系统并导致生物多样性损失，负面影响自然环境。在此情形下，农业会面临监管政策变化、消费者需求变化以及市场变化，承担更高的转型风险，相关公司会面临更高的财务风险，导致ING在农业上的投资组合遭受资产减值等损失。根据热点分析，ING为减轻生物多样性因素带来的风险将采取以下解决方案：（1）构建区域性食品供应链，将农产品供应给本地消费者，降低长途物流运输造成的碳排放；（2）创新耕作方式，提高单位亩产；（3）发展有机农业和循环农业，减少化肥使用。

2.法国巴黎资产管理

法国巴黎资产管理（BNP Paribas Asset Management）在2019年设立了全球可持续发展战略，重视投资过程中的自然资本保护和环境可持续性，将能源转型、环境可持续性以及平等和包容性增长，视为打造可持续经营体系的先决条件。该公司以可持续发展战略支撑投资体系建设，指导投资标的筛选，调整投资组合，并且透明披露相关ESG信息，力争到2025年使投资组合与《巴黎协定》的主要目标保持一致，即在21世纪将全球平均气温较前工业化时期上升幅度控制在2摄氏度以内，并努力将温度上升幅度限制在1.5摄氏度以内。

法国巴黎资产管理针对各类行业设定了不同的可持续性评估标准，以渔业为例，需要从目标与承诺、行业倡议参与、信息透明度、风险管理、生物多样性保护、定量绩效表现（经绿色认证的海产品销售量与占比等）六个方面评估公司的可持续性。其中，有关生物多样性保护的指标包括：是否逐步停止捕捞《濒危野生动植物种国际贸易公约》列出的物种、是否禁止使用破坏性捕捞方法、是否在鱼类繁殖季节停止捕捞、是否逐步取消深海物种捕捞。

（四）非洲

非洲开发银行（African Development Bank）联合全球环境基金（Global Environmental Facility），于2019年为尼日尔提供300万美元的贷款用于生物多样性保护，主要措施为推行可持续农业生产、土地修复和建立自然保护区。该贷款项目通过降低农业活动对生物多样性的影响并减少碳排放量，提升了农业生产的可持续性，帮助当地农户建立更好的市场意识、增加生产收益。同时，限制农业用地的扩大，将部分区域划为自然保护区，保护了当地的西非长颈鹿、河马等物种。

同年，非洲开发银行为马拉维提供1320万美元的贷款和130万美元的赠款，从可持续捕捞、可持续流域管理、水产养殖行业发展三个角度发展马拉维的渔业。马拉维的渔业高度依赖马拉维湖，作为世界第九大淡水湖，马拉维湖拥有丰富且独特的生物多样性，世界自然保护联盟（International Union of the Conservation of Nature）对马拉维湖中的458种鱼类进行了调研，发现有9%的种类面临灭绝风险。该项目计划通过提高鱼类商品的附加价值来促进消费，加强当地的营养安全并减少贫困，并且采用生态系统方法管理包括马拉维湖在内的湖泊、河流和分水岭，支持淡水生物多样性，保证渔业的可持续发展。

四、生物多样性金融产品创新

生物多样性金融实践探索的重要途径是创新金融产品，引导资金流向对生物多样性具有积极影响的企业或项目之中。本部分从绿色债券、绿色贷款、绿色保险、绿色基金以及财税类政策支持性产品五个主题分别阐述生物多样性金融产品的创新实践与发展。

（一）绿色债券

绿色债券是指将所得资金专门用于资助符合规定条件的绿色项目或为这些项目进行再融资的债券工具。绿色债券是绿色金融的主导产品，主题丰富多样，目前国内外已发行的绿色债券有可持续发展挂钩债券、碳中和债券、生物多样性债券、蓝色债券、绿色担保债券、绿色零售债券等，可以从不同渠道满足可持续发展中的资金需求。自2007年有记录以来，截至2022年底，全球已售出超过2.2万亿美元的绿色债券。其中，生物多样性债券将募集到的资金用来支持生物多样性保护项目，其发行需要符合联合国《生物多样性公约》的相关定义及国际资本市场协会《绿色债券原则》对生物多样性项目的环境指标披露指引。另外，支持海洋资源保护的蓝色债券也可用于生物多样性项目融资。蓝色债券主要针对领域为海洋和沿海生态系统管理和恢复、海洋污染控制、可持续沿海与海洋发展，能够有效帮助修复海洋生物多样性环境，具备清晰的生态目标和环境效益。

相较于传统绿色债券，生物多样性债券要求项目具备生物多样性保护效益，促进实现生态平衡和可持续发展，比如，以保护生物多样性为目的的陆地、河流或海洋的生态保护项目、生物栖息地保护项目、可持续林业项目、自然保护区建设项目等。以生物多样性为主题的绿色债券有三种发行和支持模式：一是金融机构直接发行绿色债券，将募集资金投向生物多样性保护项目，如中国银行在2021年发行的生物多样性主题绿色债券；二是金融机构投资地方政府专项债，支持为生物多样性保护项目筹集资金，如富滇银行通过购买地方政府专项债支持古茶树保护；三是地方政府发行专项债券支持生物多样性保护项目，如2018年天津市政府发行生态保护专项债券，投向天津宁河区七里海湿地生态保护修复工程，偿债资金主要来源于碳排放权交易产生的收益，湿地试验区内复耕所产生的建设用地指标转让收益，以及移民安置项目中的土地出让收益，实现了项目收益与融资需求的平衡。

（二）绿色贷款

绿色贷款为生态保护、生态建设和绿色产业等提供了融资工具，将资金投向绿色项目，如可再生能源、绿色建筑、清洁交通运输、陆地与水生生物多样性保护等。总体来看，生物多样性保护是绿色信贷的重要支持领域，主要包括自然保护工程、自然保护区建设及生态修复工程等。目前，绿色贷款主要通过两种方式加大生物多样性保护支持力度，一是通过银团贷款、流动资金贷款等传统模式，满足项目融资需求。如国家开发银行与工商银行、天津银行等9家银行在2021年联合发放银团贷款240亿元，支持天津市北部山区的生态保护项目，贷款金额占项目总投资额的八成，贷款期限25年。二是通过拓展抵（质）押品范围，改善生物多样性保护主体信贷准入条件。比如，对于有景区门票收入、特定资产收费权等稳定现金流的项目，银行机构通常以收费权质押、保证、担保等方式，支持生物多样性保护。

此外，作为绿色贷款的国际主流评价标准，最新版本的赤道原则增加了对生物多样性保护的关注。银行机构可以根据赤道原则中关于生物多样性保护的具体要求，创新开发基于生物多样性指标的挂钩贷款，将生物多样性保护贯穿于贷前、贷中和贷后的全流程中。比如，贷前，当借款方提交融资申请后，根据项目潜在的生物多样性影响和风险程度对项目进行分类。贷中，结合项目分类，评估和审查项目可能涉及的生物多样性因素，对于存在潜在高风险影响的项目还需要由独立第三方专家对项目的生物多样性保护措施进行评估审查，并要求借款方建立行动计划，签订承诺性条款，以防范和降低可能发生的生物多样性风险。贷后，要求借款方落实行动计划和承诺性条款，持续改进可能的生物多样性保护风险管理，并进行相关信息披露。

（三）绿色保险

作为绿色金融生态圈的重要组成部分，绿色保险是一种有效的环境风险管理工具，通过保险机制实现环境风险成本内部化，助力解决环境污染损害赔偿、环境承载力退化和生态保护问题，减少气候变化等环境问题对社会经济的负面影响。目前，我国绿色保险产品体系主要分为两大类：一类是保障环境污染、自然灾害风险等相对传统的险种，包括环境污染责任险、森林草原保险等；另一类是保障绿色产业风险、绿色信用风险等相对创新的险种，主要为绿色能源、绿色交通、绿色建筑、绿色技术等领域提供风险保障。

近年来，生物多样性相关保险产品创新步伐不断加快，具体表现在以下四个领域。一是研发保险产品缓解人与野生动物间的矛盾冲突，比如，2022年5月，青海省印发《青海省陆生野生动物造成人身财产损失保险赔偿试点方案》，对野生动物肇事导致的居民人身伤亡或财产损失进行补偿，试点期间保险费由省级财政负担。二是通过银保合作，建立野生动物保护项目融资风险分担机制，例如，中国人民财产保险股份有限公司在全国首创大鲵养殖保险，银行机构相应推出大鲵养殖贷款，推动大鲵资源保护与增殖。三是设立巨灾保险，修复自然灾害对森林、草原、珊瑚礁的损害。如瑞士再保险公司于2018年在大自然保护协会（The Nature Conservancy）及合作伙伴的支持下，开发了世界上第一份珊瑚礁保险，保额为380万美元，用于修复飓风对珊瑚礁造成的损害。四是开发碳汇保险产品，推进有关自然生态空间保护的产品创新，如2021年，中国太平洋财产保险股份有限公司联合中国热带农业科学院研发了林木碳汇保险，中国平安财产保险股份有限公司落地了行业首款森林碳汇遥感指数保险。2019年，中国人民财产保险股份有限公司联合兴业银行、海峡股权交易中心创新推出"林业碳汇质押+远期碳汇融资+林业保险"的绿色金融综合模式。

目前，绿色保险的创新发展方向在于应用人工智能等技术智能分析环境风险和制定保险金额，在保险产品中兼顾风险管控和资金运用，保护生物多样性、促进绿色发展、保障生态安全。由于环境风险管理和压力测试对建模、分析和预测的要求越发复杂，传统的绿色保险产品很难发挥作用，创新运用人工智能等数字化技术可以协助金融机构调整风险评估模型中的定量因素，更新模型指标，动态分析环境风险，从而使绿色保险定价更加科学，将原本难以预测的外部环境成本量化到内部，支持生物多样性保护。

（四）绿色基金

绿色基金支持生物多样性保护的路径是通过市场化机制将分散的可投资资金有效转化为符合生物多样性友好型产业发展需要的资本金。在可持续发展的时代背景下，绿色基金向投资者发行基金份额，将资产投向节能环保、循环经济、新能源与可再生能源等领域，从而促进实现低碳发展目标。不同于绿色债券和绿色贷款等债权融资方式，绿色基金作为股权融资，为项目方提供了更多的自有资金，有助于帮助项目方扩展资金来源渠道。

用于支持生物多样性保护的绿色基金模式包含ESG基金、绿色产业基金和碳基金。ESG基金指资产管理机构在投资管理过程中主动考虑投资标的物的ESG指标，投资策略分为负向剔除或正向筛选等方法，推动投资向ESG表现优异的企业和行业倾斜。部分ESG基金以自然资本、节能降碳、环保为主题，在投资过程会重点考量环境维度下的生物多样性、环境治理、可持续农业、可持续森林、蓝色经济、气候变化等议题，有效支持生态环境的可持续性。

绿色产业基金主要指投向绿色产业的股权投资基金。根据国家发展改革委等部门印发的《绿色产业指导目录（2019年版）》，绿色产业可细分为六类，分别为节能环保产业、清洁生产产业、清洁能源产业、生态环境产业、基础设施绿色升级和绿色服务。绿色产业基金多在政府引导下运作，政府通过增加公共投资、促进环境友好投资的公共政策等，引导金融机构、产业平台及私营部门共同参与到生物多样性保护中。

碳基金指投资于林业碳汇、海洋碳汇等温室气体减排项目的专门基金，以帮助减缓全球气候变暖并保护生物多样性。碳基金的筹资渠道包括政府、金融机构、企业和个人，资金用于在全球范围内开展碳减排或碳项目投资，提供生态保护和生态基础设施建设等方面的资金支持，有助于保护森林、湿地、海洋三大生态系统的可持续性。

（五）财税类政策支持性产品

目前，政府提供了直接拨款、税收优惠、贷款贴息和担保补贴等多种财税类政策支持工具，引导金融机构投资于保护生物多样性的绿色项目。以财政部于2022年发布的《中央财政关于推动黄河流域生态保护和高质量发展的财税支持方案》为例，具体政策支持包括设立生态保护和高质量发展基金，推广政府和社会资本合作（PPP）保护黄河流域生态环境；通过中央财政统借统还外贷资金，支持沿黄河省区开展生态环境保护与修复、绿色农田建设和农业高质量发展、沙化土地可持续治理等项目；支持建立以税费引导、专项奖励为调节手段的水资源节约集约利用机制；利用重点生态功能区转移支付等，增加对沿黄河省区的综合生态补偿。

金融机构可以根据具体的财税政策，积极参与生物多样性保护工作。比如，金融机构可以建立绿色金融产品生态价值核算机制，运用政府在生物多样性保护方面的奖补或减税政策，更好地借助生态补偿、转移支付等政策促进生物多样性保护。此外，金融机构可以积极与各级政府的产业投资基金及社保基金合作，形成风险共担机制。最后，生物多样性保护项目往往既可以保护生物多样性，又可以实现碳减排。金融机构可以核算通过生物多样性保护项目减少的碳排放量，创新生物多样性相关金融产品，借助碳减排财税政策促进生物多样性投融资。

（六）多边机构合作类产品

生物多样性金融产品创新可以通过机构间的多边合作进行优势互补、协同增效，共同探索自然保护和生态恢复中的经济机遇。目前市场上存在的多边合作机制包括不同类型的金融机构间合作以及金融机构与生物多样性专业机构合作。2017年，青海三江源生态保护公募基金会与五矿信托合作发起"五矿信托—三江源思源慈善信托"，存续期10年，首期规模50万元，前四期募资200多万元，用于资助三江源地区基础水文数据采集、生态环保站建设及文化宣传等项目，支持三江源国家公园建设。2017年，湖南张家界采取私募基金与银行合作的方式募集资金，支持生态旅游开发项目。张家界推出的契约型私募扶贫基金，总规模20亿元，其中建设银行投入10.65亿元，张家界市经济发展投资集团有限公司认缴4.35亿元，采取股权加债权的形式投放资金，支持张家界户外旅游线路开发，探索了地方经济和生物多样性保护融合发展的道路。

此外，金融机构也在与生物多样性专业机构开展合作，探索通过绿色金融实现生物多样性保护的多边合作模式。例如，2021年，华泰证券资产管理公司推出首只华泰益心系列公益主题资产管理产品，在为绿色产业提供融资支持的同时，以向环保组织捐赠部分管理费的形式，与环保组织合作，在"益心华泰，一个长江"生态保护公益项目区开展滨海湿地修复，支持生物多样性保护，与当地社区共同探索可持续渔业。可以看出，多边机构合作有助于满足生物多样性保护的资金需求，丰富创新金融产品供给，构建更加全面的绿色金融体系。

伴随绿色金融的高速发展，各类生物多样性金融产品逐渐丰富。一方面，银行业、保险业、基金业金融机构使用创新的信贷方式、保险模式、募资渠道等为生物多样性保护产业和项目提供支持，同时在生物多样性金融的细分领域拓展业务模式，如推出蓝色债券用于支持水资源保护和海洋资源可持续性项目。另一方面，金融机构也通过财税类政策支持性产品及多边机构合作类产品，积极与政府和自然保护组织合作，形成优势互补，为生物多样性保护提供融资服务。金融支持生物多样性保护具有广阔的发展前景，将加速推动企业向生态友好、绿色低碳方向转型。

五、生物多样性金融的挑战与建议

尽管生物多样性金融产品创新进展显著，目前，人类活动仍在以前所未有的速度加快全球范围的生物多样性损失。由于资本市场存在过度追逐短期经济利益的倾向，各国在经济建设中普遍存在基础设施建设大量占用天然土地、农业耕地开发忽视野生动植物生存空间、渔业过度捕捞破坏海洋生态平衡等现象。政府及监管部门、金融机构、企业和居民需要创新实现生物多样性保护的路径，构建可持续的金融产品生态圈，促进生物多样性投融资实践。

（一）生物多样性金融创新的挑战

由于生物多样性保护项目的自身特征和外部环境因素，生物多样性金融面临正外部性强、融资标准尚未确立、融资量化指标缺失三方面挑战。

一是从项目本身来看，包括生态修复类项目在内的生物多样性保护项目常具有公益性强、收益低、期限长的特点，项目的正外部性难以内生化，商业模式盈利性低、融资难。从商业银行自身角度来看，对于盈利性低、期限长的项目，受制于资债匹配性、盈利性等因素，对正外部性较强的生物多样性项目授信意愿不强。从项目还款来源来看，由于生物多样性保护项目大多为公益性项目，项目还款来源不充分，主要依赖财政支出，其中可能涉及政府债务问题。

二是生物多样性融资标准尚未确立。从监管角度来看，需要建立明确的统计口径，使数据统计口径保持一致性、可比性。从资产流动性角度来看，缺少标准导致金融资产交易性受限，导致金融机构对生物多样性融资的积极性降低。从监管考核角度来看，由于没有统一的标准，使金融机构难以对生物多样性融资投入的表现进行量化评价。

三是生物多样性融资的量化指标缺失。具体在项目层面，缺乏对项目的衡量和量化指标，使正外部性不能通过具体指标进行评价，导致项目融资服务的成效难以衡量。而政府部门、监管机构或第三方投资人由于缺少对生物多样性融资项目的衡量和量化指标，难以对后续融资绩效进行相应的奖励和激励。

（二）生物多样性金融创新思路与方向

为应对上述挑战，可以从项目模式、制度建设、绩效评估、资金来源四个方面出发，探索生物多样性金融的实践创新。

第一，解决项目正外部性内生化问题可以采取两个模式。一是开展生态系统生产总值（Gross Ecosystem Product，GEP）核算，将生物多样性保护的生态价值具体化，解决项目正外部性的问题。GEP是自然环境所蕴含的生态产品的价值，开展GEP核算可以提升人们对生态产品价值的认识。对项目投融资而言，若实现了有利于生物多样性保护的目标，则可以评估其对应的生态产品价值，为正外部性内生化问题提供解决思路。二是通过与生态环境导向开发（Ecology-Oriented Development，EOD）模式结合进行项目运作，推动收益性差的生态环境治理项目与收益较好的关联产业有效融合，解决项目还款现金流不足的难题，为金融机构参与公益性的项目融资提供可能。

第二，从三个方面着手，加强顶层制度建设。一是制定生物多样性金融标准和监管政策，明确具体融资投向的所属范围，以及生物多样性融资的具体项目、具体内容。二是深入开展生物多样性风险评估，将生物多样性因素考虑在识别与管理气候风险相关因素的过程中，避免严重低估与气候变化相关的金融风险。三是强化金融机构生物多样性工作信息披露机制，辅助社会各方监督金融机构的生物多样性保护工作，同时根据信息披露进行行业绩评价，发挥激励约束作用，将生物多样性工作的正外部性内生化，提高商业模式的经济效益。

第三，搭建生物多样性绩效评估体系。运用金融科技，整合多方数据，打通政府各部门信息流，建立自由开放的生物多样性数据库，为生物多样性保护的相关研究提供强大的数据支撑。此外，借助丰富的生物多样性数据，开发相关的风险评估、绩效评估工具，从而对生物多样性项目的融资绩效进行奖励。

第四，拓宽资金来源，撬动社会资本投入。通过建立财税补贴引导资金、公益性基金、引入多边机构等举措，以此促成生物多样性项目形成成熟的商业模式；同时开发财税类政策支持性产品，绿色公益类基金合作型产品，以及多边机构合作类产品，推动生物多样性保护和经济社会的可持续发展。

（三）生物多样性投融资风险管控

在各国政策转型与监管趋严的背景下，未来由于生物多样性问题受影响的行业或项目将逐渐增多。从环境与社会风险管理的角度，金融机构需要重

197

视并加强管理生物多样性风险。

一方面，金融机构需要评估生物多样性丧失所导致的风险敞口。具体工作包括评估投融资活动对生物多样性的影响和资产组合对生物多样性的依赖程度；开展生物多样性相关风险的情景分析和压力测试，分析生物多样性损失引发的物理风险和转型风险；开发衡量生物多样性相关风险的指标体系，从而量化金融机构对生物多样性的影响与依赖程度，建立起金融机构生物多样性风险管理工具和体系。

另一方面，金融机构在大型项目的融资过程中，需要对生物多样性相关风险在贷前、贷中和贷后加强管理和监控。建议借助赤道原则等标准体系识别和把控项目投融资过程中的生物多样性风险。赤道原则为金融机构提供了一套用于评估环境与社会风险的管理框架，适用于项目资金总成本达到或超过1000万美元的项目融资咨询服务、项目融资、与项目关联的公司贷款等业务。该原则将融资项目根据环境与社会影响及风险程度由高到低分为A、B、C三类，并对A类和B类项目提出了更为严格的管理和信息披露要求，为金融机构在项目投融资过程中主动管控环境与社会风险提供了参考标准。

（四）推广生物多样性金融的建议

为构建可持续的生物多样性金融生态，政府及监管部门、金融机构、企业和居民需要进一步创新促进生物多样性的路径，助力实现国家生物多样性战略。

政府及监管部门可以逐步完善政府有力主导、社会有序参与、市场有效调节的生态保护补偿体制。通过财政政策和税收优惠，激励有益于生物多样性的投融资产品创新。借助资源税、环境保护税等生态环境保护相关税费，抑制有损于生物多样性的项目。此外，政府也可以在预算支出中提高生物多样性保护项目的优先级，创新思路与金融机构展开PPP模式合作，将资金定向投入到生物多样性保护之中。

对于金融机构来说，一是加强金融机构对项目的生物多样性评估，测算项目的生态价值和生物价值，以判断项目运营对生物多样性的影响，竭力避免和缓释因投融资项目对动植物生存环境造成重大威胁和影响。二是加强金融机构促进生物多样性的绿色金融产品创新，比如开发生物多样性指数，用于识别保护生物多样性，提供可持续产品及服务的公司，推出生物多样性指数型投资产品，募集社会资金推动自然生态保护。三是采用EOD、自然气候解决方案（Natural Climate Solutions）等手段，将环境效益和经济收益两者并举，投资于森林保育、土地保护、海洋资源等项目，取得碳排放配额和碳税优惠，应对气候变化并减缓自然资源损失。

对于企业来说，一方面，提高对生物多样性重要程度的认识，将生物多样性保护与环境和气候风险纳入企业的正式管理制度，加强信息披露工作，努力将包括生物多样性在内的环境绩效表现作为企业核心竞争力的重要内容。另一方面，构建绿色可持续的价值链，对整个供应链上产品或服务的生产制造流程所产生的负面生态环境影响加以管理，运用环境、社会和治理综合评价体系，积极对接绿色供应链金融服务，将传统的供应链模式升级为绿色可持续的价值链，助力生物多样性保护。

最后，从居民端来看，还需提高社会公众对生物多样性保护的重视程度，大力倡导绿色消费，有效提升绿色消费需求。同时，金融机构可以建立个人碳账户，利用数字化服务平台为消费者提供有关低碳消费和绿色商品的信息，倡导低碳生活方式。运用个人碳账户中的碳积分来引导消费者践行绿色消费，提升居民在绿色金融市场的参与度。

促进生物多样性的金融产品创新是投融资领域的一场深刻变革，为金融机构带来了崭新的发展机遇。在国家相关政策法规的指导下，金融机构开发更多面向生物多样性保护的金融产品与服务，不仅能够弥补当前生物多样性保护的资金缺口，有效满足市场需求，而且可以与社会多方合力共同加大生物多样性的保护与支持力度，为推动绿色发展提供金融保障。

致谢：

在本课题编写过程中，我们要特别感谢中国金融学会绿色金融专业委员会马骏、北京绿色金融与可持续发展研究院白韫雯、姚靖然。他们为课题顺利开展作出了很大贡献，在此我们表示衷心的谢意。

绿色金融支持中国国家公园建设

——政策性银行的实践

编写单位：中国农业发展银行绿色信贷管理处

北京绿研公益发展中心

课题组成员：

戴　琳　中国农业发展银行绿色信贷管理处处长

唐康博　中国农业发展银行绿色信贷管理处经理

徐嘉忆　北京绿研公益发展中心项目总监

韩红梅　北京绿色金融与可持续发展研究院自然资本投融资中心研究员

宁佐梅　北京绿研公益发展中心项目顾问

编写单位简介：

中国农业发展银行：

中国农业发展银行成立于1994年，是国家出资设立、直属国务院领导、支持农业农村持续健康发展、具有独立法人地位的国有政策性银行。其主要任务是以国家信用为基础，以市场为依托，筹集支农资金，支持"三农"事业发展，发挥国家战略支撑作用。经营宗旨是紧紧围绕服务国家战略，建设定位明确、功能突出、业务清晰、资本充足、治理规范、内控严密、运营安全、服务良好、具备可持续发展能力的农业政策性银行。

北京绿研公益发展中心：

北京绿研公益发展中心是一家扎根国内、放眼全球的环境智库型社会组织，致力于全球视野下的政策研究与多方对话，聚焦可持续发展领域的前沿问题与创新解决方案，助力中国高质量的实现碳中和目标并推进绿色、开放、共赢的国际合作，共促全球迈向净零排放与自然向好的未来。

一、背景

　　1992年，在巴西召开的地球高峰会议上，联合国《生物多样性公约》签署并于1993年生效，提出保护生物多样性、可持续利用其组成部分以及公平合理分享利用遗传资源而产生的惠益。全世界195个国家和欧盟陆续加入这项公约，并共同努力推进全球生物多样性保护。30年来，在世界各国的共同努力下，全球的生物多样性保护取得了一定的成效。全球自然保护地面积持续增加，截至2022年10月，约17%的陆地和约8.2%的海洋被纳入保护地范围（包括其他有效的区域保护措施OECMs所覆盖的范围）。整体而言，全球生物多样性趋势仍然处于下降趋势，除非各个国家齐心协力，在各个领域综合开展更有效的行动，这一趋势才有可能在2030年得到扭转[①]。

　　为了扭转当前生物多样性下降的趋势，并确保最迟在2030年使生物多样性走上恢复之路的决心和意愿，2021年10月，联合国《生物多样性公约》缔约方大会第十五次会议（COP15）第一阶段会议在昆明结束。作为第一阶段会议成果之一，中国首批五个国家公园正式成立，它们为：三江源国家公园、大熊猫国家公园、东北虎豹国家公园、海南热带雨林国家公园、武夷山国家公园。自此，中国国家公园体制建设正式拉开帷幕。2022年12月，在COP15第二阶段会议正式通过了"昆明—蒙特利尔全球生物多样性框架（GBF）"，为推动生物多样性保护工作打下坚实基础。同时中国印发《国家公园空间布局方案》，遴选出49个国家公园候选区（含正式设立的5个国家公园），其总面积约110万平方公里。全部建成后，中国国家公园的保护规模将达到世界最大。此外，在本报告推进的同时，《国家公园法》即将进入立法的后续程序，《关于加强生态保护红线管理的通知》的试行规定也正式下发。多项政策的推进保障了国家公园机制在中国继续推进，以实现生态

---

① 生物多样性公约秘书处. 第五版《全球生物多样性展望》决策者摘要 [R/OL].（2020-05-04）[2023-06-09].https://www.cbd.int/gbo/gbo5/publication/gbo-5-spm-zh.pdf.

保护目标。

国家公园的设立并不仅仅是为了引入国际模式来建设保护地，更重要的是要实践以制度保障生态文明建设的目标，通过设立国家公园，落实2011年国务院出台的《全国主体功能区规划》，划定生态保护红线，重新整合和确立我国的自然保护体系，完善我国的自然保护管理体制。国家公园不是几个保护地，而是一个完整的国家公园体系。这一体系的确立对于保护地事业、国家经济发展、社会秩序稳定和国民生活健康都有着重要的价值和意义。

当前，生物多样性保护仍面临严峻挑战，资金短缺是首先需要克服的问题。尽管全球对生物多样性保护方面的投资在逐年增加，但是依然无法满足需求。2019年的一项研究指出，目前，全球每年用于生物多样性保护的资金为1240亿~1430亿美元，但是每年实际需要的资金为7220亿~9670亿美元，其中差距为5980亿~8240亿美元，仅仅是推动"30×30"目标的实现，每年就需要投入1490亿~1920亿美元。这项研究同时指出，这个资金缺口是能够填补的。这有赖于政府出台合适的政策，创造良好的金融环境，对自然资本进行更准确的核算，改革对自然有害的行业激励措施并减少公共和私营部门投资的风险，创新融资方式，发展绿色金融等[1]。

为实现全球和中国的生物多样性的保护目标，中国金融学会绿色金融专业委员会于2022年1月发起成立"金融支持生物多样性研究组"。在此背景下，研究组将聚焦金融如何支持生物多样性保护以及金融机构如何防范生物多样性丧失导致的金融风险，推动委员会成员单位开展生物多样性金融方面的前沿研究与创新实践，为金融监管部门提供政策研究支持。作为该研究组下的课题之一，本研究将围绕国家公园这一新起步的机制，通过国内外在国家公园保护和建设中的相关经验，探索绿色金融助力中国国家公园建设的模式和方法，尤其在中国特色社会主义制度下，以政策性银行可以发挥的作用为抓手，为促进生态资产的价值转化和调动更多社会资金加入国家公园建设的事业中探路。

---

[1] The Paulson Institute, The Nature Conservancy, The Cornell Atkinson Center for Sustainability. Financing nature: Closing the global biodiversity financing gap[R/OL].（2021-06-31）[2023-06-09].https://www.paulsoninstitute.org/conservation/financing-nature-report/.

专栏一　国家公园的概念

国家公园起源于美国，由乔治·卡特琳在1832年提出。其关键理念为："在如此优美壮阔的园地中，保存着自然的美丽与原始，在那里，可以让世人看到印第安人一路走来的足迹。在这样一个国家级的公园里，人与万物共存，充满着最原始的惊艳。"[①]1872年，美国黄石国家公园成立，被认为是全世界第一个国家公园。此后，国家公园的概念在全球推广，迄今为止，国家公园体系已经历了百余年的发展历程，全球有 200 多个国家和地区建立了国家公园。

世界自然保护联盟（IUCN）根据不同国家的保护地保护管理实践，将各国的保护地体系总结为6类，国家公园为第二类。根据IUCN的定义，国家公园是指为现代人和后代提供一个或更多完整的生态系统；排除任何形式的有损于保护地管理目的的开发或占用。

《建立国家公园体制总体方案》对国家公园的定义如下：国家公园是指由国家批准设立并主导管理，边界清晰，以保护具有国家代表性的大面积自然生态系统为主要目的，实现自然资源科学保护和合理利用的特定陆地或海洋区域。

在报告的开篇，我们将从政策和数据两方面展示实现国家公园建设目标的资金缺口，并从各国家公园的总体规划入手识别优先发展项目的方向，然后将这些需求与现有的绿色金融体系进行匹配，初步提出绿色金融支持国家公园项目列表的框架，为未来根据各国家公园整体规划确定和绿色金融体系中相关条目的细化，形成金融机构可用的项目列表打下基础。

（一）实现国家公园建设目标的资金需求可观

中国是世界上12个超级生物多样性国家之一，拥有全球10%的高等植物

---

① Turek M F. American Indian Tribes and the US National Park Service[M]. 1995.

物种、10%的哺乳动物物种、13%的鸟类和14%的鱼类（2019）[①]。尽管目前中国已经建成各类自然保护地近万处，生态破坏的情况却仍然广泛存在。为了改善原有自然保护地存在的多头管理、权责不清、保护不到位、发展不协调等问题，中国的国家公园体制亟待确立。不同于美国等发达国家，中国国家公园体制建设起步晚，是在各类自然保护地已经广泛建立的基础上开始的。已有的自然保护地管理体系、资金保障、可持续发展等方面存在的众多问题，是中国国家公园体制建设首先需要克服的难题。这也意味着中国国家公园体制建设具有较高的起点，不仅能够对已有问题制定可行方案并有的放矢地解决，还能够从全球国家公园百年发展史中吸取经验和教训。中国特色的国家公园体制建设在习近平生态文明思想的指导下，既要求对生态环境实行系统性的、严格的保护，又要求生态保护与社区发展相结合，真正实现人与自然和谐共生。

资金保障是中国国家公园建设中必须考虑的首要方面。与全球大部分国家类似，中国的自然保护地最大的资金来源是各级政府。但是，政府能够投入保护地建设的预算通常十分有限。大自然保护协会（TNC）几年前的研究显示，中国在每平方公里保护地上的资金投入为337~718元人民币，远低于发达国家的13068元人民币，甚至低于发展中国家平均水平997元人民币[②]。

2019年"两会"代表孙建博就自然保护地资金短缺问题提交了《机构改革后自然保护地资金短缺困局加深，应加大中央财政投入》的建议[③]。《建立国家公园体制总体方案》特别强调"建立财政投入为主的多元化资金保障机制、探索多渠道多元化的投融资模式"。民间资本机制灵活、决策快速，能够有效弥补自然保护地投资供需之间的缺口。然而，由于尚未建立相应的

① Species 2000 & ITIS. Catalogue of Life：2019 Annual Checklist[R/OL].（2019-06-25）[2023-06-09]. https://www.catalogueoflife.org/annual-checklist/2019/info/ac.
② 大自然保护协会 . 自然保护：TNC 在中国的尝试 [R/OL].（2019-11-30）[2022-10-10].https://www. bsr.org/files/ciyuan/TNC_in_China.pdf.
③ 章轲 . "巡护靠腿、执法靠怒"我国自然保护地资金短缺困局加深｜2019 两会 [R/OL].（2019-03-03）[2023-06-09].https://www.yicai.com/news/100129284.html.

机制，缺乏相关的法律保障，尽管民间资本和社会公益资金有较强的介入意愿，地方政府仍不敢贸然探索相应的社会投入和保护机制。各级试点区开展集体土地赎买和租赁、企业退出、生态移民等任务需要大量资金，远超地方政府承受能力，普遍存在资金短缺问题[①]。尽管中央财政对包括国家公园在内的自然保护地的投入正在逐年增大，但是如何保障保护地持续稳定充足的资金投入，仍然是中国以国家公园为主体的自然保护地体系建设面临的首要难题。

绿色金融必将成为弥补全球生物多样性保护和中国国家公园建设资金短缺的重要手段。各个国家公园及试点区在推动绿色金融支持生态保护方面开展了许多有益的尝试。

（二）绿色金融在中国特色国家公园体制建设下的新机遇

中国国家公园体制建设涉及政府、企业、社会组织等各个部门的共同协作。《建立国家公园体制总体方案》将"国家主导、共同参与"作为原则之一，要"建立健全政府、企业、社会组织和公众共同参与国家公园保护管理的长效机制，探索社会力量参与自然资源管理和生态保护的新模式。加大财政支持力度，广泛引导社会资金多渠道投入"。正式设立的五个国家公园无一例外地将绿色金融作为资金保障或社区发展机制的一部分，列入总体规划中。

国家公园建设本质上是要在秉承生态保护第一的基础上实现对自然资源的科学管理和可持续利用。中国的自然资源管理长期以来存在权属不清、责任不明、交叉管理的问题，这些问题在一定程度上阻碍了社会资本的介入。清晰的权属是自然资源资产进入市场交易的基础。《自然资源统一确权登记暂行办法》将国家公园列为独立的自然资源登记单元，对其管辖范围内的所有自然资源进行统一确权登记。目前，五个国家公园都已完成自然资源

[①] 黄宝荣，王毅，苏利阳，等. 我国国家公园体制试点的进展、问题与对策建议 [J]. 中国科学院院刊，2018，33（1）:76—85.

登记确权工作，并在此基础上初步构建了自然资源资产"三权分置"产权体系。这为国家公园将生态系统保护产生的生态惠益转化为社会利益奠定了基础①。以此为依托，各个国家公园根据自身的特点制定特许经营管理办法，有的国家公园甚至开始探索建立碳汇交易等市场化的生态补偿机制，以搭建自然资源资产与市场交易之间的桥梁。除了国家公园，自然保护区、自然公园等各类自然保护区也都将作为独立的自然资源登记单元。《关于建立以国家公园为主体的自然保护地体系的指导意见》提出要"创新自然资源使用制度。按照标准科学评估自然资源资产价值和资源利用的生态风险，明确自然保护地内自然资源利用方式，规范利用行为，全面实行自然资源有偿使用制度"。可以预见，现在国家公园在自然资源资产管理方面的尝试将为调整后的整个自然保护地体系提供参考。

在这样的背景下，作为资本引领的工具，绿色金融大有可为。绿色金融既需要发挥引导资金、管理资产、净化供应链的特长，还需要不断创新服务、丰富产品，实现国家公园建设和绿色金融共赢的局面。国家公园建设的各项工作除了需要借助绿色信贷、绿色基金等工具带来更多的资金投入，也为绿色金融行业创造了服务创新和产品更新迭代的机会。绿色信贷、绿色基金、绿色保险等绿色金融产品在低碳发展、生物多样性保护方面的应用经验，不仅可以在国家公园的建设中发挥更大的作用，还能够在国家公园生态保护和绿色产业的高标准要求下，衍生出更加丰富的产品和机制，促进绿色金融行业的发展，例如将林权质押贷款、气候补偿基金等已有的模式进行升级并应用于生态产品价值实现和生态补偿等方面，以及传统的政府和社会资本合作模式在生态旅游、入口社区和特色小镇建设中融入绿色金融并进行机制和产品的创新。

近年来，地方政府开始积极探索多渠道、多元化的投融资模式。2020年5月，青海银保监局制订并印发了《青海省银行业保险业发展绿色金融支持国家公园示范省建设三年行动方案（2020—2022 年）》（以下简称《方

---

① 张琪静 . 国家公园自然资源统一确权登记的功能及其实现 [J]. 环境保护，2021，49（23）：46–50.

案》），引领青海省银行保险机构发挥绿色金融对国家公园示范省建设的支持保障作用，明确了青海省银行业保险业发展绿色金融支持国家公园示范省建设的指导思想及总体目标，提出力争到2022年，青海省绿色金融覆盖率达到35%，建成国家公园绿色金融示范省。

《方案》提出了青海省银行业保险业发展绿色金融支持国家公园示范省建设的七项工作任务：一是积极构建绿色金融体系，有效提升金融服务水平；二是优化金融资源配置，聚焦人居生态保护建设；三是落实差异化金融服务，有力助推区域经济发展；四是扎实推动产业规模化，支持打造特色文化品牌；五是创新多元化金融服务，打好脱贫攻坚收官战；六是深度融入国家发展战略，充分发挥国家公园示范作用；七是完善相关监管协调机制，有效防范金融风险。

此外，《方案》提出了青海省银行业保险业发展绿色金融支持国家公园示范省建设的工作要求。各银行保险机构要把纵深发展绿色金融、服务国家公园建设作为一项长期性的重要任务抓实抓好；成立由主要负责人任组长的领导工作小组，健全工作机制，做好可行性分析，明确阶段性任务及目标，切实加强与国家公园建设相关部门的联系协调，制订服务支持方案，提高风险防控水平，确保绿色金融可持续健康发展。

（三）确定国家公园建设项目需求

中国特色的国家公园建设包罗万象，既要保护重要生态系统的原真性、完整性，同时要兼具科研、教育、游憩等综合功能，既涉及传统的第一产业、第二产业和第三产业，还要求所有产业以保护生态为本，绿色发展。仅游憩一项，就涉及基础设施和相关服务设施的建设、旅游及休闲项目开发和路线设计、相关产品和品牌的打造与输出、特许经营等方面的工作，范围广泛。在国家公园建设的背景下，入口社区、特色小镇等更是传统的第三产业与社区发展及生态产品价值的实现融合起来的概念，其中既包含水网、电网、路网等基础设施的优化新建，也包含优良人居环境的打造，更重要的是因地制宜发展绿色产业，促进国家公园建设和社区经济协调发展，如生态体验、自然教育、绿色农业、绿色养殖业、民族手工业等，让社区居民既能因国家公园的建设获得利益，又能够通过自然教育、生态体验等活动约束自身及他人的行为，维护国家公园的自然生态。社区协调发展作为中国特色国家公园体制建设顶层设计的重要组成部分，对自然资源价值评估、生态补偿机制、社区可持续发展提出了更高的要求。

根据对五个国家公园现有总体规划和专项规划的整理，结合对各方专家的访谈，本报告将国家公园建设的所有项目需求总结为基础设施（包括污水处理、垃圾处理等环境综合整治）、生态保护、社区发展（包括发展绿色产业、建设入口社区和特色小镇）和游憩（包括生态体验、自然教育、环境宣教、森林康养等）四个方面（见表1）。各类项目根据国家公园功能分区不同，具有不同的准入要求。

表1 国家公园潜在建设项目一览

基础设施类
1.园区道路建设；
2.园区内居民点基础设施提升或新建（污水收集和处理设施、垃圾收集和清运设施、缓解人兽冲突的设施等）；
3. 管护和监测系统建设（巡护道路、管护站、管护哨卡、巡护用房，监测系统搭建、监测站等）；
4.防控预警体系（森林防火、有害生物防治等）；
5.智慧国家公园建设（基于移动互联网、大数据等信息技术建设智慧国家公园，例如APP开发等）

生态保护类
1.生态系统的保护与恢复，包括草地禁牧、封山育林等自然恢复工程，以及人工辅助恢复工程，包括植树造林、黑土滩治理、小流域治理、废弃矿山和采砂点的修复等；
2.生态廊道建设；
3.野生动物救助与野生动植物繁育设施建设

社区发展类
1.生态移民工程；
2. 发展绿色产业/替代产业，例如发展绿色畜牧业、建设生态茶园、探索可持续的林下种植/养殖业、拓展传统手工艺产业等；
3.建设入口社区和特色小镇；
4.发展特许经营并向社区倾斜

续表

游憩类
1. 生态体验、自然教育、环境宣教等活动的基础设施搭建,包括访客中心、展览馆、博物馆、体验点、观景台、生态体验和自然教育基地、步道系统、露营地、住宿餐饮等设施的建设; 2. 生态体验路线开发,自然教育课程和教材开发; 3. 国家公园内涵挖掘及相关文创产品的设计、开发和制作等

上述项目基本上涵盖了在国家公园内开展的项目大类,但是到了单个项目的准入或者金融机构的投资决策时,可以使用生物多样性金融的基本方法,从风险和效益两个方向进行判断。

金融业在国家公园的投资过程中,面临与生物多样性金融相关的三类金融风险,包括物理风险、转型风险和系统性风险。

一方面,经济活动和金融资产对生态系统和生物多样性具有依赖性,并由此面临生态退化和生物多样性丧失造成的风险,这属于物理风险范畴。例如,国家公园中生物多样性丧失会对农业、林业、渔业、旅游、制药、房地产、交通运输、零售等依赖生物多样性的行业、企业以及经济活动造成影响,引发企业亏损、倒闭、金融资产减值乃至清零等金融风险。地震、泥石流、强降雨、暴雪、大风、干旱、高温热浪、持续性低温、山火等引发极端天气及气候的风险,也包括由于国家公园内的生物多样性被破坏和外来物种入侵而使某些行业的生产经营活动无法正常继续,从而出现企业亏损、倒闭和金融资产减值乃至清零等问题。在这些领域的投资和贷款都有可能由于生物多样性的丧失而面临财务损失。

另一方面,为避免和减缓经济活动对生态系统和生物多样性造成的负面影响,政府可能会出台生物多样性保护政策或提高相关处罚标准,这些政策变化可能造成某些经营活动受阻、企业倒闭或违约等风险, 这属于转型风险范畴。对于国家公园这一新生事物来说,《国家公园法》的制定、对核心区和准入行业及项目的重新划定,都属于转型风险的范畴。为避免这些风险,金融机构可以在尽职调查的过程中,了解项目所在区域的分级区域,并根据其行业属性,通过排除清单和准入项目列表来排除这些风险。

最后，系统性风险包括管理风险和经济社会风险。管理不当造成的环境破坏和生物多样性丧失，以及建设国家公园造成的当地居民满意度下降、运营资金缺乏、游客量不足、突发事件的发生和应对等，都属于系统性风险。

如何在投融资期初就规避以上风险，或者是减缓不可避免的风险，国际上很多国家早有研究。美国国家公园管理局在不断的实践和试错过程中整理了一套严格的生态监测框架，已能够做到对风险提前预警及避免其发生。

此外，国家公园因其特殊性，开展的项目不仅应对当地"无害"或者"无负面影响"，更需要具有综合的正向效益。这些效益不仅是体现在环境保护上，也体现在促进园内社区的经济和社会发展上。环境效益主要是指项目对生态的修复和提升、对现有生产生活相关污染的治理，以及在促进应对气候变化或协同治理方面的节能降碳等。在经济效益方面，项目除了促进准入产业的经济价值，更重要的是在提升当地居民收入和促进生态产品价值及交易体系的建立方面有重要贡献。在社会效益方面，项目应对增加福利、促进公共服务和公平参与有所助益。

除了项目大类外，基于风险和效益两大项目识别原则，也将结合国家公园的项目实际需求，确定其是否符合绿色金融和国家公园友好的双重属性。

（四）匹配绿色金融体系与国家公园项目需求

政策层面对绿色金融的支持在不断加强。政策支持使中国绿色金融行业发展迅速，2016年，中国人民银行牵头印发《关于构建绿色金融体系的指导意见》，建立了世界上首个由中央政府部门制定的绿色金融政策框架体系。随后，绿色金融标准建设加快推进，绿色金融产品不断创新。目前，中国已经成为全球最大的绿色金融市场。随着中国对"双碳"目标的持续推进，绿色金融在气候变化治理等环保事业中发挥着越来越重要的作用。

2017年到2019年，中国先后批准了在广东、江西、浙江等六省（区）九地建设绿色金融改革创新试验区，在体制机制、产品服务、配套政策等方面开展探索和实践。经过5年多的发展，在绿色金融改革创新试验区，当地政府、金融机构、企业等相关部门已经摸索出不少经验：在政策支持层面，因地制宜地制定了相关政策，鼓励绿色金融参与到当地建设的方方面面；在产品和服务体系创新方面，开发出"绿色园区贷""GEP绿色金融贷"和"南丰蜜桔低温冻害气象指数保险"等创新产品及"供应链绿色金融业务"等服务[①]。在2021年召开的绿色金融改革创新试验区第四次联席会议上，时任中国人民银行党委委员、副行长刘桂平表示将适时启动试验区扩容工作[②]。

2019年4月，中共中央办公厅、国务院办公厅印发《关于统筹推进自然资源资产产权制度改革的指导意见》，要求促进自然资源资产集约开发利用。既要通过完善价格形成机制，扩大竞争性出让，发挥市场配置资源的决定性作用；又要通过总量和强度控制，更好发挥政府管控作用。深入推进全民所有自然资源资产有偿使用制度改革，加快出台国有森林资源资产和草原资源资产有偿使用制度改革方案。2021年4月，中共中央办公厅、国务院办公厅印发《关于建立健全生态产品价值实现机制的意见》，提出要加大绿色金融支持力度。鼓励企业和个人依法依规开展水权和林权等使用权抵押、产品订单抵押等绿色信贷业务，探索"生态资产权益抵押+项目贷"模式，支持区域内生态环境提升及绿色产业发展。在具备条件的地区探索"古屋贷"等金融产品创新，以收储、托管等形式进行资本融资，用于周边生态环境系统整治、古屋拯救改造及乡村休闲旅游开发等。鼓励银行机构按照市场化、法治化原则，创新金融产品和服务，加大对生态产品经营开发主体中长期贷款支持力度，合理降低融资成本，提升金融服务质效。鼓励政府性融资担保机构为符合条件的生态产品经营开发主体提供融资担保服务。探索生态产品资产证券化路径和模式。

行业标准方面，2021年5月，中国人民银行、国家发展改革委、证监会联合发布《绿色债券支持项目目录（2021年版）》，与2019年发布的《绿色产业指导目录（2019年版）》相互配合，为绿色金融参与国家公园建设提供了具体指引。根据目前正式设立的五个国家公园的总体规划和分项规划，对照

---

① 王晓凌.绿色金融改革创新试验区试点情况综述[J].时代金融，2021（24）：87-89.
② 中国人民银行.绿色金融改革创新试验区第四次联席会议在江西南昌召开[EB/OL].（2021-04-29）[2023-06-09].http://www.pbc.gov.cn/goutongjiaoliu/113456/113469/4241159/index.html.

上述两个目录，本报告将各个国家公园计划开展的项目与目录一一对应，梳理出国家公园建设相关的项目和方向主要集中在"4.生态环境产业""5.基础设施绿色升级"和"6.绿色服务"领域，具体项目涉及农、林、牧、副、渔以及环境污染治理、绿色建筑、生态修复、监测评估等各个行业（见表2）。尚未在计划中体现的项目，主要集中在"5.1建筑节能与绿色建筑"和"6.绿色服务"当中。结合细分栏目，项目组提出了针对上述两者在国家公园中可以开展的项目内容。

值得注意的是，从狭义上来说，两个目录中关于国家公园的项目体现在4.2.5当中，绿色运营的二级目录之下。查阅目前对于4.2.5的具体注释，项目组发现无法涵盖各国家公园规划中涉及的项目类型。除了无法充分引导金融机构对国家公园相关产业进行政策和资金倾斜外，易导致一些不符合"值得绿色金融支持"要求的，有一定生态和社会影响的项目划入支持行列。回顾报告中对于值得支持的项目的定义：国家公园因其特殊性，开展的项目不仅应对当地"无害"或者"无负面影响"，更需要具有综合的正向效益。

表2　《绿色产业指导目录（2019年版）》与国家公园建设相关的条目

《绿色产业指导目录（2019年版）》			国家公园建设相关项目或方向
一级目录	二级目录	三级目录	
4　生态环境产业	4.1　生态农业	4.1.2　绿色有机农业	● 社区产业调控，包括建设生态茶园、扶持养蜂产业、栽培食用菌等（武夷山）； ● 牲畜舍饲圈养工程，集约化利用土地，鼓励吊袋木耳栽培方式，推广木耳棚室挂袋优质高产栽培技术（东北虎豹）； ● 选择典型有代表性的生态产业，开展蜜蜂养殖、茶叶以及中药材和菌类种养业示范项目建设，支持社区居民以投资入股、合作、劳务等多种形式，在少数民族居住区、已有生态体验区域适度发展民族文化、生态体验、熊猫文化产品、特色农产品加工等具有当地特色的绿色产业（大熊猫）； ● 发展特色经济林、绿色产业，在现有集体人工林林下种植益智等药用植物，结合旅游康养适当发展黎药产业。结合乡镇、村寨的传统种植特色产业，并深度融入地方文化，扶持、引导社区开展绿色产业示范园区建设（热带雨林）。

《绿色产业指导目录（2019年版）》			国家公园建设相关项目或方向
一级目录	二级目录	三级目录	
		4.1.4 森林资源培育产业	● 在一般控制区内，部分现有的橡胶林、桉树林、马占相思林、加勒比松林等人工林更新能力弱，可实施封山育林辅以人工改造措施，使其自然恢复为天然林（热带雨林）； ● 森林生态系统恢复工程：通过封山育林、森林抚育、低质低效林改造、工程造林等措施，保护和恢复森林生态系统，重点保护好天然林资源（大熊猫）。
		4.1.5 林下种植和林下养殖产业	● 在传统利用区内探索林药（金线莲、铁皮石斛、金花茶）、林果（葡萄、猕猴桃、无花果）、林菜、林花等林下种植模式，林禽（鸡、鸭）、林鱼、林蛙等林下养殖模式，林笋、茶油、松脂、竹藤棕草制品加工等多种林下经营加工模式（武夷山）； ● 在现有集体人工林下种植益智等药用植物，结合旅游康养适当发展黎药产业（热带雨林）； ● 镇域安全保障区（固定）内可开展符合保护和规划要求的传统农业、设施农业和有机种植、菌类种植、林下经济、圈养畜牧业、农事体验等生态产业（东北虎豹）。
		4.1.6 碳汇林、植树种草及林木种苗花卉	森林封育保护工程、林木种苗基地建设工程，在澜沧江源园区新建良种繁育基地、采种基地、苗木生产基地、种苗基地基础设施，共计4处（三江源）。
		4.1.7 林业基因资源保护	珍稀植物和极小种群保护和恢复：建立珍稀濒危植物苗圃，积极开展苗木繁殖和林木培育；建立种质资源保存库，保护珍稀、濒危、特有物种的种质资源和遗传资源（热带雨林）。
		4.1.8 绿色畜牧业	● 转变生产经营方式，优化畜产品供给结构，建立健全畜牧业现代化经营体系，推进传统畜牧业提质增效，大力发展生态畜牧业和有机畜牧业（三江源）； ● 生态养殖方面，引导、鼓励、扶持社区从事桑蚕、中华蜜蜂等生态养殖业的发展；传统养殖方面，在规定区域适当发展五脚猪、黎母鸡等地方特色家畜、家禽等养殖业（热带雨林）。

续表

《绿色产业指导目录（2019年版）》			国家公园建设相关项目或方向
一级目录	二级目录	三级目录	
		4.1.10 森林游憩和康养产业	• 依托公园外支撑服务区域，建设必要的生态体验和环境教育接待服务基地（包括生态体验中心、住宿、餐饮、停车、生态厕所等基础设施），通过特许经营的方式适度发展生态旅游（三江源）； • 生态游憩小区建设；步道系统建设、公园大门建设、武夷智慧游憩系统建设、服务设施建设，包括生态服务中心、生态游憩管理站点、观景休憩设施等（武夷山）； • 在镇域安全保障区利用林场和村庄的现有设施设置驿站14处，在镇域安全保障区各类驿站及其周边设置营地和森林小径。在各入口社区的宣教展示和访客中心及虎豹公园周边县市建设博物馆和展览馆（东北虎豹）； • 在三省管理局改扩建自然教育展示基地各1~2个，依托现有自然教育解说设施，维修改造自然教育解说中心20~30个，在体验小区主入口处或周边乡镇，利用现有场馆建筑改建访客中心各1处，在一般控制区规划新建或完善解说步道30~40条；结合现有生态体验点分布，在一般控制区建设80~100个生态体验小区，形成80~100条主要生态体验线路；完善入口控制系统，结合巡护道路维修改造形成路网系统（大熊猫）； • 访客中心、观景设施、访客驿站建设。建设国家公园展示中心、黎族生态博物馆、研学实习基地、野外环教点等（热带雨林）。
	4.2 生态保护	4.2.1 天然林资源保护	• 森林生态系统保护工程：全面实施封山育林，落实林业生态补偿（三江源）； • 对自然恢复有困难的热带森林生态系统实施人工辅助恢复工程（热带雨林）； • 实施天然林保护工程（东北虎豹） • 实施封山育林、植树造林、商品林收储等工程，违规违法茶山综合整治及植被修复工程（武夷山）。
		4.2.2 动植物资源保护	• 野生动物保护工程：建立野生动物救护体系，完善野生动物救护设施，开展野生动物保护补偿试点（三江源）； • 珍稀濒危植物繁育基地，武夷山国家公园生物通道建设（武夷山）；

《绿色产业指导目录（2019年版）》			国家公园建设相关项目或方向
一级目录	二级目录	三级目录	
			• 东北虎豹保护及栖息地修复，建设 2 处野生动物救护站，实施天然林保护与湿地保护工程，建立完善森林防火监控指挥系统，疏通和建设东北虎豹迁徙廊道等（东北虎豹）； • 人工繁育基地建设工程，野化培训和放归基地建设工程，生态廊道建设工程，野生动物救护体系建设工程等（大熊猫）； • 建立野生动物收容救护站；海南坡鹿野放基地建设；野生动物通道建设；办理野生动物肇事公众责任险；野生动物疫源疫病防控，海南长臂猿保护与栖息地拓展工程（热带雨林）。
		4.2.4 生态功能区建设维护和运营	与目录4.3下的项目重叠。
		4.2.5 国家公园、世界遗产、国家级风景名胜区、国家森林公园、国家地质公园、国家湿地公园等保护性运营	• 将加吉博洛镇、约改镇、玛查理镇、萨呼腾镇打造成美丽特色小镇，进行入口社区建设（三江源）； • 本规划期（2017—2025年）计划建设15个入口社区，3个特色小镇（武夷山）； • 设立13个入口社区（东北虎豹）； • 建设9个入口社区（热带雨林）。
	4.3 生态修复	4.3.1 退耕还林还草和退牧还草工程建设	• 退化草地修复工程。采取退牧还草、已垦草原还草、人工修复与补播等措施封育退化草地，共计10192平方千米（三江源）。 • 清收土地修复，禁养退牧还草，退耕还草还湿，撤并林场植被修复（东北虎豹）。
		4.3.2 河湖与湿地保护恢复	河湖和湿地生态系统保护工程：开展澜沧江流域治理示范工程、开展河湖、湿地、水流生态补偿试点（三江源）； 九曲溪等河流湿地保护修复；河流湿地健康评估和治理（武夷山）； 河湖、湿地生态系统恢复工程（大熊猫）； 以小流域为基本单元实施综合治理（热带雨林）。

续表

《绿色产业指导目录（2019年版）》			国家公园建设相关项目或方向
一级目录	二级目录	三级目录	
		4.3.4 国家生态安全屏障保护修复	外来入侵物种监测体系及防御（武夷山）。
		4.3.5 重点生态区域综合治理	创新生态保护工程：包括精准休牧、优化围栏工程、改良黑土滩治理技术、草原鼠害防控、转变畜牧业生产方式等（三江源）。
		4.3.6 矿山生态环境恢复	●废弃矿山修复工程，废弃采砂场修复工程（三江源）； ●废弃工矿地生态修复工程（东北虎豹）。
		4.3.7 荒漠化、石漠化和水土流失综合治理	●荒漠生态系统保护工程：扩大沙化治理规模，对中轻度沙化土地采取封沙育林育草等措施，对重度沙化土地采取复合治沙等措施；继续实施水土保持工程，加大水土流失治理力度，提高水源涵养能力（三江源）； ●水土流失综合防治工程（大熊猫）。
		4.3.8 有害生物灾害防治	●疫源疫病防控和有害生物防治体系建设工程（大熊猫）； ●建设有害生物重点监测预报点（武夷山）； ●开展有害生物普查，建立有害生物信息库。加强检疫御灾体系建设（东北虎豹）。
		4.3.9 水生态系统旱涝灾害防控及应对	●加强山洪灾害防治和预警预报系统建设，提高防灾减灾能力（大熊猫）； ●建设自然灾害预警体系（热带雨林）。
5 基础设施绿色升级	5.1 建筑节能与绿色建筑	5.1.1 超低能耗建筑建设	*国家公园内管护用房、办公楼、国家公园展陈中心、博物馆、访客中心、入口社区、特色小镇、自然体验场所等建筑的建设可考虑此方向。
		5.1.2 绿色建筑	
		5.1.3 建筑可再生能源应用	
		5.1.5 既有建筑节能及绿色化改造	

《绿色产业指导目录（2019年版）》			国家公园建设相关项目或方向
一级目录	二级目录	三级目录	
5.3 环境基础设施		5.3.1污水处理、再生利用及污泥处理处置设施建设和运营	●完善污水处理基础设施，针对高海拔、低温、低氧和居住分散、污水量不稳定等问题，在试验示范的基础上，制订三江源国家公园分散式污水处理适用工艺、技术、标准和管理规范，加快推广应用（三江源）； ●武夷山国家公园环境综合整治工程，包括污水管网及处理设施建设、垃圾清理等（武夷山）； ●流域水污染综合防治（对散养密集区要实行畜禽粪便污水分户收集、集中处理利用；推广使用低毒、低残留农药，开展农作物病虫害绿色防控；修复河滨、湖滨生态功能等）（热带雨林）。
		5.3.2 生活垃圾处理设施建设和运营	●对垃圾收集分类、收运储藏、气化处理和管理考核等做出全面的制度和技术设计，在现有设施基础上，补充建设收运和气化处理设施，确保生活垃圾全收集、全处理（三江源）； ●配套完善社区基础设施和公共服务设施（大熊猫）； ●固体废弃物污染防治（推进垃圾分类和无害化处理，完善与垃圾分类相衔接的终端处理设施，分区域建设固体废弃物集中处置设施）（热带雨林）。
		5.3.3 环境监测系统建设和运营	●建设生态监测地面站网体系，在重点生态功能区的典型点位建设生态环境状况远程视频长期观测系统，搭建可为生态环境管理、生态考核、转移支付绩效考核等提供有力支撑的资源丰裕的生态环境大数据中心；构建以生态环境大数据中心为核心平台、卫星通信链路和光纤传输链路结合、多部门联动、立足政府服务的国家公园生态环境数据服务云平台（三江源）。 ●建设天地空一体化自然资源与生态监测平台，该平台由天地空一体化监测系统（东北虎豹等野生动植物监测、生态环境监测、自然资源监测等）、监控系统构成（实时监控传输系统、森林火灾、人为活动、动物入侵等）。构建大数据运维与综合业务体系（东北虎豹）。 ●监测预警体系建设工程（大熊猫）。 ●建设天地空一体化的污染源监测体系（热带雨林）。

续表

《绿色产业指导目录（2019年版）》			国家公园建设相关项目或方向
一级目录	二级目录	三级目录	
		5.3.4 城镇污水收集系统排查改造建设修复	●在生态体验点、环境教育点所在社区配套建设公共厕所和垃圾、污水处理设施（三江源）； ●配套完善社区基础设施和公共服务设施（*包括城镇污水收集系统），开展国家公园示范社区建设（大熊猫）； ●武夷山国家公园的住宿、餐饮设施主要依托现有的基础设施、社区村落、乡镇等，在环境影响评价的基础上进行改造升级（武夷山）。
6.绿色服务	6.2 项目运营管理	6.2.6 碳排放权交易服务	*建议森林资源丰富的国家公园开展此类项目的尝试。
	6.3 项目评估审计核查	6.3.2 环境影响评价	●所有新建及改扩建项目必须进行生态影响专题评价工作，实行生态环境影响评价程序前置，在项目申请备案或审批时同步提交环境影响评价、生态影响评价的审查意见（三江源）； ●除非保护类和社区居民传统生产生活外的工程建设项目，须按分类管理名录开展环境影响评价（大熊猫）。
		6.3.4 地质灾害危险性评估	地质灾害综合防控工程：配合开展地质灾害调查评估和监测预警，实施地质灾害治理工程项目，加强地质灾害防治工作。针对地质灾害生态修复成果以及新增的各类山地次生灾害，开展林草植被保护、补植补造和山体生态修复（大熊猫）。
		6.3.5 水土保持评估	*建议对国家公园内进行的水土保持项目、水土流失防治工程建立第三方评估、验收和咨询机制。
	6.4 监测检测	6.4.3 环境损害评估监测	*建议在社区建设过程中建立环境损害评估监测体系，设计环境损害应急处置方案。
		6.4.4 环境影响评价监测	*建议建立水环境、大气环境、噪声环境影响监测机制，指导在国家公园内开展的各项人为活动。
		6.4.6 生态环境监测	●建设生态监测地面站网体系，在重点生态功能区的典型点位建设生态环境状况远程视频长期观测系统，搭建可为生态环境管理、生态考核、转移支付绩效考核等提供有力支撑的资源丰裕的生态环境大数据中心；构建以生态环境大数据中心为核心平台、卫星通信链路和光纤传输链路结合、多部门联动、立足政府服务的国家公园生态环境数据服务云平台（三江源）。

《绿色产业指导目录（2019年版）》			国家公园建设相关项目或方向
一级目录	二级目录	三级目录	
			● 生态环境监测工程，包括水文水质监测站、水位水质监测点、数据采集和物联网设备、自动气象站、噪声监测点等（武夷山）。 ● 依托现有监测站点，完善气象、水文水质、环境质量、生物多样性、生态定位等监测预警站点，完善设施设备（大熊猫）。 ● 环境污染源综合调查与监测，建设天地空一体化的污染源监测体系；大气污染防治（热带雨林）。

注：1.虽然分析过程参考了两个目录，由于两个目录具有相似性，分析还是从可以发展的产业角度出发，本表最终采用《绿色产业指导目录（2019年版）》为基底进行对比。本表中"三级目录"与《绿色债券支持项目目录（2021年版）》中的"项目名称"相对应（一些条目的编号略有差异）。

2.本表中"国家公园建设相关项目或方向"一列中带"*"号的内容为国家公园规划中未明确提及，但是本研究组认为可以开展的项目或方向。

3.本表的结果目前只能作为一个框架性的初步参考，仍有很多创新亟待实地考察和总结。

除此之外，不少国家公园的总体规划提出将制定产业引入清单，也是对绿色金融参与国家公园建设的支持和指引。由于各国家公园的发展形态和当地情况差别巨大，不可盲目引入其他国家公园在相应目录中对应的项目。结合当地特色，发展适合各自国家公园的项目目录，才是促进当地生态价值转化、吸引社会资本的根本途径。

二、绿色金融支持国家公园发展的国际实践

绿色金融能够将更多的社会资本引向生物多样性保护和可持续资源管理。据统计，绿色金融产品每年可以为全球生物多样性保护贡献40亿~60亿美元（2020年）。这些资金主要用于保护地建设、土地修复、森林保育、海洋保护和国家公园建设等领域。此外，在前文提到的适合国家公园的投资项目需要体现风险和效益两方面的特点。本部分将结合这两个方面的特点介绍一些国际案例，并分行业分析其投融资模式和效益。

（一）在国家公园体系下的风险管理

国家公园在中国作为新生事物，在建设、运营期间存在多元化的风险。从金融角度来看，由于大量资金在国家公园建设和运营期间投入到与生物多样性相关的产业，生物多样性丧失对经济的影响必然会波及金融稳定性。因此，投资国家公园可能存在的风险包括物理风险和转型风险。如何规避和减缓风险，使投融资主体能够顺利进行国家公园的建设及维护，是值得思考的问题。下文将对国内外现有规避和减缓风险的框架及机制进行整理，供我国金融机构参考，以便在国家公园建设过程中更有效地发挥金融的作用，更好地规避生物多样性风险，包括物理、转型、声誉三大风险。

对于金融机构来说，物理风险是首要筛查的要素。国家层面的主要方式有风险筛查系统（RSS）和缓解层级（mitigation hierarchy）两种。两者适用的范围不同，在此主要介绍 RSS 在国家公园上的具体应用。RSS 是由危害因素、暴露途径和受体组成的风险方程式。所有三个组件的存在意味着存在一定程度的风险，而不存在或几乎不存在任何组件意味着没有风险或风险最低。即：风险=危害因素×暴露途径×受体，所有的风险筛查都基于以上几个条件的叠加而发生[1]。

美国国家公园管理局的 NPS 生态监测框架是一个基于系统的生命体征分层组织结构，将植被状况的卫星观测数据与随时间变化的气候数据联系起来，可帮助国家公园和其他机构协调其工作。该框架有三个层次，从一般到更具体，每一级别是递进的关系，基本包含空气和气候、生物完整性、土壤和地质、过度使用、景观、水等。此框架也围绕危害因素、暴露途径和受体进行监测。共同框架为许多不同的生命体征提供了一定程度的一致性，并为监测工作提供了更广泛的视角[2]。

---

[1] Ministry for the Environment. Risk Screening System—Contaminated Land Management Guidelines No.3[EB/OL]. （2004—06—30）[2023—06—09].https：//environment.govt.nz/assets/Publications/Files/Contaminated-land-management-guidelines-No.-3-Risk-Screening-System.pdf.

[2] Fancy S G，Bennetts R E. Institutionalizing an effective long-term monitoring program in the US National Park Service[J]. Design and analysis of long-term ecological monitoring studies，2012（1）：481-497.

此监测框架的作用有以下几点：一是能够在选定的指标中确定国家公园生态系统的现状和趋势，确保管理人员能够及时做出准确的决策，并更有效地与其他机构和个人合作，使国家公园资源得到有效、合理的利用；二是监测有异常情况时系统可以进行预警，并帮助制定有效的缓解措施；三是提供数据以更好地了解国家公园生态系统的动态性质和状况，并为与其他变化的环境进行比较提供参考点；四是提供数据，警示游客应该遵循的自然资源保护法规和国家的某些要求；五是提供一种衡量目标进度的方法。已有超过1000名科学家、资源专家、国家公园管理者和数据经理为这一长期计划的设计和实施作出了积极贡献。这种不同角色之间的合作有助于美国国家公园管理局"将科学交到国家公园管理者和规划者手中"。这些结果可以帮助国家公园管理人员了解未来几十年的预期，并提前规避风险。

对于金融机构面临的潜在转型和声誉风险，容易出现在ESG中的S（社会）和G（治理）中。如果从国际上使用较多的safeguard（保障政策）的角度，除了物理风险，还可以更为细致地规避相关社会和治理风险。在国际政策性金融机构中，世界银行、泛美开发银行、欧洲复兴开发银行等也都是保障政策制定的先驱，其中，亚洲开发银行（以下简称亚行）建立的保障政策非常有代表性。亚行的保障政策包括三方面，除了和生物多样性最相关的环境保护政策外，还包括国家公园建设过程中常适用的移民政策和原住民政策。对于亚行的项目投资决策来说，这三项政策需要同时通过才能避免与机构发展目标不相符的所有风险，涉及在整个项目周期中评估影响、做出规划和减少负面影响的标准程序[①]。

现有的三项保障政策的一个基本原则是，执行政策条款是借款人/客户的责任。借款人/客户要进行社会和环境评价，与受影响的人群和社区协商，准备、实施《环境政策》包括五个要素，但只有第五个要素属于环境保障议题。亚行的任务是向借款人/客户解释政策要求，通过能力建设项目帮助他

---

① Asian Development Bank. Safeguard Policy Statement[EB/OL]. （2009-10-30）[2023-06-09].https：// www.adb.org/documents/safeguard-policy-statement.

们在项目准备和实施过程中满足这些要求，进行尽职调查和审查，审查和监督项目执行情况。虽然亚行在项目执行过程中进行监督，确保保障政策的要求得以满足，但亚行的相当一部分注意力放在了整个项目的准备和批准阶段。亚行的项目完工报告和项目效果评估报告都包括对保障政策执行情况的评估。

亚行保障政策的要求严格遵照缓减层级方案（mitigation hierarchy）：在项目周期初期确认并评估可能产生的负面影响；制订和实施计划，以避免、减少、减缓或补偿可能产生的负面影响；在项目准备阶段和实施过程中，要及时向受影响人群发布信息，征求他们的意见。应向公众披露保障计划，并在项目周期的各个阶段及时更新信息。在这些涉及项目决策全流程的过程中严格执行保障政策，顺利帮助亚行在各地推进支持可持续发展方方面面的项目。

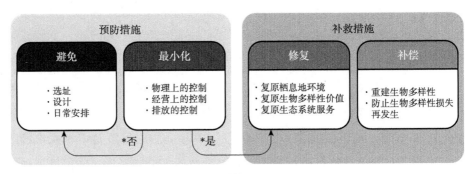

注：*潜在的影响是否被相应的补救措施充分管理。

图1　缓解层级方案的实际应用

（资料来源：北京绿研公益发展中心2020）

遵循缓解层次结构对于所有可能破坏生物多样性发展的项目至关重要。它基于在项目的整个生命周期中采取的一系列基本、连续但迭代的步骤，限制对生物多样性的任何负面影响。通过以上对投资国家公园中自然风险的监测、筛查和规避以及缓解等措施，金融机构在支持2020年后框架的雄心方面可以发挥关键作用——通过规避风险和缓解层次结构的保护，减少对生物多样性的危害。通过以上规划可扩大自然积极投资（"绿色融资"），特别是通过基于自然的解决方案。

（二） 国家公园金融支持的"混合"模式

生态系统越多样化就越稳定，往往也更有生产力，更能承受环境压力。生物多样性对于维持人类和所有生命所依赖的自然生态系统至关重要[①]。生物多样性的破坏将导致自然界食物链的平衡被打破，进而出现物种侵袭和灭绝的风险，同时也会对环境产生影响。农业、林业和渔业产品，以及稳定的自然资源和平衡气候等许多重要的生态系统服务，都依赖于生物多样性的保护。

国家公园等自然保护地的生态产品不仅具有原生态、纯天然的特质，而且其生态资源和产品具有显著的稀缺性和有限性。一方面，国家林业和草原局强调可以通过自然资源资产产权安排、流转和有偿使用，实施自然资源保值增值的激励政策，开展特许经营等，鼓励和支持当地居民、社区、社会组织、企业投身生态保护事业，并从中获得相应的收益和补偿，从而把生态优势、生态财富有效地转变为经济优势和社会财富。另一方面，要考虑生态资源承载力，遵循绿色发展、资源循环和低碳环保的原则，在核心保护区内，原则上禁止人为活动，只允许适度的科研和环境教育；在一般控制区可以布局有利于生态保护的生态农牧业、生态旅游业和民族特色文化产业等产业；对于农畜产品加工业和商贸服务、农家乐、牧家乐等产业，更多布局在保护区之外。构建与国家公园等自然保护地目标定位相适应的生态友好型产业体系[②]。

专栏二　生态价值融资创新——福建省南平市国际林业碳汇收益权质押信贷

顺昌县地处福建省重点林区，全县林业用地占国土面积的 83.3%，森林

---

① 刘金森，孙飞翔，李丽平 . 美国湿地补偿银行机制及对我国湿地保护的启示与建议 [J]. 环境保护，2018，46（8）：75–79.

② 杨汝坤 . 国家公园应推动生态产品价值转化 [N/OL]. 学习时报，（2019–07–31）[2023–06–09]. http:// www.qstheory.cn/llwx/2019–07/31/c_1124819415.htm.

覆盖率达 75.6%，林木蓄积量为1564万立方米。其所在的南平市绿色资源丰富，其绿色资源的融资模式成为首批国家公园发展探索过程中的示范模式。中国农业发展银行南平市分行充分利用南平地区绿色资源丰富的有利条件，主动探索碳汇金融产品，以未来碳减排收入支持当期绿色投资，该笔贷款的发放以创新形式拓宽了绿色生态资产融资渠道，设立了个性化融资实施方案，有力地促进了顺昌县域的产业结构调整和武夷山国家公园自然资源的可持续发展。

1. 项目实施

（1）定制担保方式。利用其林业碳汇优势，采用国有林场碳汇收益权为质押物。该林场共有林地约34万亩，现余 24 万吨碳汇可供交易，且预计未来每年新增约 3 万吨可监测碳汇（含国际碳汇）。

（2）国际碳汇项目认定与交易变现。根据国际核证碳减排标准（VCS）项目数据库标准，国际碳汇经过森林管理委员会（FSC）认证监测机构（CEC）监测并完成公示后，即具备交易条件。认证程序量化了森林经营单位在生物多样性、碳吸收和储存、流域服务、土壤保持、森林休闲服务方面的价值。目前，该林场已获得FSC和中国森林可持续经营（CFCC）双认证，所有的林木产品可以向包括欧盟和美国在内的世界任何国家和地区出口，从而转化为经济效益。这是闽北林木生态产品价值转化与国际接轨的突破性探索。

（3）评估认定碳汇价值。本次贷款定价结合欧盟市场碳汇的成交情况并委托福建鑫恒房地产评估有限公司进行评估。国际碳汇项目整体的监测期为2017—2037年，其中，在第一个监测期间（2017—2020年），顺昌县国有林场产生的碳减排量将不少于4万吨，最终，碳汇交易价格评估为35~44欧元/吨（合273~343元/吨），其国际碳汇的收益不低于1092万元。

（4）碳汇登记。林木碳汇收益权质押贷款属于近年来创新的一种贷款担保方式，经咨询当地中国人民银行相关部门并获得指导，本笔质押物采用"应收账款"质押登记的方式进行质押担保，登记合法有效。

2. 资金模式

此次承贷的主体为福建省顺昌县国有林场，向中国农业发展银行南平市分行申请500万元1年期流动资金贷款，用于满足购买农药等流动资金需求，由贷款主体提供碳汇收益权质押担保。并全额追加福建某开发投资有限公司提供连带责任保证担保。

3.项目效益

（1）生态效益：本次项目为国有林场提供资金，促进了林业的良性发展，增加了林业资源碳汇储备，保护了绿色资源和环境的可持续发展。

（2）经济效益：本次贷款为树木的良好培育提供支持，在增加林场经济收入的同时，带动了周边区域的经济发展，同时将林业资源的"森呼吸"转变为有效的担保方式，以创新形式拓宽了绿色生态资产融资渠道，充分彰显了中国农业发展银行的金融支农作用，为大力发展绿色金融和推动产业转型升级贡献政策性金融力量。

（3）社会效益：有力地促进了顺昌县域的产业结构调整和自然资源可持续发展，取得了良好的社会效益，对国家公园绿色碳汇资源的发展具有积极的推动作用。

混合型融资指既带有权益融资特征又带有债务特征的特殊融资方式，可以定义为既具有股票特征又具有债务特征的融资来源[①]。比如，我国正研究设立的国家公园基金就是混合融资的典型表现形式：在确保国家公园生态保护和公益属性的前提下，鼓励引导金融资本、社会资本和公益组织参与国家公园建设，逐步建立多元化的投融资机制。混合融资的实践，将有助于国家公园生物多样性的发展。而为了让具有一定公益性质的项目在财务上具有可融资性，设计一套创新的投融资模式，降低资金成本并缓释信用风险，是撬动包括商业银行、股权投资等社会资本的关键。

下文通过对混合融资国际实践的梳理和总结发现，有公共或开发属性金融机构或慈善性质的资金与商业资金结合的"混合融资"结构、银行类金融机构提供与可持续绩效挂钩的低于市场利率的绿色贷款或相应延长还款期限

---

① 李曜. 公司并购与重组导论（第二版）[M]. 上海：上海财经大学出版社，2010.

等方式，都会有助于整体扩大支持可持续发展的资金量，促进此类可持续农业生产模式的市场化应用。

其中，国际上金融机构参与混合融资的常见模式包括以下四种。

（1）商业股权或债权+优惠资金

资本结构由商业股权或债权+优惠资金两个部分共同组成。优惠资金包括赠款、低于市场利率的贷款、延长还款期限或宽限期的长期贷款以及不对称风险收益回报的股权投资。这些资金与传统商业资金相比，条款更加优待，能够降低整体资本成本。例如，2018年，塞舌尔蓝色债券发行，调动了1500万美元的私人投资，在世界银行信用担保和优惠贷款的支持下，塞舌尔政府节省了超过800万美元的利息。这只债券的收益被用于开展海洋生物多样性保护以及建立可持续渔业[1]。

（2）股权或债权+保证金/保险

资本结构由公共或商业的股权或债权和具有优待的保证金或保险两个部分组成。这种结构下，当有违约等情况发生时，保证金和保险将发挥作用，补偿投资者的损失，增加项目的整体信用水平。例如，作为全球最大的投资管理机构之一，法盛投资管理公司（NATIXIS INVESTMENT MANAGERS）旗下的Mirova投资管理公司专注于可持续金融。2013年，该公司成立了一只气候基金，专门在生物多样保护、减少森林采伐、减缓气候变化等领域投资。这只基金在秘鲁的Madre de Dios区域投资700万美元用于59万公顷受威胁的原始森林的长期保护，结合秘鲁—美国"债务换自然"基金贡献的200万美元，该项目有效地促进了该区域内 Tambopata 国家级自然保护区和Bahuaja-Sonene国家公园的生物多样性保护[2]。

（3）股权或债权+技术支持资金

资本结构由公共或商业的股权或债权组成。技术支持基金的作用是在项目启动前或完成后用于增加商业可行性或发展水平，通常以赠款的形式

---

① Tobin–de la Puente J, Mitchell A W. The little book of investing in nature[J]. Global Canopy：Oxford, 2021.

② Ibid.

出现。

（4）股权或债权+启动前赠款

资本结构由公共或商业的股权或债权组成。启动前赠款的作用是支持项目设计阶段进行。

除了不同的融资模式外，本报告也从第一部分提到的潜在项目大类中总结了代表国际上农业、林业生态系统服务和区域生态系统修复方向的典型案例。这些项目除了在上述的不同混合融资模式下发挥了降低融资成本、撬动多源资金的作用，更体现了不同产业的特色和效益，与第三部分识别和介绍的国内案例在行业和效益方面非常相似。

（三）生态系统服务—哥斯达黎加低碳咖啡项目 [①]

咖啡是哥斯达黎加最重要和最具象征意义的出口商品之一，咖啡种植业是哥斯达黎加经济和历史的关键组成部分。该国咖啡种植业为多达15万人（收获期间）提供了就业机会。但与此同时，咖啡产量占哥斯达黎加全国温室气体排放总量的1.56%。为了减少该行业的碳足迹并在未来保持可持续的咖啡生产，哥斯达黎加政府于2011—2021年开展了一系列适合本国的缓解行动（Nationally Appropriate Mitigation Actions，NAMAs）。

1. 实施方法

哥斯达黎加NAMA咖啡馆（The Costa Rican NAMA Café）由哥斯达黎加的环境和能源部、农业和畜牧业部以及国家咖啡研究所共同推进，旨在减少咖啡生产和加工过程中的温室气体排放，提高咖啡种植园和咖啡厂的资源利用效率，并在2024年前适应气候变化的影响。该项目是世界上第一个目前正在实施的适合本国的农业缓解行动，是公共、私人、金融和学术部门之间的创新合作努力，项目实施的主要行动包括：

---

① NAMA Facility. Costa Rica Low-Carbon Coffee：Final Evaluation and Learning Exercise （ELE） Report & Management Response[R/OL]. （2021-05-30）[2023-06-09].https：//nama-facility.org/wp-content/uploads/Costa-Rica-Coffee-Final-Evaluation-and-Learning-Exercise-Report.pdf.

- 减少化肥的使用；

- 更有效地利用咖啡加工中的水和能源；

- 促进建立融资机制，支持咖啡新的农林业系统；

- 在工厂进行审计，确定碳足迹；

- 制定推广差异化的咖啡的策略；

- 为实施低排放技术进行可行性和项目设计研究。

2. 融资方式

NAMA基金成立于2013年，得到了包括丹麦、欧盟、德国、英国的资助，2020年1月，NAMA基金宣布德国和英国做出高达6000万欧元的新资金承诺。NAMA基金的愿景是加速碳中和发展，通过支持NAMA支持项目，在发展中国家和新兴国家实现全行业向可持续、不可逆转、碳中和路径的转变。

NAMA基金征集并遴选符合其标准的项目进行资助，通过公开的、竞争性的征集活动，挑选那些具有创新性的项目。本项目于2015年2月获得了NAMA基金的批准，实施阶段从2016年1月持续到2019年2月，总资金承诺为700万欧元。该项目使用三种金融产品，以促进低碳咖啡的生产和加工：（1）向商业银行提供信贷额度；（2）用于工厂和农场低排放投资的优惠贷款（每笔1万~100万美元）；（3）为农民和磨坊主提供小型技术补贴（每笔投资最多10000美元），以及为种植遮阴树的基于结果的付款计划提供赠款。截至2021年底，实际撬动360万欧元资金。此外，该项目支持可行性研究，并为金融机构提供培训。

为了促进必要的投资和设备采购，NAMA还与中美洲经济一体化银行（CABEI）合作启动了800万美元的信贷额度，2020年开始向整个咖啡种植部门提供贷款，这有助于创造优惠贷款。预计咖啡厂将利用这些贷款投资于10000美元至200000美元的低排放技术。这些技术包括用于咖啡干燥的高效烘箱和废水处理解决方案等。

3. 项目效益

在减排方面，1公斤咖啡的碳排放强度降低至$1.59tCO_2e$，咖啡业总排放量减少60116tCO$_2$e，仅仅达到了预期目标的18%（这与过高的基线和目标修改失败有关）。种植园在项目期间减少了4633tCO$_2$e的排放，咖啡加工过程中也减少了55483tCO$_2$e的排放，超过了预期。在调动资金方面，项目实际共调动了230万多欧元，与预期相差不多。不过，在植树方面，仅仅种植7万5千多棵，远低于目标的85万棵树。目前，该5年项目被延长至7年，以增加对咖啡加工小型技术的补贴计划和对种植阴凉树的支付计划。生产者收入多样化、固碳以及水土保护有望取得更好效果。

（四）区域生态系统恢复—阿根廷生物走廊项目①

2001—2019年，阿根廷的森林覆盖面积减少15%，森林砍伐率是拉丁美洲平均水平的3倍。为农业和畜牧业而砍伐森林是森林丧失的主要原因，尤其是在查科地区，过去10年中森林砍伐数量占阿根廷森林丧失面积的87%。对于生活在查科的原住民和农民而言，森林是他们赖以生存的自然基础资源，而这种基础正遭受过度砍伐和气候变化的侵蚀。

阿根廷生物走廊项目支持对农村社区的创新投资，实施基于自然的生产活动，使近20万公顷的原生森林得到可持续利用，从而有助于增强农村经济适应气候变化的能力。大约1000名居住在自然保护区内部和周围的农民和原住民（其中45%是女性，42%是原住民）通过生产本地蜂蜜、饲养可持续牲畜和提供基于自然的旅游服务来改善生计。该项目增强了对生物多样性走廊内超过75万公顷土地的保护，提升了它们的气候适应能力。例如，该项目通过保护提供蜜蜂栖息地的森林来加强当地的生物多样性。

该项目旨在加强对脆弱自然区域的保护，保护格兰查科生态系统以及巴塔哥尼亚草原和沿海—海洋生态系统内的生物多样性，保护森林碳资产。

---

① The World Bank. Boosting innovation for conservation and local development in Argentina[EB/OL]. （2022—06—25）[2023—06—09].https：//www.worldbank.org/en/results/2022/04/18/boosting-innovation-for-conservation-and-local-development-in-argentina.

1. 实施方法

世界银行与阿根廷国家公园管理局合作，采用"廊道方法"来保护和利用土地。这种方法能够在该国的生态系统之间创造更大的连续性和连通性，并通过国家和省级公园系统提高保护生物多样性的一致性。该项目对生态系统友好活动实施了创新投资，包括本地和非本地蜂蜜生产、基于自然的旅游和再生牛牧场（管理动物觅食的地点和时间、建立土壤健康和碳储量的监测体系）以改善当地社区的生计，同时保护当地生态系统和增强生物多样性，以及适应气候变化的能力。

来自本地蜜蜂的蜂蜜获得了阿根廷食品管理部门的批准，并在项目背景下开发支持其生产的技术，为其商业化开辟新的机会。来自当地森林的非本地蜂蜜的有机生产也获得国际市场认证，为自然和生态系统服务带来新的和更高的价值，从而使当地社区能够保护这些生态系统。查科省环境和可持续领土发展部、国家农业技术研究所、野生动物保护协会、Fundación Vida Silvestre Argentina（世界自然基金会当地合作伙伴）和几个当地生产者协会，以及其他政府机构和非政府组织参与了保护走廊的设计、生态系统创新和可持续利用子项目的实施。

2. 融资方式

该项目通过两种融资方式使资金充足并实现降低资金使用的成本，首先，世界银行通过全球环境基金（GEF）提供了629万美元的赠款以资助该项目；其次，阿根廷国家公园管理局实施该项目并提供了1300万美元的共同融资。

3. 项目效益

2015—2021年，该项目资助了重点基础设施工程和设备，培训了约260名国家公园护林员，并通过参与机制支持设计9个保护区管理计划，使57.6万公顷保护区的生物多样性保护水平更高。联邦、国家和地方各级的治理因联邦保护区系统（SIFAP）的重新启动而得到加强，并促成了2019年共同行动计划的制订。

该项目支持在保护走廊中与保护区相邻的19.5万公顷土地上引入可持续景观管理实践。在这些地区，来自当地社区的近1000人（45%的女性和42%的原住民）从他们所居住的森林中获得了利益。2019—2021年，该项目设计了三个生物多样性保护走廊，面积至少覆盖400万公顷（包括阿根廷查科地区10%的面积）。在整个项目生命周期中，保护区内的森林将增加1460万吨森林碳汇，有助于缓解气候变化。

由于走廊已被地方政府采纳，并且开发的创新可持续生产活动现已包含在省级部门战略计划中，因此未来项目投资和成果将持续下去。由于GEF赠款而进行试点的活动和取得的成果将通过最近批准的一个新项目得到加强和扩大，该项目将在阿根廷的13个景观和海景中实施。阿根廷景观和生计的可持续恢复项目将由世界银行集团的IBRD提供4500万美元贷款和300万美元的对应资金，并将利用由世界银行管理的多方捐助信托基金PROGREEN提供的1200万美元赠款。

混合融资其他领域还有很多的案例，在国家公园的投资方面可进行相关探索，由政府财政资金为主导，通过生态产品价值转换引入社会资本、个人资本和国际合作伙伴，实现多元化融资渠道，更好地服务于国家公园系统，受益于青山绿水间，建设人与自然和谐共生的生命共同体。政策性金融资金在混合融资过程种发挥的撬动作用，在国内也有很多尝试，尤其是在性质相似的政策性银行中。

三、政策性银行的实践——以中国农业发展银行为例

2021年10月12日，联合国《生物多样性公约》第十五次缔约方大会领导人峰会在昆明召开，习近平主席在会上宣布中国正式设立三江源国家公园、大熊猫国家公园、东北虎豹国家公园、海南热带雨林国家公园、武夷山国家公园等第一批国家公园。第一批国家公园涉及青海、西藏、四川、陕西、甘肃、吉林、黑龙江、海南、福建、江西10个省份，均处于我国生态安全战略格局的关键区域，保护面积达23万平方千米，涵盖近30%的陆域国家重点保

护野生动植物种类。

高质量推进国家公园建设，既要保护好生物多样性、积极应对气候变化带来的新要求；又要坚持以人民为中心的发展思想，保障好原住居民生产生活，实现生态保护与经济发展协同推进。近年来，中国农业发展银行（以下简称农发行）坚持以习近平生态文明思想为指引，认真贯彻新发展理念和绿色发展战略，牢固树立"绿水青山就是金山银山"理念，将生态文明建设纳入农发行"六个坚持"总体战略和"四个全面"发展战略，列入"十四五"发展规划中全力服务乡村振兴的六大重点领域之一，着力打造"绿色银行"特色品牌，从战略高度吹响了绿色转型的号角，用实际行动推动生态文明建设和绿色发展，充分发挥农业政策性金融机构对高质量推进国家公园建设的支撑保障作用。

本部分将重点分析中国农业发展银行在支持国家公园建设方面的主要案例。这些项目案例涵盖了首批部分国家公园，既兼顾了国家公园的相关发展特色，又分别从林业、生态修复、社区发展、生态旅游和协同发展等国家公园建设重点领域彰显农发行探索和实践。希望通过这些农发行实践案例吸引更多的社会资金支持国家公园建设，积极开展金融产品模式创新，满足国家公园建设的资金需求。

（一）四川省洪雅县森林质量提升项目

大熊猫国家公园位于中国西部地区，由四川省岷山片区、四川省邛崃山—大相岭片区、陕西省秦岭片区、甘肃省白水江片区组成，规划面积为27134平方千米，是野生大熊猫集中分布区和主要繁衍栖息地，保护了全国70%以上的野生大熊猫。园内生物多样性十分丰富，具有独特的自然文化景观，是生物多样性保护示范区、生态价值实现先行区和世界生态教育样板。农发行通过支持国家公园范围内开展"珍稀树种培育+林下种植"项目，促进森林质量提升，助力生态效益向经济效益的高效转化。

1. 项目背景

洪雅县地处四川盆地西南边缘，位于大熊猫国家公园区域内，属眉山市管辖，是"国家级生态示范区"。当地有桫椤、珙桐、银杏、箭竹、红豆木、桢楠等植物近4000种，其中一类植物有桫椤、珙桐；大熊猫、扭角羚、小熊猫、麝鹿、金钱豹、红腹角雉等野生动物400余种，其中一类保护动物有大熊猫、扭角羚、金钱豹；中草药种类达2000余种，其中杜仲、黄连、厚朴、红豆杉、薯蓣等规模较大。

洪雅县作为森林覆盖率高达70.5%的生态大县，具有非常丰富的林业资源，但其林业资源经济转化率却有待提高。本项目通过土地规模化经营，助力实现林业机械化经营，降低劳动强度，节省劳动时间；积极推广林业科技，提升林业产品的产量、质量、科技含量，实现生态效益向经济效益的高效转化。

2. 项目实施

洪雅县森林质量提升项目覆盖林地19500亩，其中彩林占地2500亩，林下中药材种植10000亩，用材林珍稀树种种植及培育7000亩。通过林业产业化，洪雅县以丰富的林业资源为基础进行规模经营，形成主导产业和支柱产业，以此带动相关产业的发展。一是积极开展林下中草药种植，根据洪雅县气候特点，利用大片闲置林地种植中药材（包括黄精、黄柏、金银花、重楼、铁皮石斛、竹根七）。二是以用材林种植及培育为纽带，开展企业标准化规模种植，加快农业供给侧结构性改革目标的实现。三是通过对项目区内彩林、中药材以及用材林规模种植所需的土地、劳动力、管理等要素的再配置，提高生产效率。四是修建森林防火通道，控制和预防森林火灾，有效解决洪雅县森林防火基础设施薄弱、林区交通道路不畅通、森林防火阻隔网络体系不完善的问题。

3. 资金模式

本项目总投资约9.3亿元，其中农发行贷款6.9亿元，主要用于支付森林公园建设、林下中药材种植、用材林珍稀树种种植及培育和智慧森林建设等项目。

本项目采用公司特许经营模式，洪雅县某公司负责本项目建设和经营，用本项目经营收益和可行性缺口补贴偿还贷款本息。整个项目的资金模式如图2所示。

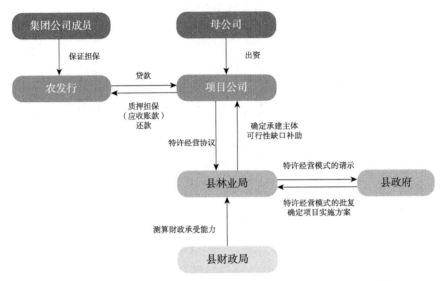

图2　洪雅县森林质量提升项目资金模式

4. 项目效益

经济效益：玉屏山有丰富的旅游资源，项目建成后，将建成2500亩彩林观赏区，可以带动大熊猫国家公园周边的地方经济发展和旅游景观收入增长。

生态效益：本项目实施后，能加大生态系统中有利资源的开发，实现森林生态系统结构的多样性，推动当地林业资源的可持续发展；有效巩固造林绿化成果，保护林业生态资源。在保护大熊猫国家公园的自然生态系统的前提下，带动林业经济发展，使生态产品得到有效利用，实现价值转化，带动大熊猫国家公园相应区域经济发展。

社会效益：种植彩林观赏区和修建森林防火通道能有效控制和预防森林火灾，有效解决洪雅县森林防火基础设施薄弱、林区交通道路不畅通、森林防火阻隔网络体系不完善的问题，带动周边区域劳动力就业，促进大熊猫国家公园及周边区域资源协调发展。

（二）吉林省延吉市布尔哈通河水利综合治理项目

东北虎豹国家公园位于吉林、黑龙江两省交界的老爷岭南部区域，与俄罗斯、朝鲜接壤，总面积超过1.46万平方千米，包含12个自然保护地（其中7个自然保护区、3个国家森林公园、1个国家湿地公园和1个国家级水产种质资源保护区）。在对东北虎豹国家公园的项目筛选过程中发现，除了支持旗舰物种保护外，相关生态系统治理的相关项目也较为丰富。农发行通过支持布尔哈通河开展水利综合治理工程，有效保护水域生态平衡，同时为当地居民提供休闲宜居场所。

1. 项目背景

项目位于吉林省延吉市布尔哈通河，延吉市是吉林省延边朝鲜族自治州的首府，位于吉林省东部、长白山脉北麓，地处中国、俄罗斯、朝鲜三国交界，东部与俄罗斯滨海边疆区接壤，南部隔图们江，与朝鲜咸镜北道、两江道相望，西邻吉林市、白山市，北接黑龙江省牡丹江市。与东北虎豹国家公园相邻，延吉市布尔哈通河最终将流向东北虎豹国家公园的图们江水域，是延吉市最重要的水域空间。区域内的河道及两侧一直未进行过治理，现岸边杂草丛生，建筑及生活垃圾遍布，高低不平，极大地影响了延吉市市容市貌及滨江环境。为此，延吉市实施了布尔哈通河城区段水利综合治理工程，通过布尔哈通河（延川桥西侧1000米至延东桥）岸边堤防环境改造等工程进行生态修复，保持和谐、自然的生态，改善延吉市生态环境，打造城市新亮点。

2. 项目实施

本项目治理范围为延川桥上游1000米至延东桥，治理总长度为9.5千米，总规划用地面积为154648平方米。项目主要建设内容为河道清淤工程、壅水工程、堤顶综合工程等。

3. 资金模式

延吉市布尔哈通河水利综合治理工程总投资3.8亿元，其中，农发行贷款3亿元，贷款期限20年，采用抵押担保方式。本项目采用公司自营模式，由延吉市某公司负责项目建设与运营。主要通过项目实施过程的砂石销售收入、水面承包收入、河道广告及驿站收入、停车场停车收入等偿还贷款本息，实现资金平衡。整个项目的资金模式如图3所示。

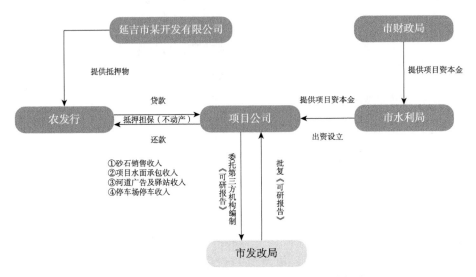

图3　延吉市布尔哈通河水利综合治理项目资金模式

4. 项目效益

生态效益：本项目建成之后将成为城市空气对流的绿色通道，在保护城市生态环境和缓解城市热岛效应等方面发挥举足轻重的作用。本项目通过对布尔哈通河水域的治理，实现清淤9422.4平方米，清淤土方12779.52立方米，能有效防止东北虎豹国家公园水域受到污染，保护了水域环境的生态平衡，实现了生态系统的可持续发展。项目在建设过程中大量种植树木和草本植物，有效防止水土流失，起到防风固沙的作用。同时，项目注重生物配置多样性，科学搭配了乔灌木、草坪、水生植物、多种水陆动物，以及动物食源植物和鸟嗜植物，在视觉效果上相互映衬，在污染物处理功能上互相补充，实现生态系统的自我循环。

社会效益：本项目的实施在对城市及周边河道统一规划、建设开发、保护河道等方面有着重要的作用。项目依托原有的生态环境，科学进行规划设计，既保持了原有自然生态系统的完整性，又体现了地域风貌、文化特色和民风民俗，也为城市及周边居民提供了休闲场所。

经济效益：本项目的实施有效助力了东北虎豹国家公园生态工程建设、环境治理及乡村振兴建设，进一步筑牢了北方国家生态安全屏障，同时，也增加了城市吸引力，带动了旅游，促进了招商引资，对城市的经济发展有着重要意义。

（三）海南省乐东县万冲渔光互补光伏发电项目

海南热带雨林国家公园位于海南岛中部，保护面积为4269平方千米，约占海南全省陆域面积的1/8，范围涉及9个市县、43个乡镇，保存了我国最完整、最多样的大陆性岛屿型热带雨林。这里是全球最濒危的灵长类动物——海南长臂猿的唯一分布地，是热带生物多样性和遗传资源的宝库，是岛屿型热带雨林珍贵自然资源传承和生物多样性保护的典范，具有国家代表性和全球保护意义。农发行通过支持海南省乐东县万冲15兆瓦渔光互补光伏发电项目，将国家公园建设和社会民生充分结合起来，促进社区协同发展。

1. 项目背景

近年来，光伏发电技术快速发展，世界光伏发电装机容量以年均30%以上的速度增长，光伏电池组件光电转换效率逐年提高，系统集成技术日趋成熟，开发大规模并网光伏发电项目成为实现能源可持续发展的重要举措。

海南省乐东县位于海南热带雨林国家公园境内，太阳能资源较丰富。随着国家加大对新能源开发和利用的扶持力度，当地充分利用清洁、丰富的太阳能资源，把太阳能资源的开发建设作为当下经济发展的产业之一，以电力发展带动农业生产和矿产资源开发，促进本地经济健康、持续发展。本项目充分将国家公园建设和社会民生结合起来，建设渔光互补养殖基地，充分利用自然资源，实现电力供应的多元化，推动特色农业产业发展。

2. 项目实施

本项目充分将太阳能发电与现代渔业、农业养殖、高效设施农业相结合，主要建设内容为"光伏发电设施+现代渔业养殖场"，利用集体公用水浸区内鱼塘，配套建设走廊、专业养殖工作台及休闲观光厅，养殖罗非鱼、草鱼、鲤鱼等。同时，在不影响渔业养殖的前提下，利用鱼塘水面，采用18度角固定安装290WP单晶硅光伏组件，建设渔光互补光伏发电项目。

3. 资金模式

海南省乐东县万冲15兆瓦渔光互补光伏发电项目总投资1.55亿元，其中，农发行贷款1.05亿元，贷款期限12年，主要采用电费收益权质押及房产抵押等为担保手段。

本项目采用公司自营模式，由乐东县某公司负责项目建设与运营。主要通过项目建成后的养殖及光伏发电收入偿还贷款本息，实现资金平衡。整个项目的资金模式如图4所示。

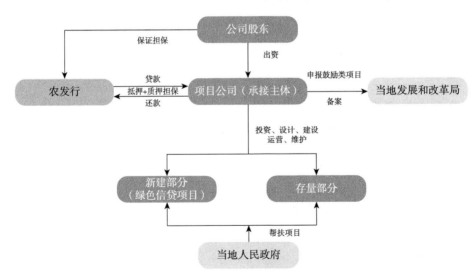

图4　海南省乐东县万冲15兆瓦渔光互补光伏发电项目资金模式

4. 项目效益

生态效益：本项目充分利用鱼塘水面发展光伏发电，不占用耕地，在有效控制企业能耗增量的同时降低了能耗，大幅减少了当地碳排放，环境社会效益显著。本项目建成后，将实现年均上网电量2679.22万千瓦·时，每年可节约标准煤6851.47吨，减排二氧化碳约4590.48吨，减排二氧化硫约113.05吨，减排氮氧化物约106.88吨，将大大减少有害气体的排放量，有效保护海南热带雨林国家公园的生态环境。

经济效益：本项目作为光伏与鱼塘养殖结合的综合利用项目，通过鱼塘上光伏电力工程实现清洁能源发电，并按照"自发自用、余电上网"模式将剩余电量并入国家电网，提高了项目经济收益。通过光伏板的遮挡，鱼塘的水温比传统池塘要低1~2摄氏度。化解了夏季由于高温导致的鱼群食欲不振问题，为鱼类提供了更好的生长环境，促进了优良鱼种的传播繁育，提高了单位面积产量，壮大了当地特色农业产业，对促进海南岛西部地区农村经济的可持续发展具有重要作用，对全国国家公园内部建设以及自然资源的利用起到示范作用。

从以上农发行支持国家公园建设的案例，研究组总结了其在实践中的亮点做法，主要包括以下方面。

（1）立足区域特色，提升服务质效。作为支持国家宏观调控、服务国家战略的重要载体，农发行始终将服务"三农"领域绿色发展作为主业、主责，集中信贷资源，对绿色低碳领域精准发力。因地制宜将支持国家公园建设与支持乡村产业兴旺、生态宜居、生活富裕充分结合，重点支持了一大批"生态环境治理、森林质量提升、清洁能源+产业"等项目，促进了当地生态环境改善，助推地区经济绿色转型，提高了当地居民生活质量，取得了良好的综合效益。

（2）创新业务模式，拓展服务路径。国家公园建设项目往往以收益低、期限长、公益性或准公益性项目为主，农发行充分发挥自身优势，创新服务模式。通过资产负债联动，创新发行森林碳汇碳中和等绿色债券，拓宽融资渠道；以现金流管理为重点，挖掘、发现、设计项目现金流，深入研究公益性项目市场化运作新思路，推出碳排放权融资、可再生能源补贴确权贷、林业碳汇收益权质押等一系列模式创新。

（3）深化多方合作，汇聚服务合力。不断深化政银企三方合作与交流，推动当地政府发挥好促进生态文明建设政策的设计、相关制度安排及市场监督和服务作用，搭建生态资源确权的核算、评估、交易、风险缓释等方面的相关政策体系及市场规则，营造良好的政策及市场环境。引导承贷企业增强绿色发展意识，在项目设计及建设中统筹生态效益、社会效益。政银企三方逐步达成共识，取得了良好示范效果，推动当地绿色发展、高质量发展。

农发行支持案例是金融机构支持国家公园建设的缩影，目前各金融机构在支持国家公园建设项目、创新产品及服务模式等方面均开展了有效探索，取得了一定成效，但也面临困难与挑战。如《国家公园法》《国家公园空间布局方案》等相关法律制度尚在制定，在国家公园范围内开展相关商业性经营活动、生态补偿机制等方面的相关制度仍不够完善，给金融机构的先行先试埋下潜在的转型风险；尚未构建符合支持国家公园建设项目的相关标准，金融机构难以识别适合支持的项目；国家公园项目往往以公益或准公益为主，项目周期长、回报能力有限，短时间内经济效益难以实现；支持国家公园建设的金融产品较为单一，主要依靠绿色信贷，融资产品和服务不够丰富；金融机构对生物多样性风险的专业管理能力不足，缺少识别生物性风险的工具、手段和方法等。

四、对金融支持国家公园建设的思考和建议

在前文阐述和分析的基础上，本部分分别从宏观治理、金融管理服务和金融机构等不同角度，对如何做好金融支持国家公园建设提出思考和建议。

（一）完善宏观治理

1. 尽快出台并完善《国家公园法》及其执行办法

随着生态文明体制改革不断深化，完善国家公园管理的法律制度刻不容缓。目前《国家公园法（草案）》正在公开征集意见，其立法程序还有一段

路要走。通过制定相关法律，进一步确立国家公园概念、基本原则、准入条件、管理制度、运行机制、法律责任等基本内容，为建设和完善国家公园提供更高层次法律保障；进一步细化国家公园相关产业的社会资本准入标准和退出机制，以及相应的激励和惩戒机制，提升社会投融资的动力与成效，为企业、金融机构等社会资本参与国家公园内及其周边产业发展指明方向。

2. 细化完善各国家公园功能分区的规划

各国家公园管理部门按照兼顾保护与利用的原则，明确各国家公园的功能分区，对不同的区域采取不同程度的治理方法。核心区，严禁人为干扰和破坏，确保其自然资源完整性不受影响；传统利用区，允许适当开展相关农业生产活动，不进行规模化开发和利用；科教游憩区，在保护好资源、守住生态底线的基础上，组织开展自然环境科普、生态旅游和休憩康养等活动，并通过承载量计算和特许经经营方式控制该区的活动范围和程度。

3. 积极开展针对国家公园的生态补偿研究

进一步明确相关生态补偿原则、对象、标准、来源、方式、年限、权责利划分等，并制定"国家公园生态补偿办法"；引导各国家公园结合自身情况，系统性研究适宜自身的生态补偿方案，不断探索补偿模式创新，提高相关补偿标准；鼓励金融机构探索开展"生态补偿确权"贷款，将社会资本引导到生态补偿资金池中。

4. 积极探索国家公园生态产品价值实现路径

国家公园拥有我国最独特的自然景观、最精华的自然遗产、最富集的生物多样性，是最宝贵的自然资源库，在国家公园内探索生态产品价值实现具有得天独厚的优势。国家公园管理机构和地方政府需进一步健全协调机制，做好生态产品价值交易机制的制定、政策的设计、相关制度安排及市场监督和服务作用，搭建生态资源确权、核算、评估、交易、风险缓释等方面的相关政策体系及市场规则，明确"生态资源—资产—资本—资金"各环节转化机制等，营造良好的政策及市场环境。同时，可探索将国家公园碳汇交易纳入全国碳排放交易市场，实现生态产品价值转换。

5. 探索建立多元化投融资机制

逐步建立多元化的投融资机制，鼓励公益资金和社会资本参与生态环境保护、社区发展建设等国家公园公共事物。如国家公园管理机构发起设立公益基金，统一接受和管理社会各界捐款，资助国家公园核心区开展保护性项目；探索"公益资金+贷款"的混合融资模式撬动商业资本进入，先利用公益资金进行项目前期建设，在项目收益可预测的情况下，再引入商业资本，降低商业资本进入风险，极大地降低了项目融资成本。

6. 积极推动形成国家公园建设合力

国家公园建设需要充分调动公园管理部门、企业、金融机构等多方的积极性，建立三方联动工作机制，确保利益相关方在保护生物多样性、改善生态环境、提供生态产品时能达到共赢，实现国家公园建设运营的可持续性。同时，进一步解决信息不对称问题，国家公园管理部门、企业和金融机构三方可探索建立"国家公园"保护与修复项目库，建立统一的国家公园生物多样性保护信息平台，为国家公园保护和管理提供精准、高效的支撑服务。

（二）优化金融管理水平

1. 积极完善生物多样性的绿色金融标准

一是完善生物多样性友好融资活动的标准。一方面，形成合理的金融支持生物多样性保护的分类目录，引导资金流向相关领域；另一方面，因地制宜制定区域性的绿色金融产品和政策激励措施。二是明确生物多样性风险的评估和管理要求。一方面，关注金融机构自身经济活动对生物多样性的直接影响；另一方面，关注生物多样性丧失导致的物理风险，以及出台更为严格的生物多样性保护政策带来的转型风险。三是建立生物多样性相关的披露标准，推动金融机构和企业进行信息披露。

2. 研究出台政策性银行支持国家公园建设的专项政策

为进一步发挥政策性银行对支持国家公园保护与修复等战略性绿色项目

的引导作用。建议一是研究出台长周期、低成本，专门针对政策性金融的绿色专项再贷款，为支持国家公园建设和生物多样性提供长期稳定的低成本资金来源，激励政策性金融加大对相关领域环境效益显著、回报期限长、公益性强项目的支持力度。二是对于国家、地方财政资金短时间内难以安排的重大国家公园生态保护项目、迁地保护体系建设、濒危物种拯救工程等，允许政策性银行予以政策性金融工具支持，凸显政策性银行在服务国家战略方面的"当先导"作用。

3. 研究出台支持国家公园建设的金融激励政策

一是监管机构出台更多的支持国家公园建设的倾斜政策。通过贴息、定向降准等方式为银行支持国家公园建设提供长期、低成本的政策支持资金；探索将高等级的支持国家公园建设的资产纳入央行合格抵押品管理框架，为银行增加相关领域资产配置提供正向激励。二是实施差异化的风险权重管理。适当降低支持国家公园建设贷款的风险资产权重，引导银行加大对相关领域的投放支持力度，增加绿色金融资金的供给。三是健全国家公园信贷风险缓释机制，提振金融机构支持信心。综合采取财政风险补偿金、政府性担保机构担保、相关国家公园保险等对接分担方式，切实降低贷款风险，实现金融风险可控。

4. 积极推动金融机构开展服务创新

鼓励金融机构立足实际，按照市场化、法治化原则，开展产品和模式创新，发行支持国家公园建设的绿色债券，合理引导养老金、社保基金、捐赠资金、保险资金等长期资金投向国家公园建设项目，并适当提高监管容忍度。定期收集整理典型案例，总结推广好的经验做法。

5. 积极开展前瞻性研究和交流合作

金融监管部门积极开展金融支持的相关政策理论研究，探索建立适用于我国国家公园建设要求的金融政策。深入研究金融支持生物多样性的衡量指标和方法论，从行业、企业维度分析量化受生物多样性损害影响的程度以及金融行业自身的风险暴露。加强与国外监管机构、国际组织及研究机构的合

作，学习掌握国际先进经验和案例。主动参与国际准则的讨论和制定，积极
宣传我国支持国家公园建设助力生物多样性保护的先进经验。

6. 加强对金融机构专业培训

对当前出台的有关国家公园政策及国际先进的生物多样性风险管理工具和
方法等，由监管部门牵头开展培训，并加强政策解读。指导金融机构开展生物
多样性项目的调查评估和相关风险管理，解决其专业能力不足的问题。同时，
为金融机构搭建信息共享、交流的平台，提高整个金融业的专业化水平。

（三）强化金融机构自身建设

1. 持续深化理念传导

按照国家推进国家公园建设的总体规划部署，充分认识支持国家公园建
设、生物多样性保护对金融机构的重要意义和重大机遇。将生物多样性保护
融入金融机构发展战略，研究出台支持生物多样性保护和国家公园建设的专
项政策，探索分类型、分领域、分区域提供优惠政策，引导信贷资源向支持
生物多样性保护等方面倾斜，对国家明确的第一批国家公园及国家公园体制
试点区域，积极提供全方位金融服务。

2. 持续加大重点领域支持力度

积极支持国家公园、自然保护区、自然公园等自然保护地体系的建设和
保护性运营，大力支持生物多样性保护优先区、濒危物种迁徙保护地等国家
重点生态功能区建设，协同推进生物多样性保护与国家公园体系建设；持续
加大对生态种植、智慧养殖、碳汇造林等绿色农业全产业链支持，助力生态
产品价值机制实现；积极支持重要生物遗传资源收集保存和利用、基因保护
等战略性新兴产业，有效缓解生物多样性丧失压力；积极支持生态保护修复
工程，不断加大生态修复力度，统筹推进山水林田湖草沙一体化保护和系统
治理，缓解生物多样性保护压力。

3. 积极开展金融产品模式创新

持续加大创新力度，提升金融服务质效。聚焦碳汇重点领域，大力支持

储备林、生态林、碳汇林、土壤修复等固碳项目以及低碳技术应用等碳减排项目；聚焦环境权益领域，依法合规探索排污权、用能权、用水权、碳排放权等权益类信贷产品模式创新；积极探索建立涵盖信贷、重点基金股权投资、债券承销等综合化金融服务产品，为国家公园建设提供全方位的金融服务；探索建立多方信贷风险分担补偿机制，积极引入政府性融资担保机构、生态产品保险、保证保险等，为符合条件的支持国家公园建设的开发主体提供融资担保服务，实现风险分担。

4. 加强对生物多样性风险管理

一方面，减少所支持项目导致的生物多样性风险。探索将生物多样性保护影响因素纳入信贷管理全流程中，按照对生物多样性的潜在破坏程度，实施分级分类管理，采取差异化管理措施，在项目受理调查、审议审批、合同签订、放款监督、存续期管理等各环节均关注相关风险，严守生态保护红线。对损害生物多样性的项目和客户严格实施"一票否决"，不予资金支持。另一方面，加强对生物多样性丧失导致金融风险的管理。适时将生物多样性风险纳入全面风险控制体系，深入分析生物多样性丧失带来的物理风险和转型风险，不断完善相关方法学与分析工具，加强对生物多样性风险的风险识别、风险敞口度量、风险评估和风险缓释等，基于生物多样性风险分析的结果，调整相关的信贷策略和资产组合行业结构，并引入行业限制以重新分配资本。

5. 加强金融科技创新

一方面，随着人工智能技术应用的落地，探索构建大数据背景下的支持国家公园建设和保护生物多样性投融资项目标准的智能识别模型，实现环境风险调查资料和数据的动态采集，帮助金融机构对所涉及项目核心关键内容进行智能判断，提高对国家公园项目的精准认定，作出更好的投资决策。另一方面，积极探索利用区块链技术公开、不可篡改和去中心化的特点，对支持国家公园建设和保护生物多样性项目的信贷资金流向进行跟踪，确保项目的透明性和可追溯性，帮助金融机构对信贷资金的影响足迹进行分析，最终评估项目对生物多样性造成的影响。

致谢：

在本报告编写过程中，我们要特别感谢以下专家（排名不分先后）在研究过程中分享宝贵经验并提出建议：中国农业发展银行信贷管理部总经理李卫娥，中国农业发展银行信贷管理部副总经理王锦虹，自然资源部土地整治重点实验室主任罗明，中国金融学会绿色金融专业委员会主任、北京绿色金融与可持续发展研究院院长马骏，世界自然保护联盟（IUCN）驻华代表张琰，北京绿色金融与可持续发展研究院副院长、2022中国金融学会绿色金融专业委员会"金融支持生物多样性研究组"负责人白韫雯。此外，北京绿研公益发展中心实习生陈佳骆亦有贡献，以及特别鸣谢云享自然团队分享的国家公园实践。他们为报告的顺利撰写作出了很大贡献，在此我们表示衷心的谢意。

金融机构支持生物多样性保护关键问题研究

——以中国工商银行湖州分行为例

编写单位：北京绿色金融与可持续发展研究院

中国工商银行湖州分行

课题组成员：

白韫雯　北京绿色金融与可持续发展研究院自然资本投融资中心主任

姚靖然　北京绿色金融与可持续发展研究院自然资本投融资中心研究员

陈鋆婕　北京绿色金融与可持续发展研究院自然资本投融资中心研究顾问

石玲玲　中科院昆明植物所研究员、课题顾问

申屠婷　中国工商银行湖州分行行长

俞婴红　中国工商银行湖州分行副行长

温姚琪　中国工商银行湖州分行行长助理

吴　敏　中国工商银行湖州分行经理

编写单位简介：

北京绿色金融与可持续发展研究院（以下简称北京绿金院）：

北京绿金院是一家注册于北京的非营利研究机构。研究院聚焦 ESG 投融资、低碳与能源转型、自然资本、绿色科技与建筑投融资等领域，致力于为中国与全球绿色金融与可持续发展提供政策、市场与产品的研究，并推动绿色金融的国际合作。北京绿金院旨在发展成为具有国际影响力的智库，为改善全球环境与应对气候变化作出实质贡献。

中国工商银行湖州分行（以下简称工行湖州分行）：

作为总行级绿色金融改革试点行，工行湖州分行坚持以绿色金融推动绿色发展，从自身运营和投融资两个维度推进低碳转型，积极服务国家碳达峰、碳中和目标。工行湖州分行将一如既往地发挥国有大行支柱作用，完整、准确、全面贯彻新发展理念，不断提升金融服务的适应性、普惠性，在服务中国式现代化进程中展现新担当。

一、背景

应对气候变化和保护生物多样性是两大全球性的热点和难点环境问题。生物多样性是生物（动物、植物、微生物）与环境形成的生态复合体以及与此相关的各种生态过程的总和，包括生态系统、物种和基因三个层次。生物多样性是人类赖以生存和发展的基础，自然及其对人类的重要贡献共同体现在生物多样性和生态系统功能与服务。当前，全球物种灭绝速度不断加快，生物多样性丧失和生态系统退化对人类生存和发展构成重大风险。

中国幅员辽阔，陆海兼备，地貌和气候复杂多样，孕育了丰富而又独特的生态系统、物种和遗传多样性，是全球生物多样性最丰富的国家之一。作为最早签署和批准《生物多样性公约》的缔约方之一，中国将生物多样性保护工作纳入国家战略，为推动形成政府、企业、金融机构和公众参与生物多样性保护的长效机制奠定了坚实基础。

党的十八大以来，中国坚持生态优先、绿色发展，生物多样性治理新格局基本形成。党的二十大报告明确提出，推动绿色发展，促进人与自然和谐共生。提升生态系统多样性、稳定性、持续性，加快实施重要生态系统保护和修复重大工程，实施生物多样性保护重大工程。国家一系列重大战略部署不断强化生物多样性保护工作的战略地位。2022年12月，中国作为主席国的联合国《生物多样性公约》缔约方大会第十五次会议（COP15）第二阶段会议召开，大会在第一阶段达成《昆明宣言》等重要成果的基础上，进一步推动全球加强金融支持生物多样性保护的共识与行动。

当前，绿色金融支持生物多样性保护的中国模式已初步形成。以绿色金融为抓手，进一步推动金融支持生物多样性保护工作将是未来中长期内的重要着力点之一。中国工商银行是推动绿色金融的先行者和引领者，近年来在绿色金融支持生物多样性保护方面积累了一定的研究与实践经验。湖州是"两山"理论的诞生地，是国家首批绿色金融改革创新试验区，并于2022年8月率先颁布全国首个区域性金融支持生物多样性的政策框架。在此背景下，工行湖州分行作为系统内唯一的绿色金融试点行，积极开展金融支持生物多样性保护的前沿研究与创新实践，将为探索构建与湖州产业发展相适应、区域生态相协调的金融支持生物多样性保护体系提供决策参考，同时为中国工商银行进一步完善将生物多样性保护纳入绿色金融服务体系提供实践参考。

课题由北京绿色金融与可持续发展研究院和中国工商银行湖州分行携手，在借鉴国内外相关前沿研究与实践的基础上，提出了金融支持生物多样性保护的整体思路。在此基础上，以工行湖州分行为试点，结合其内部管理政策与业务实践，开展四个方面的先行先试。下一步，课题组将持续对研究方法的科学性与可操作性进行完善，推动其在国内外的复制与推广。

二、金融支持生物多样性保护的重要性

经济活动与生物多样性既相互依赖又互相影响。一方面，人类经济活动依赖于生物多样性以及其所支撑的生态系统功能与服务。世界经济论坛《新自然经济系列报告》提出，全球GDP总值的一半以上中度或高度依赖于自然及其服务。例如，高度依赖自然的三大部门依次为建筑业、农业、食品饮料业。许多行业在供应链中对自然"隐性依赖"，包括化学材料、航空、旅游、房地产、采矿与金属、供应链和交通运输及零售、消费品与生活方式等。具体到中国，65%的GDP总量（约9万亿美元）依赖于自然及其服务，因此面临自然衰退的风险。另一方面，经济活动对生物多样性和生态系统服务具有负面影响。生物多样性和生态系统服务政府间科学政策平台（IPBES）研究表明，全球自然环境在过去50年的改变速度在人类历史上前所未有。1970年至今，自然对人类的18种贡献中有14种正在下降。全球影响自然衰退最大的直接驱动因素是土地和海洋用途改变、直接利用生物体、气候变化、污染、外来入侵物种，这五个直接驱动因素由一系列与人类活动有关的间接因素造成（见图1）。

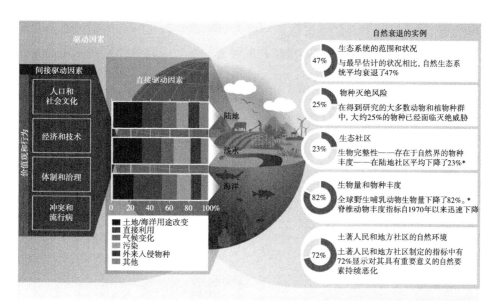

注：*自史前以来。

图1　全球自然衰退的实例，着重说明直接和间接的变化驱动因素在过去和现在导致生物多样性下降

（资料来源：生物多样性和生态系统服务全球评估报告决策者摘要（2019年））

生物多样性丧失引发的金融风险备受越来越多国家央行和监管机构的关注。与气候变化类似，金融机构面临的生物多样性丧失相关金融风险包括两类——物理风险与转型风险。物理风险是指金融机构面临因生物多样性丧失和生态系统退化导致的金融风险。例如，物种灭绝、生态系统退化、外来物种入侵等可能导致那些中度和高度依赖生物多样性的行业与经济活动面临经营受阻和资产减值的风险。转型风险是指政府和市场为加强生物多样性保护颁布更为严格的法律法规、消费者偏好改变或技术进步等，使原有经营和管理模式难以为继，可能引发的生产经营和资产减值等风险（见图2）。在此方面，近两年来，荷兰央行和法国央行已率先开展生物多样性与金融稳定性研究，初步识别对两国金融系统构成的潜在风险，并进一步开展与生物多样性丧失和保护目标相关的情景分析与压力测试。此外，北京绿色金融与可持续发展研究院参与的由央行绿色金融网络（NGFS）和国际可持续金融政策研究与交流网络（INSPIRE）共同发起的"生物多样性与金融稳定联合研究组"①，目前已陆续发布三份重要的研究报告，其主要结论与建议进一步推动了世界多国央行、监管和金融机构关注并加强与生物多样性丧失相关的金融风险前瞻研究。

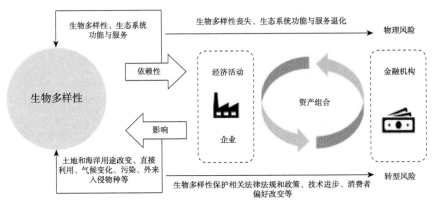

图2　生物多样性与金融风险传导机制

（资料来源：课题组）

当前全球用于生物多样性保护的资金主要依赖于公共部门，需进一步调动金融与社会资本的广泛参与，弥补资金缺口。依据联合国《生物多样性公约》（CBD）秘书处测算，到2030年全球生物多样性保护资金的缺口每年达7110亿美元，但目前相关领域的年度资金投入仅为1430亿美元，且近80%的资金依赖于国内公共部门。因此，金融机构作为资源优化配置的重要部门，可以主动发挥作用并引导资金流向生物多样性保护相关领域，弥补资金缺口。中国作为主席国的联合国《生物多样性公约》缔约方大会第十五次会议（COP15）第二阶段会议即于2022年12月召开，会议也基于第一阶段的重要成果，进一步推动全球加强金融支持生物多样性保护的创新、行动与合作。

三、国内外研究与实践

近年来，国内外金融监管机构、行业组织、倡议和合作机制与平台等已

---

① 研究组由100多位来自五十多个中央银行、金融监管机构和学术机构的专家共同组成。

陆续开展金融支持生物多样性保护方面的前沿研究与实践，覆盖标准、产品与服务、信息披露、工具开发、国际合作、能力建设等多个方面。

在国际层面：一是国际多双边开发性金融机构、部分世界领先的商业性金融机构已在其环境和社会风险管理框架或政策中纳入了与"生物多样性保护和生物自然资源可持续管理"相关的内容，具体要求和细则体现在已将生物多样性保护相关内容纳入机构发展战略、禁入清单、对项目和客户的环境和社会绩效标准、行业政策等方面。二是2022年3月赤道原则发布《最佳实践参考：有关生物多样性基线调查》的指导说明，为支持项目开发者和金融机构更好地理解并开展生物多样性基线调查提供了操作流程参考。三是目前覆盖19个国家的103个签署者加入了"为生物多样性融资承诺"（Finance for Biodiversity Pledge），该承诺基于欧盟商业和生物多样性平台的研究成果，进一步总结对比了当前国际主流的七大评估经济活动对生物多样性风险与影响的工具[①]，为金融机构和企业在实操层面开展具体的评估工作提供了详细参考。四是2019年欧盟发布的《可持续金融分类方案》已将保护和修复生物多样性与生态系统列入六大环境目标。2020年以来，其陆续发布更为细致的法案与要求，进一步界定对生物多样性和生态系统保护与修复有实质性贡献的活动边界。五是自然相关财务披露工作组（TNFD）是一项由市场主导的全球性倡议，推动金融和商业决策中考虑自然相关因素，制定并提供一种风险管理和披露框架，供各类组织报告并应对不断变化的自然相关风险与机遇，最终支持全球资金流从对自然不利的结果转向对自然有利的结果。工作组自2021年成立以来，已陆续发布两个测试版本，并将于2023年9月发布最终建议。六是2022年6月国际金融公司（IFC）发布了《生物多样性金融参考导则》（征求意见稿），导则初步界定了有助于保护、维持或提高生物多样性和生态系统服务，以及促进自然资源可持续利用与管理的投融资活动边界。

---

① 七大工具正在被金融机构和企业所广泛采纳，包括金融机构生物多样性足迹（BFFI）、企业生物多样性足迹（CBF）、生物多样性影响分析（BIA-GBS）、金融机构全球生物多样性评分(GBSFI)、全球影响数据库（GID）、探索自然资本机会和风险投资（ENCORE）以及生物多样综合评估工具（IBAT）。

在国内层面：中国是世界上生物多样性最丰富的国家之一，也是受威胁最严重的国家之一。党的十八大以来，中国坚持生态优先、绿色发展，生态环境保护法律体系日臻完善、监管机制不断加强、基础能力大幅提升，生物多样性治理新格局基本形成，生物多样性保护取得扎实成效。习近平总书记在党的二十大报告中指出，推动绿色发展，促进人与自然和谐共生。提升生态系统多样性、稳定性、持续性。加快实施重要生态系统保护和修复重大工程。实施生物多样性保护重大工程。依据《中国生物多样性保护战略与行动计划（2011—2030年）》，中国生物多样性面临的主要威胁包括部分生态系统功能不断退化、物种濒危程度加剧、遗传资源不断丧失和流失等，其背后的驱动因素包括城镇化、工业化、生物资源过度利用和无序开发、环境污染、外来入侵物种，以及生物燃料生产和气候变化等。在中国，金融支持生物多样性保护已成为广泛共识。绿色金融支持生物多样性保护的中国模式已初步形成，体现在目前绿色金融分类标准已初步纳入了生物多样性保护有关内容、初步建立了支持生物多样性保护的政策激励机制和多方参与格局、各地金融机构结合自身特色开拓了生物多样性保护相关创新投融资模式。但总体而言，进一步调动更广泛的金融机构参与支持生物多样性相关工作仍有较大的创新与发展空间。2022年9月，中国人民银行发布《金融支持生物多样性保护调研报告》，该报告提出未来进一步完善绿色金融支持生物多样性保护的政策与实践，可在加强生物多样性保护项目识别、定价和管理等政策支持，引导金融机构强化生物多样性保护政策的风险管理，鼓励加大金融产品和服务模式创新力度三方面深入开展。

四、金融支持生物多样性保护的整体思路

金融是现代经济的血脉，金融机构在服务实体经济、促进经济结构调整和转型升级中的作用不断增强，对于支持生物多样性保护也可发挥更大作用。课题组在全面和系统地梳理国内外金融支持生物多样性保护前沿研究与创新实践的基础上，进一步厘清金融机构在支持生物多样性保护工作中可发

挥的作用，包括两个维度（见图3）：一是降低负面影响，管理与生物多样性相关的风险与负面影响，以最大化地管理投融资活动对生物多样性的风险与负面影响，以及预防和管理由于生物多样性丧失导致的金融风险；二是增加正向支持，加强对生物多样性友好型投融资活动的支持，弥补生物多样性保护资金缺口。

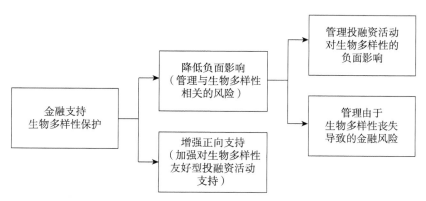

图3　金融支持生物多样性保护的整体思路

（资料来源：课题组）

（一）降低负面影响

金融机构应管理与生物多样性相关的风险与负面影响，一是管理投融资活动对生物多样性的潜在风险与负面影响，二是管理由于生物多样性丧失导致的潜在金融风险。课题组建议，金融机构可从项目和机构层面分别开展研究与实践，将生物多样性保护相关内容纳入机构管理政策、流程与治理架构。

在项目层面，进一步加强投融资活动对生物多样性风险与负面影响的评估与管理，逐步完善评估与管理相关工具、指标、方法学、政策与流程要求等。在遵循国际通行的项目生物多样性风险预防与管理原则——减缓递进层级（Mitigation Hierarchy，即最大化地避免、降低、修复和补偿投融资活动对生物多样性的风险与负面影响）（见图4），以及在严格落实现行项目环评要求与流程的基础上，进一步结合当地生物多样性保护战略与目标，逐步要求项目方（或在必要情况下，聘请第三方参与）开展投融资活动生物多样性风险与负面影响的评估与管理工作，要求项目方制定、实施、监测、披露减缓举措。

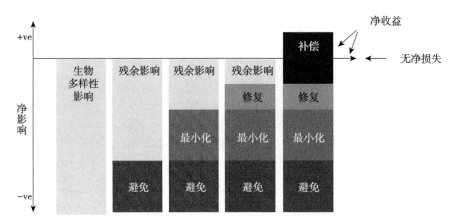

图4　减缓递进层级（Mitigation Hierarchy）
（资料来源：生物多样性咨询（The Biodiversity Consultancy），课题组编译）

在机构层面，进一步完善与生物多样性保护相关的组织管理、政策制度与能力建设、投融资流程管理、信息披露等。一是签署或加入国内外推动金融支持生物多样性保护相关倡议和合作机制，加强自身能力建设，推动行业共建。二是制定与生物多样性保护目标相关的机构发展战略，逐步完善相关政策制度与管理框架。三是尝试开展投融资组合对生物多样性和生态系统服务依赖性及影响的评估工作，梳理投融资组合涉及的生物多样性敏感性行业，摸清家底。优先从生物多样性敏感性行业入手（见图5），进一步识别敏感性行业和具体经济活动对生物多样性和生态系统服务的依赖性和影响，为进一步预防和管理与生物多样性相关的风险和负面影响以及采取必要的减缓举措奠定基础。四是重点完善涉及生物多样性保护相关的禁入政策和行业政策等。五是预防和管理由于生物多样性丧失导致的两类金融风险。结合全球、中国和区域生物多样性保护整体战略与规划、生物多样性丧失与生态系统服务退化潜在风险和趋势，尝试开展与生物多样性丧失和保护目标相关的情景分析与压力测试。

生物多样性敏感性行业
农林牧渔、食品、能源与化学、基础设施、建材、纺织、制药与个人护理、旅游及相关零售业、房地产等[①]

图5　生物多样性敏感性行业分类

（资料来源：课题组）

（二）支持正向保护

结合业务实践，金融机构可在进一步厘清生物多样性友好型投融资活动边界的基础上，探索各类创新的金融产品和服务、混合融资、激励机制等，加强对生物多样性保护具有正向效益的投融资活动支持。例如，一是结合绿色金融分类标准以及自身业务实践，进一步厘清生物多样性友好型投融资活动的边界。现阶段，课题组结合中国现有绿色金融分类标准，在参考欧盟《可持续金融分类方案》、国际金融公司《生物多样性金融参考导则》（征求意见稿）等国际绿色分类标准的基础上，依据投融资活动对环境、气候和生物多样性无重大损害的原则，初步提出生物多样性友好型投融资活动目录（见表1），该目录可根据区域生态和资源禀赋、生物多样性保护战略及规划等进一步调整和细化。下一步，课题组将依据国内统一、国际接轨、清晰可执行的原则，深入开展目录的对标与优化工作，以更好地支持生物多样性友好型投融资活动的实践与落地。二是针对生物多样性项目基础性、公益性、长期性、资源性等外部性强的特点，结合区域生态和资源禀赋、机构发展战略、优先业务领域与风险偏好，探索各类创新的金融产品与服务。三是开展与生物多样性相关的信息披露，披露范围应包括支持生物多样性保护、预防与管理投融资活动对生物多样性的风险与负面影响、减缓举措与实际表现等。四是拓展金融支持生物多样性保护的资金渠道，探索混合融资模式。积极争取与财政、政策性金融、国际多双边金融、赠款、专项资金、社会资

[①] 课题组认为生物多样性敏感性行业是指对生物多样性和生态系统服务具有较强依赖性和影响的行业或具体经济活动。课题组在参考国内外现有对生物多样性敏感性行业、具有较高依赖性和影响的行业或经济活动等有关讨论的基础上，初步总结并提出生物多样性敏感性行业分类。

本等相融合的混合融资模式。五是探索以项目可量化的生物多样性保护效益
（生态效益）为支撑的产品创新与激励机制。

表1　生物多样性友好型投融资活动目录

生物多样性保护目标	活动边界
保护生物多样性（物种、生态系统、基因）	直接促进生物多样性保护、保育与修复的活动
恢复退化的生态系统、增强生态系统的稳定性以及提升生态系统的质量	促进生物多样性和生物自然资源可持续经营与管理的活动
促进生物多样性和生物自然资源的可持续利用	其他减缓对生物多样性造成风险与负面影响的活动

注：生物多样性友好型投融资活动应至少对一类生物多样性保护目标具有实质性（实际且重大）贡献。

资料来源：课题组。

五、研究方法：以工行湖州分行为例

基于上部分所阐释的金融支持生物多样性保护的整体思路，课题组以工行湖州分行为例，本阶段开展以下四方面的先行先试：一是构建投融资项目的生物多样性相关风险与影响评估框架；二是初步评估存量融资覆盖的前十大行业对生物多样性与生态系统服务的依赖性和影响；三是初步开展存量项目的生态效益测算；四是基于金融机构风险管理政策和流程，持续完善其涉及生物多样性保护的相关内容。下一阶段，课题组将对研究方法的科学性和可操作性进行持续完善，并推动其在国内外的复制与推广。

（一）构建投融资项目的生物多样性相关风险与影响评估框架

依据科学性、数据可得性、可操作性的原则，课题组初步构建出投融资项目的生物多样性相关风险与影响评估框架。在此基础上，课题组将以工行湖州分行存量生物多样性敏感性行业及具体项目为例，对框架进行检验与完善。

1. 框架思路

目前，国内外主流的生物多样性综合评估框架为PSR模型（驱动因素

Pressure—状态State—响应Response）。联合国《生物多样性公约》框架下的保护目标设定及履约评价、经济合作与发展组织（OECD）在环境系统分析与评价领域、中国科学界探讨构建适用于全国或区域层面的生物多样性评估体系等相关研究与实践，基本均循序或采纳类似于该框架的分析思路。其对应于驱动因素、状态（或趋势）、响应等维度，分别构建了具体评估指标。如第一部分所述，人类活动导致了自然衰退的直接和间接驱动因素，对自然状态构成持续性的、累积性的压力，进而引发自然状态（生物多样性、生态系统功能与服务）的改变与退化。因此，在评估投融资活动对生物多样性的影响时，要关注并评估压力和自然状态两个维度。为避免和降低人类活动对自然的压力以及由此引发的生物多样性丧失、生态系统功能与服务退化等风险，需要各利益相关方采取更为有效的响应和管理举措（见图6）。

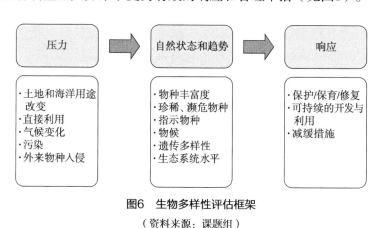

图6　生物多样性评估框架

（资料来源：课题组）

结合目前中资金融机构开展投融资活动时的尽职调查与风险管理流程等，在参考国内外有关生物多样性或生态系统服务评估指标体系相关研究与实践的基础上，同时遵循国际通行的生物多样性风险预防与管理原则——减缓递进层级，课题组初步构建了适用于中资银行业金融机构投融资项目的生物多样性风险与影响评估框架。下一步，课题组将依据科学性、可操作性等原则，对框架进行持续完善。在此基础上，课题组将以工行湖州分行存量1~2类生物多样性敏感性行业及具体项目为例（如水产养殖类），对框架进行应用与校验。

2. 提出评估框架

针对投融资项目在拟议、建设和运营阶段对自然构成的持续性的和累积性的压力、引发自然状态改变（生物多样性丧失和生态系统服务退化）、采取减缓举措的分析思路，课题组初步构建了投融资项目的生物多样性相关风险与影响评估框架，包括项目选址、项目施工对自然状态的直接影响、项目运营对自然状态产生的持续性和累积性的压力三方面。

（1）依据选址信息，初步评估项目的生物多样性风险与负面影响

在拟议阶段，金融机构要依据项目选址的地理位置信息，研判其是否与生物多样性保护空间格局重合或相邻。研判国土空间规划中划定的生态保护红线、自然保护地、生物多样性保护优先区域、重点生态功能区、重要生境、城市绿地等各类对生物多样性保护具有重要意义的区域。参考国内外开展投融资活动对生态环境影响的评估，其通常将项目选址是否涉及生物多样性敏感区域作为重要考量之一。例如，国际金融公司（IFC）在其指导说明6《生物多样性保护和生物自然资源可持续管理指南》中明确指出"客户对其项目影响区域内风险和潜在影响筛查评估需要综合考虑项目选址、选线和规模以及距已知生态敏感区的距离"。生态环境部于2022年发布的《环境影响评价技术导则 生态影响》（HJ 19—2022）中也指出"建设项目选址选线应尽量避让各类生态敏感区，符合自然保护地、世界自然遗产、生态保护红线等管理要求以及国土空间规划、生态环境分区管控要求。针对项目的生态管理评价应结合行业特点、工程规模和对保护对象的影响方式等"。

依据项目选址信息，金融机构应研判项目是否属于不予准入范围并初步评估生物多样性风险等级。金融机构应要求项目方参考表2所示内容开展调查与评估，在必要的情况下，可聘请专业的第三方参与或应用生物多样性相关风险筛查工具。金融机构可参考图7所示流程，对项目选址涉及的生物多样性潜在风险进行评估，最终得出项目是否属于不予准入范围并判断生物多样性风险等级（较高、高、中、低四类）。

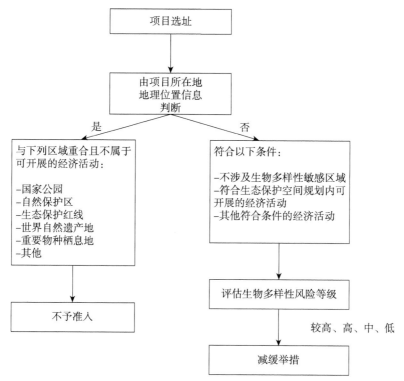

图7 依据项目选址，评估项目生物多样性相关风险流程

（资料来源：课题组）

金融机构可参考以下实施步骤：第一步是要求项目方依据表2所示内容，调查项目选址的地理位置信息。第二步是结合当地生物多样性保护空间格局或"生态环保一张图"等信息，研判项目选址是否与生物多样性保护空间格局存在重合或相邻。第三步是判断项目是否属于生物多样性保护空间格局内允许开展的经济活动（见附录3）。第四步是若项目与生物多样性保护空间格局存在重合且属于禁止开展的经济活动范围，则不予准入。第五步是若项目不属于上述排除范围，则进一步依据其与生物多样性保护空间格局的距离，评估项目生物多样性风险等级（较高、高、中、低四类）（见表3）。依据风险等级，金融机构应要求并监督项目方在项目周期内制定、实施以及定期披露减缓举措。

表2　项目选址地理位置信息调查

建设项目名称			
建设地点	省（自治区）　市　县（区）　乡（街道）　（具体地址）		
地理坐标	（　　度　分　秒，　　度　分　秒）		
建设项目 行业类别		用地（用海）面积 （m²）/长度（km）	
项目选址信息 （地理信息系统矢量图）			
项目距生物多样性保护空间格局距离信息			
国家公园	核心区直线距离 （km）		一般控制区 直线距离 （km）
自然保护区	核心区直线距离 （km）		一般控制区 直线距离 （km）
生态保护红线	直线距离（km）		
世界自然遗产地	直线距离（km）		
生物多样性关键地区 （适用于海外项目）	直线距离（km）		
项目周边是否存在重要物种		种群名称	
种群濒危等级/类型		与重要物种栖息地 直线距离（km）	

资料来源：课题组。

表3　项目生物多样性风险等级

距离		≤1km	1~3km	3~5km	>5km
国家公园	核心区	高	较高	中	较低
	一般控制区	较高	中	低	低
自然保护区	核心区	高	较高	中	较低
	一般控制区	较高	中	较低	低
生态保护红线		中		较低	低
世界自然遗产地		中		较低	低
生物多样性关键地区		中		较低	低
距离		≤0.5km	0.5~1km	1~3km	>3km
重要物种	极危	高	较高	中	较低
	濒危	较高	中	较低	低
	易危	中	较低	低	

资料来源：课题组。

（2）管理项目施工对自然状态的直接影响，要求并监督项目方实施减缓举措

在完成依据项目选址信息开展风险评估的基础上，金融机构应要求项目方开展项目施工对自然状态的直接影响评估，并要求其制定、实施与定期披露具体的减缓举措。项目新建、迁建、改建、扩建相关工程活动通常对自然构成一定的压力，进而引发自然状态的改变。在项目生态影响评价方面，2022年7月，生态环境部新修订颁布的《环境影响评价技术导则　生态影响》（HJ 19—2022）正式执行。导则对生态影响进行了定义，即工程占用、施工活动干扰、环境条件改变、时间或空间累积作用等，直接或间接导致物种、种群、生物群落、生境、生态系统以及自然景观、自然遗迹等发生的变化。生态影响包括直接、间接和累积的影响。导则进一步明确了项目生物多样性风险的受影响对象，为项目开展生物多样性风险评估与管理提出了更加全面、具有可操作性的规范和要求。导则关注的受影响对象包括物种和生物群落、栖息地、生态系统、生物多样性、生态敏感区、自然景观和自然遗迹（见表4）。

表4　项目施工对自然状态直接影响评价

受影响对象	评价因子	工程内容及影响	减缓举措与效果
物种和生物群落	分布范围、种群数量、种群结构、物种组成等		
栖息地	栖息地面积、质量、连通性等		
生态系统	植被覆盖率、生物量等		
生物多样性	物种丰富度、均匀度等		
生态敏感区	主要保护对象、生态功能等		
自然景观	景观多样性、完整性等		
自然遗迹	遗迹多样性、完整性等		

资料来源：课题组。

项目施工对自然状态的直接影响还应考虑行业特性。参考国家、地方和行业标准，金融机构应要求项目方依据行业特点、项目规模、影响方式和影响对象等筛选评价因子，明确其对自然状态直接影响的评价重点。依据生态

环境部《建设项目环境影响评价分类管理名录（2021年版）》等政策要求，要依据重点行业[①]建设特征以及与周边环境敏感程度，编制建设项目环境影响报告书、环境影响报告表、环境影响登记表等。以具体行业来看，矿产资源开发应关注对植被群落、植物覆盖度、重要物种栖息地和分布、生态系统结构和功能变化的影响；水利水电应关注水体状态变化引起的水生生境变化、重要水生生物分布及种类组成变化、水库淹没导致的重要物种栖息地变化以及生物入侵风险等影响；公路、铁路等建设工程应关注重要物种分布、栖息地的连通性及破碎化程度变化等影响；农、林、牧、渔等涉及土地利用类型或功能改变的项目应关注重要物种的活动、分布及栖息地变化、生态系统结构和功能的变化和生物入侵风险等影响。

金融机构应要求项目方管理项目施工对自然状态的直接影响，基于项目生物多样性风险预防与管理的减缓递进层级原则，应要求项目方针对受影响的对象和方式，提出避让、减缓、修复、补偿、管理等措施，并明确上述措施的内容、设计、工艺、责任主体、实施保障和实施效果等。建议可参考如下步骤：第一步是要求项目方收集并分析建设项目的工程技术文件及所在区域的生态环境状况，开展现场勘查，结合其行业特点、项目规模、影响方式和影响对象等内容，筛选与项目工程相关的评价因子。第二步是要求项目方根据工程内容和筛选出的评价因子，评估项目对自然状态的直接影响，填写并上报表格。对于根据项目选址信息判断的、生物多样性风险等级为较高或者高的项目，或自身为生物多样性敏感性行业的项目，金融机构还需进一步要求项目方提供工程的比选方案，并制订科学合理的工程方案，针对其不利影响制定有针对性的预防或减缓举措。第三步是在项目落成后，金融机构应要求项目方再次勘查项目周边区域的生态环境状况，并与项目执行前进行对比，评估采取减缓措施后项目对自然状态的影响，采取定性与定量相结合的方法综合评估减缓举措效果，定期向金融机构披露。

[①] 例如，农业、林业、渔业，采矿业，电力、热力生产和供应业的水电、风电、光伏发电、地热等其他能源发电，房地产业，交通运输业、管道运输业，海洋工程以及水泥制造业等行业。

（3）评估项目运营对自然状态的压力，要求并监督项目方实施减缓举措

在完成评估项目施工对自然状态直接影响的基础上，金融机构还应要求项目方评估项目运营对自然状态造成的持续性、累积性的压力。如上文所述，人类活动对自然构成的压力包括土地和海洋用途改变、直接利用、气候变化、污染、外来入侵物种等。在运营阶段，项目对自然构成的压力是持续性、累积性的。当压力逐渐累积至超过自然承载力时，将造成自然状态的改变，包括生物多样性丧失和生态系统服务退化。因此，金融机构应持续关注项目运营对自然的压力，要求项目方定期实施必要的监测、评估、减缓举措与信息披露。

金融机构可参考以下实施步骤：第一步是要求项目方结合行业特征、项目运营方式和主要压力类型，筛选与项目实际运行情况相符的评价因子（见表5）。第二步是要求项目方依据评价因子实施定期监测、评估、减缓举措与信息披露。对于生物多样性风险等级为较高或高的项目，或自身属于生物多样性敏感性行业的项目，需制定与潜在风险相对应的减缓举措。第三步是要求项目方定期向金融机构披露相关信息，为金融机构管理投融资项目生物多样性风险与负面影响奠定基础。

表5 项目生物多样性压力评估

评估时间：项目运行第（ ）年

压力类型	评价因子	实际值	减缓措施
土地利用变化	项目运营导致的土地利用方式改变面积（栖息地、耕地、林地、湿地等）		
污染	水污染、土壤污染、空气污染等		
自然资源利用	用水量、用地面积、生物能源使用量等		
气候变化	温室气体排放量等		
入侵物种	种类、数量、生态影响等		

资料来源：课题组。

与项目施工对自然产生的直接影响类似，项目运营对自然的压力评估与披露也应充分参考行业特征、主要压力类型以及潜在受影响对象。项目方在监测与评估项目主要压力时，应结合自身生产过程，筛选评价因子。以淡

水养殖业为例，结合投放鱼苗、投饵、尾水排放和清淤等不同生产环节与过程，其对自然构成的主要压力为土地利用变化、污染、自然资源利用、温室气体排放等。金融机构可结合国家相关标准，如《淡水池塘养殖水排放要求》（SC/T 9101—2007）、《淡水池塘养殖清洁生产技术规范》（SC/T 6102—2020）以及《地方水产养殖业水污染物排放控制标准制订技术导则》等，并参考国内外相关行业标准、国家和地方相关清洁生产和温室气体排放等现行或更高的标准，要求项目方开展必要的监测、评估与披露。

此外，金融机构还可以依据项目对自然构成的压力等基础数据和信息，前瞻性地开展区域范围内由于生物多样性丧失和生态系统服务退化导致的金融风险评估。

（4）研究展望

下一步，在一定项目基础数据的支撑下，金融机构可进一步开展相关深入研究。一是建立覆盖生物多样性敏感性行业和项目的生物多样性风险与负面影响数据库。通过分析该行业的总体表现，了解行业生物多样性风险与负面影响的平均表现，为监管部门提供决策依据，同时也为探索建立与项目具有额外性的生物多样性保护效益相挂钩的激励机制奠定基础。二是依据项目选址、项目建设对自然状态的直接影响、项目运营对自然构成的持续性和累积性的压力等，构建投融资项目的生物多样性风险与负面影响评级机制，并探索该机制的具体应用，如与风险管理、授信额度、定价与激励、产品创新等挂钩，推动金融机构建立健全支持生物多样性保护的金融服务体系。

【研究初探：投融资项目的生物多样性风险与负面影响评级机制】

根据某一行业及具体项目对生物多样性的压力类别，以单项压力水平和项目所在地的区域生物多样性敏感性（需结合当地生物多样性保护本底数据）构建评估矩阵，建立二元函数。在此基础上，计算单项得分并加总。例如，项目用水量的得分由项目用水量和项目所在地水资源稀缺程度共同决定，即使项目用水量水平与行业平均值相当，在缺水区域的得分也将低于丰水区域得分。

根据不同压力的单项得分、区域内不同类压力的权重，计算该项目生物多样性风险与负面影响的综合评分。一般来说，土地利用变化压力的权重较大，因为这项压力是造成生物多样性丧失与生态系统服务退化的主要因素之一。下一步，课题组将进一步推动评级机制的研究与实践。

综合得分：$\sum_{i=1}^{n}\alpha_i N_i$

其中，α_i 为单项压力的权重，N_i 为压力的单项得分。

注：压力仅包含表5中提及的五种压力类型。

（二）评估存量融资覆盖的主要行业对生物多样性与生态系统服务的依赖性和影响

课题组初步开展存量融资覆盖的前十大行业对生物多样性与生态系统服务的依赖性和影响评估。现阶段，结合数据可得性，借鉴国际评估工具——探索自然资本机会风险和投资（ENCORE）[①]评估框架，课题组以此十大行业和具体经济活动为例，初步评估其对生物多样性和生态系统服务的依赖性和影响（见附录1）。此外，课题组也结合历年《湖州统计年鉴》数据，补充分析了对湖州市GDP具有较大贡献的部分产业对生物多样性和生态系统服务的依赖性和影响（见附录2）。相关分析结果可为工行湖州分行在未来尝试开展与生物多样性丧失相关的物理风险和转型风险等前瞻分析奠定一定的基础。

研究主要发现与建议：一是在依赖性方面：工行湖州分行存量融资覆盖的前十大行业及部分湖州市主要支柱产业主要依赖的生态系统服务为物质产品（水、原材料等）和调节服务（水源涵养、洪水调蓄、水质净化、土壤保持、空气净化、气候调节、病虫害防治、疾病控制等）。因此，建议湖州市

---

① 探索自然资本机会风险和投资（ENCORE）是评估行业、部门和具体经济活动对生态系统服务依赖性和影响的工具之一。基于对全球不同行业及具体经济活动生产过程的文献研究、实地调研和专家评审等，ENCORE工具能够较为全面地刻画157种具体经济活动对生物多样性的依赖性和影响。

地方生态环境主管部门应加强对此类生态系统服务的保护、监测与管理。建议工行湖州分行可进一步针对此类生态系统服务潜在的退化风险，开展前瞻性的与物理风险相关的情景分析与压力测试。二是在影响方面：工行湖州分行存量融资覆盖的前十大行业及部分湖州市主要支柱产业涉及的潜在自然退化驱动因素为土地用途改变、资源利用、污染等。建议工行湖州分行可进一步在机构与项目层面开展相关工作。例如，在行业层面，可进一步以具有潜在生物多样性负面影响的行业为重点，完善其行业风险管理政策。在项目层面，可进一步加强对潜在自然退化驱动因素的预防与管理，推动项目方实施必要的减缓举措，加强相关风险与负面影响的管理与信息披露；尝试探索与减缓举措或生物多样性保护绩效挂钩的激励措施。在机构层面，可前瞻性地开展与潜在自然退化相关的转型风险情景分析与压力测试。

（三）初步开展存量项目的生态效益测算

1. 盘点存量生物多样性友好型项目

课题组初步盘点了工行湖州分行存量生物多样性友好型项目。在此基础上，选取1~2个试点项目（桑基鱼塘和矿山修复项目），尝试开展具体项目的生态效益测算（项目产生的生态系统服务），为进一步探索金融支持此类经济活动、创新金融产品和服务、优化激励政策等提供参考。近年来，工行湖州分行强化生物多样性保护项目的识别，做大生物多样性保护友好项目融资，支持了一批生物多样性保护友好项目。截至2022年8月末，投向生物多样性保护重点领域的融资达80亿元，先后支持了28个项目，包括森林资源培育、绿色渔业、绿色畜牧业、矿山生态环境恢复、城镇污水管网改建等。

◎ **案例一：支持"桑基鱼塘"生态系统保护与传承**

桑基鱼塘是我国一种古老的循环农业生产模式，已成为世界传统循环生态农业的典范和宝贵的农业文化遗产。湖州市南浔区目前仍保留6万亩桑地和15万亩鱼塘，是中国传统桑基鱼塘系统最集中、面积最大、保留最完整的区域。桑基鱼塘的循环生产模式为经济发展和生态可持续提供了强有力支撑。工行湖州分行为桑基鱼塘产业发展合计提供7.78亿元资金支持，通过支持产业龙头企业，助力构建蚕、桑、鱼等产业联盟，辐射带动蚕农开展农蚕良种繁育、小蚕共育、彩色蚕茧加工、果桑加工等，推进桑基鱼塘产业发展；支持生态鱼基地、生态米、生态果桑与桑叶茶、生态菱等一批生态产品基地建设，如淡水渔都渔旅综合农业园、生态农业种养示范园、现代农业共富示范园等；支持高新技术企业，助力其发挥科研技术力量挖掘桑基鱼塘系统科研要素，如将桑叶、桑果分解提取物制成各类绿色食品、化妆品等，提升蚕桑产品附加值。与此同时，独特的鱼塘景观吸引了大批游客，工行湖州分行还为乡村旅游提供配套基础设施建设信贷资金，助力完善道路建设、水上交通建设等。此外，工行湖州分行还为稻鸭共育、稻鱼共生、跑道式养鱼等在桑基鱼塘基础上拓展的新型生态循环养殖模式试点项目提供资金支持。

◎ **案例二：矿坑综合利用修复区域生态系统**

采矿业曾是德清县的重要产业，一方百姓因矿致富，但由于历史上的无序开采，对山体造成大面积破坏，生物栖息地受到严重影响。该项目拟通过实施边坡治理、加固等一系列配套措施对七处闭坑矿地进行生态修复，后续主要用于消纳县内各项工程活动所产生的工程渣土，项目实施区域总面积为3264.15亩，预计可回填土方总量为6328.0757万立方米。该项目具有双重效益，一方面，渣土回填可有效解决各类建设项目工程渣土消纳难题，同时也有效地规避了渣土违规堆放对生物栖息地的侵占与潜在影响；另一方面，对闭坑矿山采用乔灌木种植及撒播草籽等复绿手段，实现整个渣土回填区的生态恢复。并综合考虑生物多样性保护和恢复，通过后期养护使治理区形成与周边生态环境相协调的植物群落和可自我维持的生态系统。对此，工行湖州分行开辟绿色审批通道，为该项目提供5亿元授信支持。

◎ **案例三：支持土地可持续利用与生态修复**

为进一步提高人民群众的居住水平，改善乡村环境，安吉县拟对2村按照山水林田湖草系统治理的理念，进行全域规划、设计与整治，建成农田集中连片、建设用地集中集聚、空间形态集约高效的美丽国土新格局。项目工程内容主要分为土地整治项目、人居环境整治、生态修复工程三大块，建设内容包括农村建设用地复垦、土地开发水田等。工行湖州分行为其提供8000万元贷款支持，项目资金主要用于农村建设用地复垦增加耕地、高标准农田建设、土壤污染治理与改良、生态公益林的修复及彩色森林的补植等，项目的实施有利于增加有效耕地面积，提高耕地质量，促进土地可持续利用的同时提升生态系统的稳定性。

◎ **案例四：湖羊智慧养殖示范园项目**

湖羊被农业部列入国家级畜禽资源保护的品种之一，湖州是湖羊发源地和主产区，长兴县吕山乡享有"中国湖羊之乡"之美誉，饲养湖羊始于三国时代。近年来，吕山乡致力打造种羊培育、湖羊养殖、深加工到湖羊美食、研学体验的湖羊全产业链。工行湖州分行积极发挥金融资源配置功能，在为700亩的湖羊产业循环经济示范园项目提供2亿元信贷支持。该项目以水系为界，一块是320亩的湖羊智慧养殖小区，新建全进全出一体化羊舍95栋，建成后预计可年出栏优质湖羊6.6万头；另一块是380亩的农作物配套区，包括作物种植、生物有机肥加工、餐饮休闲等。

该项目还将建成数字化监管平台、智能化环控系统、自动粪污清理系统、节水型饮水系统、精准饲养管理系统、污染监测系统、粪污无害化处理系统等，通过集约化经营实现规范化管理，充分发挥湖羊消纳秸秆、过腹还田、提升地力、保护环境的作用，因地制宜建立农牧林配套循环的生态牧业系统，打造全国畜牧业绿色发展的"湖州模式"。

2. 测算存量项目的生态效益

生态系统产品与服务功能是人类生存与发展的基础。生态产品总值（GEP）是指一定行政区域内各类生态系统在核算期内提供的所有生态产品的货币价值之和。GEP核算对于更加科学地揭示生态系统为经济社会发展和人类福祉的贡献、探索生态产品价值实现路径、构建中国特色的生态文明建设新模式具有重大而深远的意义。当前，GEP核算相关试点与实践工作以全国、区域或不同类型生态系统等大尺度的范围核算为主，探索将GEP核算方法应用于投融资项目，特别是建立以量化项目生态效益为支撑的产品创新与激励机制具有较强的创新性与行业示范性。

课题组在参考生态环境部环境规划院、中国科学院生态环境研究中心发布的《陆地生态系统生产总值（GEP）核算技术指南》、浙江省《生态系统生产总值（GEP）核算技术规范 陆域生态系统》（DB33/T 2274—2020）、国家发展改革委和国家统计局颁布的《生态产品总值核算规范（试行）》等技术规范以及相关学术文献的基础上，对桑基鱼塘项目的物质产品、调节服务、文化服务分别进行了测算，包括9类具有代表性且可量化的指标（桑园提供的物质产品、鱼塘提供的物质产品、桑园气候调节、桑园防风固沙、鱼塘洪水调蓄、桑园涵养水源、桑园土壤保持、休闲旅游价值和历史文化价值等）。经测算，桑基鱼塘项目产生的三类生态系统服务中，物质产品占比为45%、调节服务为20%、文化服务为35%左右。基于测算结果，课题组提出如下建议：一是在拟议阶段，金融机构可针对项目产生的额外生态正向效益给予一定幅度的贷款额度增加或利率优惠。二是在项目运营阶段，可针对项目逐年GEP总量进行纵向对比，为持续监测项目生物多样性和生态系统服务正向效益，以及采取及时和必要的管理举措以提供数据支撑。例如，以课题组初步测算的结果来看，文化服务对桑基鱼塘项目生态系统服务总值的贡献占比较高，同时具有较大的提升空间。调节服务是物质产品和文化服务的基础和支撑，应加强对调节服务的保护与管理。

（四）完善风险管理政策与流程中涉及生物多样性保护的相关内容

基于工行湖州分行现有风险管理政策和流程，课题组将持续完善其涉及生物多样性保护的相关内容。目前，工商银行已将生物多样性保护纳入全行绿色金融战略规划和投融资决策之中，积级采取措施保护生物多样性，积极支持自然保护、生态修复等生物多样性友好客户和项目，对农林牧渔、采矿业、建材等生物多样性敏感性行业，高度重视生物多样性风险管理工作。下一步，课题组将结合全国、浙江省和湖州市生态保护空间格局，支持地方生态环境管理部门构建适用于湖州地域内的"生态环保一张图"，以将与生物多样性保护相关内容更好地嵌入投融资项目的尽职调查与风险管理流程。此外，课题组也初步梳理了目前全国生态保护空间格局规划与最新政策中涉及禁止和允许开展经济活动的相关规定（见附录3），以期为金融机构进一步更新和完善风险管理政策提供参考。

附录1 湖州分行存量融资覆盖行业对生物多样性和生态系统服务的依赖性和影响

产业	程度	依赖性（主要依赖的生态系统服务）	影响（造成自然退化的驱动因素）				
			用途改变	资源利用	污染	气候变化	其他
纺织业	极高	物质产品（水）		√			
	高		√		√		
	中	水源涵养、洪水调蓄等					
家具及制品制造业	高			√	√	√	
	中	水、空气净化、水源涵养、洪水调蓄等					
化学原料、纤维和化学制品制造业	高	物质产品（水）	√	√	√		
	中	水源涵养					
橡胶和塑料制品业	高	物质产品（水）		√	√		
	中	水源涵养、洪水调蓄等					
非金属矿物制造业	极高	物质产品（水）	√				
	高				√	√	
	中	物质产品（水）、水源涵养					
金属制品业：铁	极高		√				
	高				√	√	
	中	物质产品（水）、水源涵养			√		
金属制品：铝/铜/贵金属和矿物/银	极高		√	√			
	高	物质产品（水）、水源涵养、气候调节			√	√	
	中	土壤保持					
设备制造	高			√	√	√	
	中	物质产品（水）、空气净化、水源涵养					
汽车制造	高			√	√	√	
	中	物质产品（水）、空气净化、洪水调蓄、水源涵养					
电气机械及器材制造	高			√	√	√	
	中	物质产品（水）				√	
计算机、通信和其他电子设备制造	高			√	√	√	
	中	物质产品（水）					

注：课题组参照《陆地生态系统生产总值（GEP）核算技术指南》对生态系统服务的界定，将生态系统服务按物质产品、调节服务和文化服务进行划分。

附录2 湖州市其他相关产业对生物多样性和生态系统服务的依赖性和影响

产业	程度	依赖性（主要依赖的生态系统服务）	影响（造成自然退化的驱动因素）				
			用途改变	资源利用	污染	气候变化	其他
农业	极高	物质产品（水、农业产品）、授粉、土壤保持、水源涵养、水质净化、洪水调蓄、气候调节、病虫害防治、疾病控制	√	√			
	高	授粉、土壤保持、水源涵养			√		
	中	物质产品（其他）、空气净化等					
木材加工和木、竹、藤、棕、草制品业	极高	林业产品、水、土壤保持、水源涵养、洪水调蓄、气候调节等	√				
	高	物质产品（水）			√	√	
	中	水源涵养、洪水调蓄等					
牧业	极高	物质产品（水）、物质产品（其他）、洪水调蓄等	√	√			
	高	疾病控制、土壤保持、气候调节、物质产品（其他）				√	
	中	生物修复、水源涵养、病虫害防治			√		
渔业	极高	物质产品（水）、物质产品（其他）、涵养水源、水质净化、洪水调蓄、土壤保持、气候调节等	√				
	中	生物修复、生物过滤等		√	√		
医药制造业	高	物质产品（水）		√	√		
	中	物质产品、水、水源涵养等					

附录3 国土空间规划对可开展经济活动的管理要求

分类	区域	管理要求	政策来源
国家公园	核心区	主要承担保护功能，最大限度限制人为活动，但下列情形除外： （一）管护巡护、保护执法、调查监测、防灾减灾、应急救援等活动及相关的必要设施修筑； （二）原住居民和其他合法权益主体，在不扩大现有规模和利用强度的前提下，开展必要的种植、放牧、采集、捕捞、养殖、取水等生产生活活动，修缮生产生活设施； （三）因有害生物防治、外来物种入侵、维持主要保护对象生存环境等特殊情况，开展重要生态修复工程、病害动植物清理、增殖放流等人工干预活动； （四）非破坏性的科学研究、标本采集、考古调查发掘和文物保护活动； （五）国家公园设立之前已有的民生基础设施和其他线性基础设施的运行维护； （六）以生态环境无害化方式穿越地下或者空中的线性基础设施的修筑，必要的航道基础设施建设、河势控制、河道整治等活动； （七）国境边界通视道清理以及界务工程的修建、维护和拆除，边境巡逻管控； （八）因国家重大战略需要开展的活动； （九）法律法规允许的其他情形。	《国家公园法（草案）》（征求意见稿）
	一般控制区	承担保护功能的基础上，兼顾科研、教育、游憩体验等公众服务功能，禁止开发性、生产性建设活动，但下列情形除外： 可开展活动： （一）核心保护区允许开展的活动； （二）古生物化石调查发掘活动； （三）适度规模的科普宣教和游憩体验活动以及符合国家公园总体规划的公益性和公共基础设施建设； （四）无法避让且符合国土空间规划的线性基础设施； （五）公益性地质勘查，以及因国家重大能源资源安全需要开展的战略性能源资源勘查； （六）集体或者个人所有的人工商品林符合管控要求的抚育、树种更替等森林经营活动； （七）法律法规允许的其他情形。	
	其他重要说明	国家公园所在地人民政府应当对国家公园范围内不符合管控要求的探矿采矿、水电开发、人工商品林等进行清理整治，通过分类处置方式有序退出。	

续表

分类	区域	管理要求	政策来源
自然保护区	核心保护区	与国家公园有关规定基本一致	《自然保护区条例（修订草案）》（征求意见稿）
	一般控制区	与国家公园有关规定基本一致	
	其他重要说明	禁止以下活动： （一）禁止在自然保护区内进行狩猎、开垦、开矿、采石、挖沙、围填海、开发区建设、房地产开发、高尔夫球场建设、风电和光伏开发等活动；但是，法律、行政法规另有规定的除外。 （二）禁止携带和引进外来物种进入自然保护区，不得在自然保护区内培植、饲养、繁殖各类外来物种。 （三）在自然保护区内不得建设污染环境、破坏资源或者景观的生产设施，鼓励采取更加严格的排放标准，切实减轻对周边生态环境和主要保护对象的不利影响。	
生态保护红线		原则上禁止开发性、生产性建设活动，仅允许以下对生态功能不造成破坏的有限人为活动。 可开展活动： （一）管护巡护、保护执法、科学研究、调查监测、测绘导航、防灾减灾等必要设施； （二）原住民在不扩大现有建设用地、用海用岛、耕地、水产养殖规模和放牧强度（符合草畜平衡管理规定）的前提下，开展种植、放牧、捕捞、养殖（不包括投礁型海洋牧场、围海养殖）等活动； （三）经批准的考古调查发掘、古生物化石调查发掘等活动； （四）对人工商品林进行抚育采伐，或以提升森林质量、优化栖息地、建设生物防火隔离带等为目的的树种更新，依法开展的竹林采伐经营； （五）不破坏生态功能的适度参观旅游、科普宣教及符合相关规划的配套性服务设施和相关的必要公共设施建设及维护； （六）必须且无法避让、符合县级以上国土空间规划的线性基础设施、通信和防洪、供水设施建设和船舶航行、航道疏浚清淤等活动；已有的合法水利、交通运输等设施运行维护改造； （七）地质调查与矿产资源勘查开采，并必须落实减缓生态环境影响措施、严格执行绿色勘查、开采及矿山环境生态修复等； （八）县级以上国土空间规划和生态保护修复专项规划开展的生态修复； （九）根据我国相关法律法规和与邻国签署的国界管理制度协定（条约）开展的边界边境通视道清理以及界务工程的修建、维护和拆除工作。	《关于加强生态保护红线管理的通知（试行）》

致谢：

在本课题研究和报告编写过程中，我们要特别感谢以下专家对本课题的指导与支持：中国金融学会绿色金融专业委员会主任、北京绿色金融与可持续发展研究院院长马骏，中国银保监会政策研究局一级巡视员叶燕斐，中国工商银行现代金融研究院副院长殷红，中国工商银行现代金融研究院副处长康立，湖州市人民政府工作办公室主任刘一闻，以及湖州市人民政府工作办公室副主任黄丁伟。同时，感谢北京绿色金融与可持续发展研究院自然资本投融资中心实习生许嘉怡对报告排版的支持。他们为本课题的顺利开展作出了很大贡献，在此我们表示衷心的感谢。

企业生物多样性信息披露研究

编写单位：中央财经大学绿色金融国际研究院
江苏银行
山水自然保护中心

课题组主要成员：

王遥[1]、施懿宸[1]、毛倩[1]、邓洁琳[1]、康蔼黎[2]、程琛[3]、董善宁[4]、司徒韵莹[1]、李梦晨[1]、胡雅琳[1]、Janus Aleksandra[1]、王磊[4]、刘文雨[2]、陈安禹[3]、王宁[3]、刘啸[3]、柴佳媛[2]

编写单位简介：

中央财经大学绿色金融国际研究院：

中央财经大学绿色金融国际研究院是以推动中国和全球绿色金融发展为目标的开放型和国际化的研究院和专业智库。2016年9月由天风证券公司捐赠设立，前身为中央财经大学气候与能源金融研究中心。研究方向包括绿色金融、气候金融、能源金融、ESG、生物多样性金融、转型金融和健康金融等。中财大绿金院为中国金融学会绿色金融专业委员会常务理事单位，并与财政部有部委共建学术伙伴关系。

江苏银行：

江苏银行诞生于辛亥革命时期，具有百年历史，坚持以"融创美好生活"为使命，已快速发展为全球百强银行、全国系统重要性银行，江苏省最大法人银行和A股上市银行。江苏银行深入贯彻生态文明思想，先后采纳"赤道原则"和"负责任银行原则"，打造"国内领先、国际影响力"绿色金融品牌，以高质量金融服务助力实现经济高质量发展。

山水自然保护中心：

山水自然保护中心成立于2007年，专注于物种和栖息地保护，希望通过生态保护与经济社会发展的平衡，示范解决人与自然和谐共生的路径和方法。我们关注的，既有青藏高原的雪豹，西南山地的大熊猫、金丝猴，也有城市周边的大自然。携手当地社区开展保护实践，基于公民科学进行系统研究，探索创新的解决方案，提炼保护知识和经验，以期实现生态公平。

---

1 所在单位为中央财经大学绿色金融国际研究院。
2 所在单位为野生生物保护学会。
3 所在单位为山水自然保护中心。
4 所在单位为江苏银行。

一、生物多样性信息披露概述

（一）生物多样性的概念

根据《生物多样性公约》的定义，生物多样性是指"所有来源的活的生物体中的变异性或多样性，其来源包括陆地、海洋和其他水生生态系统及其所构成的生态综合体；包括物种内、物种之间和生态系统的多样性"。

生物多样性是由基因或遗传多样性、物种多样性和生态系统多样性三个层次组成。

遗传（基因）多样性：一个物种的基因组成中遗传特征的多样性，包括种内不同种群之间或同一种群内不同个体的遗传变异性。

物种多样性：在一次个体采集（数据集）中，不同物种的有效物种数以及一定时间一定空间中各个物种的个体分布特点。物种多样性包括两个方面，即物种丰富度和物种均匀度。物种丰富度就是简单的物种数，而均匀度则量化物种丰富度的平等程度。

生态系统多样性：生态系统的多样化程度，包括生态系统的类型、结构、组成、功能和生态过程的多样性等。

随着人类活动的加剧和经济社会发展，生物多样性丧失和生态系统退化仍在加速恶化，全球生物多样性面临史无前例的严峻挑战。当前，全球生物种群数量正以前所未有的速度丧失，物种灭绝危机已成全球性问题。根据世界自然基金会（WWF）发布的《地球生命力报告2022》，1970—2018年，全球野生动物种群数量在短短不到半个世纪下降了69%，其中淡水野生动物的比例达到了惊人的84%。现今，许多专家发出警告说，第六次大灭绝危机正在发生，而这一次完全是由人类活动造成的。与此同时，全球生态系统功能不断衰减，自然生态系统范围和健康状况的全球指标与基线相比平均下降了47%，许多地区存在生态平衡失调风险。在2022年，一项最新研究指出全球44%的陆地——约6400万平方公里需要开展生物多样性保护工作。在此形势下，生物多样性保护已成为全球共识，各国陆续设定保护议程并采取相应行动保护生物多样性，探索人与自然和谐共生之路。

中国幅员辽阔，陆海兼备，地貌和气候复杂多样，拥有森林、灌丛、草甸、草原、荒漠、苔原、湿地、海洋等众多自然生态系统。根据《中国生物物种名录（2022版）》（见图1），我国目前共收录物种及种下单元138293个，包括动物界68172种，植物界46725种，真菌界17173种，是世界上生物多样性最丰富的国家之一，在全球生物多样性保护行动中占据重要地位。目前，中国是国际上唯一一个每年都发布生物物种名录的国家，也是实施联合国生物多样性"爱知目标"（2011—2020年）最有成效的国家之一。

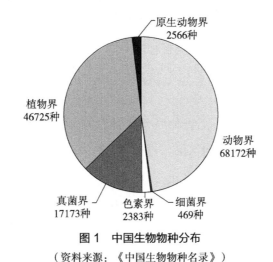

图1　中国生物物种分布

（资料来源：《中国生物物种名录》）

我国于1992年6月11日签署了《生物多样性公约》，1993年1月5日正式批准，成为最早签署和批准《生物多样性公约》的缔约方之一。我国一贯秉持人与自然和谐共生理念，以"生态文明建设"为纲领，持续完善生物多样性保护体制，不断推进生物多样性保护行动，走中国特色生物多样性保护之路。

（二）国内外生物多样性发展进程

1. 国际进展

在生产技术水平较低的条件下，人类社会普遍采取"重开发轻保护"的粗放型增长方式以实现经济的高速发展。这一举措也带来了生态环境恶化、生物多样性锐减的恶果。随着生态环境整体功能下降，人类的环境保护意识也不断强化。其中，生物多样性理念作为生态文明建设的重要组成部分，始终贯穿于环境保护的发展历程。纵观国际发展，生物多样性理念贯穿于环境保护的发展历程。1962年，蕾切尔·卡森出版《寂静的春天》，该书从美国人滥用有机氯类杀虫剂（双对氯苯基三氯乙烷，化学式为$C_{14}H_9Cl_5$）导致生物多样性遭到破坏最终祸及自身的角度出发，站在自然万物的角度拷问了人类的生存哲学，引发了美国乃至世界的环境保护运动。1972年，联合国在瑞典首都斯德哥尔摩召开了人类环境会议，各国政府首次共聚讨论环境问题，探讨保护全球环境的战略，会议通过了《联合国人类环境会议宣言》，生物资源保护被列入二十六项原则之中。1987年，联合国环境与发展委员会发布《我们共同的未来》报告，首次提出了"可持续发展"的概念，国际社会逐渐认识到需要通过国际协定，来实现生物多样性保护。

随着物种丧失速度的加快和人们对自然资本认知的深化，生物多样性保护议题在全球可持续发展布局中日趋重要。1992年，联合国世界环境和发展大会上各国签署《生物多样性公约》，作为一项具有法律约束力的国际条约，其主要目标为"保护生物多样性、可持续利用生物多样性及公正合理分享由利用遗传资源所产生的惠益"，同时也第一次取得了"保护生物多样性是人类的共同利益和发展进程中不可缺少的一部分"的全球共识。截至2021年底，共计196个缔约方加入。2010年，联合国《生物多样性公约》缔约方大会第十次会议上（COP10）通过2011—2020年《生物多样性战略计划》，其中的5个战略目标及相关的20个纲要目标被统称为"爱知生物多样性目标"。

然而，根据联合国环境规划署发布的第五版《全球生物多样性展望》报告显示，该目标的完成情况并不理想。在全球层面，20个目标没有一个完全实现，只有6个部分实现。在此困境下，2021年，联合国《生物多样性公约》缔约方大会第十五次会议（COP15）第一阶段会议于昆明召开，并通过《昆明宣言》，承诺最迟在2030年前扭转全球生物多样性丧失局面。作为

COP15的主席国，中国再次体现了负责任大国的担当，引领全球生态文明建设，同时也深耕自身生物多样性保护之路，为各国提供有益借鉴。

随着国际政策和公约框架日益明朗，资本市场也纷纷投入生物多样性保护浪潮。早在1990年，全球环境基金（GEF）成立时便将生物多样性作为四个工作领域之一，因而被指定为运作《生物多样性公约》的主要资金机制。2003年，由国际金融公司（IFC）与世界银行（World Bank）共同建立"赤道原则"，其发布的《环境和社会风险管理框架》中，生物多样性为关键考评内容，对花旗银行、巴克莱银行等加入赤道原则银行均作出一定指引和约束。与此同时，各国政府对生物多样性保护的重视程度也快速提升。2014年，美国国际开发署首次发布了《美国国际开发署生物多样性政策》，为美国生物多样性援助提供了宏观战略指引和明确行动计划；同年，英国外交部和联邦事务部、环境食品与农业事务部和国际发展部联合发布的《英国海外领土生物多样性战略》中明确英国政府确保海外领土生物多样性保护与建设的期许与目标，并以提供"开发评估生态系统服务价值的工具，为可持续发展提供信息"等经验案例为支持。2020年5月，欧盟委员会通过《2030年欧盟生物多样性战略》及其行动计划，明确将通过强化生态系统和生物多样性能力建设作为复苏和应对未来威胁重要推进方向。

表1　国际生物多样性保护重要进展梳理（据不完全统计）

时间	事件
1962年	"现代环保主义之母"蕾切尔·卡森出版《寂静的春天》，引发了美国乃至世界的环境保护运动。
1968年	生物多样性这一概念由美国野生生物学家和保育学家雷蒙德1968年在《一个不同类型的国度》一书中首次提出。
1972年	联合国召开人类环境会议，与会各国共同签署了《人类环境宣言》，生物资源保护被列入二十六项原则之中。
1975年	世界自然保护联盟决议通过并实施《濒危野生动植物种国际贸易公约》，旨在管制而非完全禁止野生物种的国际贸易，其以物种分级与许可证的方式达成野生物种市场的永续利用性，从而保护生物多样性。

续表

时间	事件
1990年	全球环境基金（GEF）成立，将生物多样性作为其重要的支持领域，投入了大量资金。2021年，GEF宣布了GEF第七轮投资的生物多样性新战略。
1992年	联合国环境发展大会上签署《生物多样性公约》，第一次取得了"保护生物多样性是人类的共同利益和发展进程中不可缺少的一部分"的共识，明确了缔约方对生物多样性的义务和责任。
1996年	联合国正式实施《联合国防治荒漠化公约》，在发生严重干旱或荒漠化的国家，防治自然植被的丧失，缓解干旱影响，以期协助受影响的国家和地区实现可持续发展，保护生物多样性。
	《生物多样性公约》缔约方大会第三次会议（COP3）首次提出企业参与生物多样性。
2000年	《生物多样性公约》缔约方大会第五次会议（COP5）将"企业"列入公约重要议题。
2001年	联合国宣布每年5月22日为"国际生物多样性日"，旨在增强各界对生物多样性问题的理解和认识。
2003年	国际金融公司（IFC）联合花旗银行、巴克莱银行、荷兰银行等10家领先的国际金融机构，共同发起了环境和社会风险管理框架，即"赤道原则"，生物多样性便是其中重要的内容之一。
2005年	世界卫生组织、环境规划署、世界银行等机构合作发布《千年生态系统评估》，为首次对全球生态系统进行多层次的综合评估，为推动生态系统保护和可持续利用以及后续行动奠定科学基础。
2010年	英国政府制定了《生物多样性2020：英格兰野生动物和生态系统服务战略》，在生物多样性保护上给予地方政府和机构以更大的自主权。
	日本政府审批通过了《生物多样性国家战略2010》，由生物多样性保护和可持续利用战略、生物多样性保护和可持续利用行动计划两部分组成。
	《生物多样性公约》缔约方大会第十次会议（COP10）上通过2011—2020年《生物多样性战略计划》，其中的5个战略目标及相关的20个纲要目标被统称为"爱知生物多样性目标"。
2011年	英国政府发布《英国海外领土生物多样性战略》，旨在满足海外领土生物多样性保护和可持续利用战略的需要。
2012年	生物多样性和生态系统服务政府间科学政策平台（IPBES）成立，为决策者提供关于地球生物多样性、生态系统及其给人类带来的利益的知识状况的客观科学评估，以及保护和可持续利用这些重要自然资产的工具和方法。
2014年	《生物多样性公约》第十二次缔约方大会（COP12）编制《自愿性标准与生物多样性报告》，帮助企业理解产品全生命周期所涉及的生态价值、风险影响和外部不经济性。

续表

时间	事件
2014年	美国国际开发署基于其30年生物多样性援助经验和成果，首次发布了《美国国际开发署生物多样性政策》，为美国生物多样性援助提供了宏观战略指引和明确行动计划，也是迄今为止全球主要生物多样性援助国发布的最系统、最全面的国家生物多样性援助政策。
	英国外交部和联邦事务部、环境食品与农业事务部和国际发展部联合发布《英国海外领土生物多样性战略》，一方面明确英国政府为海外领土的生态环境资源、生物多样性能够得到有效保护，将提供"开发评估生态系统服务价值的工具，为可持续发展行动提供参考"等经验案例；另一方面将提供"英国政府环境基金"为表率的金融支持，并辅以沟通和交流等为重要引导和资讯支持。
2015年	联合国大会第七十届会议上通过《2030年可持续发展议程》，其中就包括了保护、恢复和促进可持续利用陆地生态系统，可持续管理森林，防治荒漠化，制止和扭转土地退化，遏制生物多样性的丧失。
2016年	墨西哥召开的《生物多样性公约》第十四次缔约方大会（COP14）发起《企业与生物多样性承诺书》倡议，号召全球各地领先企业履行承诺采取行动和进展。
2019年	"生物多样性和生态系统政府间科学—政策平台"第七次全体会议（IPBES-7）正式发布《生物多样性和生态系统服务全球评估报告》，描述了生物多样性丧失和生态系统退化原因，对人类的影响和决策选择。
	七国集团（G7）在环境、海洋与能源部长级会议上通过《梅斯生物多样性宪章》，承诺将促进生物多样性、生态系统及其提供的服务价值纳入政府、商业和经济部门的主流决策中。
2020年	欧盟委员通过《2030年欧盟生物多样性战略》及其行动计划，该战略表明在新冠肺炎疫情下，欧盟将强化生态系统和生物多样性能力建设作为复苏和应对未来威胁重要推进方向，同时也作为《欧洲绿色新政》核心内容发挥重要作用。
2021年	自然相关财务信息披露工作组（TNFD）宣布正式成立，这项新的倡议旨在帮助金融机构及企业评估其对自然生态的影响，并推动金融机构及企业把资金用于支持而非破坏生物多样性的活动。
	联合国《生物多样性公约》缔约方大会第十五次会议（COP15）第一阶段会议通过《昆明宣言》，宣言承诺，确保制定、通过和实施一个有效的《2020年后全球生物多样性框架》，以扭转当前生物多样性丧失趋势，并确保最迟在2030年使生物多样性走上恢复之路，进而全面实现"人与自然和谐共生"的2050年愿景。秘书处于2021年7月发布"全球生物多样性框架"的第一份正式草案，以指导到2030年全球如何为保育和保护自然及其为人类提供的基本服务而应采取的行动。
2022年	全球环境信息研究中心（CDP）在其气候变化问卷中首次增加了"生物多样性模块"，该模块包含6个相关问题，旨在推动企业披露保护或改善生物多样性的行动，评估其生物多样性承诺的相关性和有效性，并敦促企业考虑生物多样性相关风险对商业活动的影响。

资料来源：中央财经大学绿色金融国际研究院，公开数据整理。

2. 国内进展

在1992年率先签署《生物多样性公约》后，我国逐步将生物多样性保护纳入顶层设计，但具体实施细则仍处于空白阶段；且相较于气候变化和碳排放管理，企业和金融界对生物多样性风险和影响的披露十分滞后。2008年，中国科学院联合原环境保护部（现生态环境部）启动了《中国生物多样性红色名录》的编制工作，以全面掌握我国生物多样性受威胁状况，提高生物多样性保护的科学性和有效性。2010年，环境保护部印发《中国生物多样性保护战略与行动计划（2011—2030年）》，规划了国家中长期生物多样性保护的目标、战略任务和优先行动，进一步加强了我国的生物多样性保护工作。

随着党的第十八次全国代表大会把生态文明纳入"五位一体"总体布局，我国逐步将生物多样性保护在内的生态保护工作提升至政策法规层面。2014年，我国修订《环境保护法》，规定"开发利用自然资源，保护生物多样性"，首次将"生物多样性"一词纳入国家法律文本。2021年，我国生态环境部印发实施《企业环境信息依法披露管理办法》，要求企业以临时环境信息依法披露报告形式及时披露融资所投项目的应对气候变化、生态环境保护等信息，增强企业对生态保护方面工作的重视度。2022年，湖州作为国家首批绿色金融改革创新试验区于8月印发《关于金融支持生物多样性保护的实施意见》，既是我国首个区域性金融支持生物多样性保护制度框架，也是建构与生物多样性保护相适应的绿色金融服务体系的重要探索。

此外，我国金融机构和企业也积极承担起保护生物多样性的社会责任，陆续提出相关主题的发展倡议。2017年，伊利作为我国首家签署联合国生物多样性公约《企业与生物多样性承诺书》的企业，将与自身发展紧密相关的生物多样性保护工作系统地纳入伊利绿色产业链战略之中。此后，中广核、蒙牛、三峡集团等企业也纷纷发布专项《生物多样性报告》，积极参与生态文明共建。

表2 我国生物多样性保护重要进展梳理（据不完全统计）

时间	事件
1984年	第六届全国人民代表大会常务委员会第七次会议通过《中华人民共和国森林法》，旨在保护、培育和合理利用森林资源，加快国土绿化，保障森林生态安全。
1985年	第六届全国人民代表大会常务委员会第十一次会议通过《中华人民共和国草原法》，旨在保护、建设和合理利用草原，改善生态环境，维护生物多样性，发展现代畜牧业，促进经济和社会的可持续发展。
1988年	第七届全国人民代表大会常务委员会第四次会议通过《中华人民共和国野生动物保护法》，旨在拯救珍贵、濒危野生动物，维护生物多样性和生态平衡，推进生态文明建设。
1992年	签署《生物多样性公约》，并于1993年生效，成为世界率先加入公约的少数几个国家之一。
1994年	国务院发布《中华人民共和国自然保护区条例》，旨在加强自然保护区的建设和管理，保护自然环境和自然资源。
2003年	积极组织开展"联合国生物多样性十年——中国在行动"系列活动，大力宣传生物多样性保护理念和法规措施。
2004年	中国科学院启动了中国生物物种编目工作；组织数百位分类学专家，参考最新分类文献，按照"物种2000"的标准对中国已描述物种进行编目研究。
2008年	中国科学院联合原环境保护部（现生态环境部）启动了《中国生物多样性红色名录》的编制工作，开展物种受威胁等级评估，从而更有效地开展生物多样性保护。
2010年	原环境保护部（现生态环境部）印发《中国生物多样性保护战略与行动计划（2011—2030年）》，规划了国家中长期生物多样性保护的目标、战略任务和优先行动。
2011年	国务院发布《关于加强环境保护重点工作的意见》，首次提出"划定生态红线"，生态保护红线也因此成为继"18亿亩耕地红线"后又一条被提到国家层面的"生命线"。
2012年	党的十八大召开，中央从最高决策层面把生态文明纳入"五位一体"总体布局统筹推进，习近平总书记提出"山水林田湖草是生命共同体"概念，生物多样性保护成为生态文明建设的重要内容和重要举措。 党的十八大以来，"生态保护红线"作为国家战略，正式出现在党和国家文件中，写入《环境保护法》和《国家安全法》。 商务部合作司与中国对外承包工程商会发布《中国对外承包工程行业社会责任指引》。其中，4.6.4 生态保护列出了三项要求，分别是EN13 保护珍稀动植物物种及其自然栖息地，减少承包工程对生物多样性的影响；EN14 在承包工程项目执行过程中，注重生态系统（湿地、野生动物走廊、保护区和农业用地）保护，对造成的损害给予及时修复；EN15倡导和组织企业员工和项目所在地居民开展保护和恢复生态系统的公益行动。
2013年	党的十八届三中全会召开，划定生态保护红线作为改革生态环境管理体制、推进生态文明制度建设的最重要举措之一。

续表

时间	事件
2014年	修订《环境保护法》，并明确规定了"开发利用自然资源，应当合理开发，保护生物多样性"与"引进外来物种以及研究、开发和利用生物技术，应当采取措施，防止对生物多样性的破坏"。
2015年	"生态保护红线"作为国家战略，写入《环境保护法》和《国家安全法》。
2016年	中国科学院启动了战略生物资源计划（BRP），建立了生物资源数据集成和数据服务平台，大力提升了我国战略生物资源收集、保藏、评价、转化与可持续利用的综合能力。
2017年	原环境保护部（现生态环境部）等6部门联合印发《关于加快建设绿色矿山的实施意见》，促使电力、矿产等采掘行业公司披露生物多样性信息。
	中共中央办公厅、国务院办公厅印发《关于划定并严守生态保护红线的若干意见》，确定了到2020年年底前，全面完成全国生态保护红线划定，勘界定标，基本建立生态保护红线制度。"生态保护红线"上升为国家战略。
	伊利签署联合国生物多样性公约《企业与生物多样性承诺书》，将与自身发展紧密相关的生物多样性保护系统地纳入伊利绿色产业链战略之中。
2019年	中国与法国共同发布《中法生物多样性保护和气候变化北京倡议》，两国共同牵头"基于自然的解决方案"联盟，协调解决生物多样性丧失、减缓和适应气候变化以及土地和生态系统退化的问题。
2021年	颁布《中华人民共和国国民经济和社会发展第十四个五年规划和2035年远景目标纲要》提出"推动绿色发展，促进人与自然和谐共生"。
	生态环境部印发实施《企业环境信息依法披露管理办法》，要求符合规定情形的上市公司、发债企业在披露八类信息的基础上，披露融资所投项目的应对气候变化、生态环境保护等信息。
	中共中央办公厅、国务院办公厅印发《关于进一步加强生物多样性保护的意见》，明确将在加快完善生物多样性保护政策法规、持续优化生物多样性保护空间格局、构建完备的生物多样性保护监测体系、着力提升生物安全管理水平、创新生物多样性可持续利用机制、全面推动生物多样性保护公众参与、深化国际合作与交流等方面予以推进。
2022年	国家首批绿色金融改革创新试验区·湖州印发我国首个区域性金融支持生物多样性保护制度框架《关于金融支持生物多样性保护的实施意见》，探索建构与生物多样性保护相适应的绿色金融服务体系。
	生态环境部、国家发展改革委等17个部门联合印发《深入打好长江保护修复攻坚战行动方案》，提出2025年底主要目标；其中第十八条明确扎实推进水生生物多样性恢复，加强涉渔工程水生生物专题影响评价，减缓涉渔工程建设对水生生物及其栖息生境影响，到2025年年底长江生物完整性持续提升。

资料来源：中央财经大学绿色金融国际研究院，公开数据整理。

（三）我国生物多样性信息披露现状

目前，我国对生物多样性议题信息披露从政策要求到执行尚处探索发现阶段，整体生物多样性信息披露程度较低。在信息披露主体上，多集聚于头部企业先试先行，环境及生物多样性敏感度较高的行业企业积极参与；在信息披露方式上，多嵌入在企业环境信息披露、可持续发展报告（或称社会责任报告，环境、社会和治理报告，影响力报告等）中，就披露数据而言，存在信息分散、内容有限、使用和分析价值较低、仅披露正面影响等问题。

聚焦企业生物多样性信息披露现况分析，山水自然保护中心根据截至2021年底数据研究发布的《企业生物多样性信息披露评价报告（2021）》，其评价的188家A股上市企业中仅15家（占比8%）的企业在年报或社会责任报告中明确提及了"生物多样性"关键词，企业对生物多样性信息的披露普遍不足；同时，在样本下采取生物多样性保护相关行动的119家企业中，仅有10家（5%）企业同时披露了其生物多样性相关愿景战略、目标行动与目标管理体系，企业生物多样性行动缺乏系统框架和制度保障。总体来看，企业生物多样性信息披露还处在萌芽阶段，急需企业端、投资端、监管端协同合作，共同推进生物多样性价值研究和信息披露主流化。

聚焦市场对开展生物多样性保护和信息披露认知来看，基于中央财经大学绿色金融国际研究院"生物多样性信息披露调查"问卷调研情况分析，来自企业、金融机构和政府及监管部门的受访者均表现出显著的认可倾向。其中，金融机构受访者认为企业开展生物多样性保护、践行生物多样性披露"非常重要"的比例均最高，分别为66.67%和61.90%。同时，企业受访者对自身开展相关行动的重要性认识高于政府及监管部门受访者，但整体而言，相较金融机构，企业和监管部门受访者对企业生物多样性披露重要性的认识程度仍有一定提升空间。此外，整体上不同来源的受访者对企业开展生物多样性保护行动的重要性认知和对企业进行生物多样性披露的重要性认知大致成正比，即认为企业生物多样性保护较为重要的受访者群体将在企业生物多样性披露重要性选项上同样呈现较高比例，生物多样性信息披露对推进生物多样性保护至关重要成为受访者共识。

综合对生物多样性信息披露意识和执行情况探讨，企业、金融机构、监管部门等生物多样性保护关键主体对生物多样性概念已有一定程度的认知，但缺乏实践主动性，企业生物多样性信息披露普及工作急需多方配合引导、研究和推进。

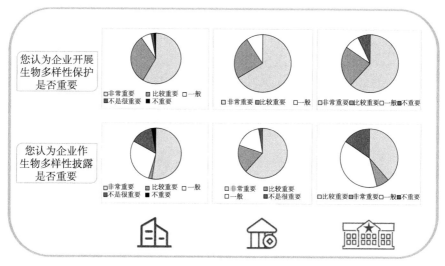

图2　市场对企业开展生物多样性保护和披露调研结果

（资料来源：中央财经大学绿色金融国际研究院）

二、信息披露重要性分析

（一）宏观层面：生物多样性信息披露高度贴合中国可持续发展需求

"生态治理"是国际可持续议题在中国的本土化改良成果。根据世界经济论坛（World Economic Forum，WEF）发布的《自然风险上升：治理自然危机，维护商业与经济》①报告内容，占全球GDP总值50%以上的经济价值产出

① 世界经济论坛，普华永道.自然风险上升：治理自然危机，维护商业与经济 [EB/OL].（2022–01–10）[2023–05–10].https://www3.weforum.org/docs/WEF_New_Nature_Economy_Report_2020_CN.pdf.

中度或高度依赖自然生态及其相关服务，与测算的基线水平相比，目前全球生态系统的规模和状况下降了47%。为此，国际社会迅速提升生物多样性丧失议题重要性，致力于高优先级领域的生态保护未来情景研究和生产实践优化。由于社会经济发展阶段的差异，可持续发展理念在全球各国的落地程度有所不同。自党的十八大以来，中国持续将生态文明建设摆在全局工作的突出位置：在"五位一体"总体布局中，生态文明建设是其中一位；在新时代坚持和发展中国特色社会主义的基本方略中，坚持人与自然和谐共生；在三大攻坚战中，污染防治是其中之一；在到21世纪中叶建成社会主义现代化强国目标中，美丽中国是核心成果之一；2021年10月，中国昆明举办了联合国《生物多样性公约》第十五次缔约方大会（COP15），旨在协同各方共商全球生物多样性治理新战略。因此，坚持生态文明建设是我国积极参与国际应对气候与环境风险的本土行动，也是现阶段党和国家事业发展全局中的重要环节。

生物多样性信息披露为我国产业转型提供动态表达，体现了负责任的大国风范。与传统环境信息披露相比，生物多样性信息披露更加侧重于非标准化的多元生态议题，能够在原有的污染、排放等信息上增加更为深远的生态信息指标，范围涵盖陆地、海洋、海岸以及海岛等生态系统下的各种生物多样性内容，是所有可持续实践的首要框架标准前提。以生物多样性为主的生态治理议题充分贴合了我国生态文明建设的长期规划需求，而生物多样性信息披露作为常态化治理的重要支持工具，势必成为未来工作开展的重点。一方面，整体的信息披露要求能够倒逼应用端"自下而上"形成行业治理规范，通过强化内部治理，推动企业界更为主动参与生物多样性保护，保障中国生物多样性最丰富国家的地位。另一方面，通过企业端和机构端的信息披露，能够帮助利益相关者乃至国际社会提升对中国"生态治理"可持续思路的认知和认可，深入了解中国的生物多样性保护实践效果，进而助力我国在国际绿色领域彰显责任担当，为未来的信息披露和可持续治理作高质量背书。

（二）中观层面：生物多样性信息披露助力各行各业积极应对生物多样性关联风险

生物多样性丧失带来的风险将在全链条产业内广泛扩张。生态系统的动态性以及复合性决定了生物多样性保护所涉领域的广泛性。在产业融合趋势加强的当下，生物多样性的负面影响已经由供应链和行业联动传导至各行业的各个环节，并不断恶化。例如，根据国家林业和草原局发布的《2018年全国草原违法案件统计分析报告》，2018年各类草原违法案件发案总数8199起，破坏草原面积11.47万亩，造成包括动植物品种多样性以及遗传多样性丧失等多种恶劣影响，严重阻碍了农林牧渔业的可持续发展。根据联合国支持下ENCORE生物多样性模块的分析结果，全球超过40%的采矿活动发生在生态完整性严重下降的生态区[①]，采矿业中仅2%的矿山就能提供行业内50%的降低物种灭绝风险的潜力；农业板块中，仅耕地部分就提供了超过60%的潜力去降低全球陆地区域物种灭绝的风险。因此，为保障各行业的可持续发展，有必要关注行业端对生物多样性和生态系统造成的直接和间接影响，缓解全球生物多样性丧失危机。

生物多样性信息披露为金融体系风险防范提供信息基础。根据气候相关财务信息披露工作组（TCFD）的划分，气候变化对低碳经济转型和实体造成的相关风险大致可分为两类，即转型风险和物理风险。在自然相关财务信息披露工作组（TNFD）的框架下，各种形式的自然和生物多样性破坏所带来的风险更为复杂，其传导至金融端，将进一步拉升金融机构的系统性风险，并造成社会责任风险显著增加。同时，生物多样性保护的细致分类和信息披露的缺失导致金融端的风险应对失据，相关评估和资金支持工作无法展开。2021年，36家中资银行业金融机构、24家外资银行及国际组织共同发表

[①] 根据美国环境保护署（EPA）定义，生态区（Ecoregion）是生态系统（以及环境资源的类型、质量和数量）大致相似的区域。

《银行业金融机构支持生物多样性保护共同宣示》[①]，充分表达金融机构将生物多样性保护纳入考量、支持生态文明建设的决心。信息披露作为绿色金融发展重要推动力，发挥着消除绿色金融市场信息不对称、不透明等障碍的作用，在生物多样性风险日渐严峻的情况下有针对性建构的生物多样性信息披露框架能够帮助金融机构更全面了解各行业在生物多样性保护上的治理结构、政策制度、产品创新、管理流程、量化分析以及影响分析等举措，并通过科学的定性定量测算、情景分析和压力测试等为外部投资者提供风险参考，进而敦促金融机构进一步优化授信指标，引导行业进行生物多样性保护，以良性的资金循环构建起金融与实体互促互进的生态文明建设堡垒。

（三）微观层面：生物多样性信息披露保障企业长足发展

生物多样性议题为企业提供长效发展思路。进入21世纪以来，以联合国为主的各国际组织机构积极推进企业参与生物多样性保护的制度体系建设，从2010年《联合国生物多样性公约》第十次缔约方大会（COP10）发布的《联合国生物多样性2020目标》到近年来《企业与生物多样性承诺书》（COP13）、"生物多样性中和"和"生物多样性净增益"（COP14）以及其他"生物多样性论坛"成果，逐步明确了企业和利益相关者实现或实施可持续生产与消费计划的必要性。企业通过科学识别、计量、估算和披露对生态系统服务的影响和依赖，能够助力推进"以公平合理的方式共享由遗传资源而产生的惠益"这一目标的实现，兼顾完善自身的法定义务和社会责任。其次，企业作为依赖、影响和利用自然资源的重要参与者，既是推动落实保护措施的核心主体，也是生态治理直接受益方之一。例如，通过外部生物多样性信息披露，以生物资源为生产素材之一的企业群能够获取交叉产业链条上的关键环境风险提示；对生物多样性影响较大的高能耗、高污染型企业群则能够基于信息披露反馈获取专业性的修复、治理对策，实现政策端到实践

[①] 宣示提出制定"生物多样性战略"、强化"生物多样性风控"、确立"生物多样性偏好"、加大"生物多样性投资与创新"、做好"生物多样性披露"、改善"生物多样性表现"、促进"生物多样性合作"7项内容。

端的生物多样性保护双赢局面。

生物多样性信息披露拓宽企业融资渠道。尽管现阶段开展生物多样性信息披露将导致企业成本的增加，但从长远角度来看，信息披露有助于企业自身内外可持续成果与潜力的全方位展示，能够助力资本市场发掘新兴绿色产业板块，盘活绿色资金在生态相关领域的涌流。首先，生物多样性信息披露作为前沿的信息披露项目，为企业参与引领行业生态标准制定打造了实践基础，进行披露的企业"先行者"能够向外界展示"负责任"的良好形象，形成正面品牌影响，并提高内部及利益相关者对生物多样性价值的认识，提升企业外部评估价值。其次，信息披露能够通过尽调及时收集工程建设、过度捕捞、特有种危机等不合理活动造成的重大影响，帮助企业发现生态隐患，进而将生物多样性因素有机融入治理决策，优化资源配置与生产管理流程。最后，该类信息披露能够帮助生态相关行业的投资者减少信息不对称下的决策失误隐患，从更高的视角对企业进行评估。内外齐下，生物多样性信息披露能够助力企业进行查漏补缺，改善市场信誉与管理路径，在"生物多样性+金融"的绿色经济转型格局下，对资本市场实现正向价值输出，帮助充分识别绿色经济活动，提升投资者信心与资产稳定性，进而吸引更多外部资金流入，实现绿色转型投融资渠道的进一步拓宽。

三、国内外生物多样性信息披露探讨

在《生物多样性公约》的发展和推进下，生物多样性信息披露框架和披露方法研究从国际组织为引领、多双边金融机构为督促和引导，到多国国家层面规划执行已有一定的实践和探索。本部分将重点选取具有国际应用参考性和示范性的生物多样性管理和披露框架进行梳理。

（一）自然相关财务信息披露工作组（TNFD）

自然相关财务信息披露工作组（Taskforce on Nature-related Financial Disclosures，TNFD）成立于2021年6月，是在气候相关财务信息披露工作组市场实践与经验积累下进一步深化自然因素对经济活动影响与机遇的全球倡议。

TNFD在2022年6月发布的《自然相关财务信息披露框架Beta v0.2》[①]中明确积极并广泛寻求与《生物多样性公约》中全球生物多样性框架中两个全球目标的一致性，加深企业对生物多样性与经营活动作用机理的理解；创新提出LEAP（Locate，Evaluate，Assess，Prepare）分析框架协助企业对生物多样性相关要素进行内外部梳理、评估和披露（见表3）。

表3 自然相关财务信息披露工作组·LEAP分析框架

定位/寻找 （Locate）	评价 （Evaluate）	评估 （Assess）	准备 （Prepare）
与自然的联结	依赖与影响	重要风险与机遇	应对与报告
L1：业务足迹 L2：自然联结 L3：优先地点识别 L4：部门识别	E1：识别相关的自然资产和生态系统服务 E2：识别依赖及影响 E3：依赖分析 E4：影响分析	A1：风险识别与评估 A2：既有风险缓释与管理 A3：额外的风险缓释与管理 A4：重要性评估 A5：机会识别与评估	战略与资源配置 P1：战略与资源配置 P2：绩效评估 披露行动 P3：报告 P4：呈现与发布

资料来源：TNFD，The TNFD Nature-Related Risk and Opportunity Management and Disclosure Framework Beta v0.2。

（二）气候披露标准委员会（CDSB）

气候披露标准委员会（Climate Disclosure Standard Board，CDSB）是由商业、环境和非政府组织组成的国际联盟，致力梳理自然社会资本的重要性，推进和调整全球主流企业的报告形式。

CDSB在气候信息披露逻辑框架下于2021年11月发布《与生物多样性相关信息披露应用指南》[②]（*Application guidance for biodiversity-related*

[①] Taskforce on Nature-related Financial Disclosures. The TNFD Nature-Related Risk and Opportunity Management and Disclosure Framework Beta v0.2. [EB/OL]. （2022-06-10）[2023-05-10].https://framework.tnfd.global/wp-content/uploads/2022/07/TNFD-Framework-Document-Beta-v0-2-v2.pdf.

[②] Climate Disclosure Standards Board. CDSB Framework-Application guidance for biodiversity-related disclosures [R/OL]. （2021-11-10）[2023-05-10]. https://www.cdsb.net/sites/default/files/biodiversity-application-guidance-single_disclaimer.pdf.

disclosures），其内容包含但不限于信息披露框架、企业披露自查表、披露报告注意要点等内容，用于协助公司分析并披露生物多样性层面的风险与机遇及财务绩效关联性。在信息披露框架层面，CDSB建构"治理，管理层环境政策、战略和目标，风险与机遇，环境影响来源，绩效及比较分析，未来展望"六大维度；在企业披露自查表方面，主要判定依据为企业经济活动与生物多样性关联的"重大性"（Material）"；在披露注意要点方面则包含"空间范围、时间维度、多方面影响要素、相互联结性、参与与协作、方法学"（见表4）。

表4　与生物多样性相关信息披露应用指南·披露框架

披露框架	指标描述
REQ–01 治理	●披露管理生物多样性相关管理政策、战略和信息等相关人员或委员会； ●描述管理上述工作内容的职能分工及理由； ●解释是否将生物多样性要素纳入区域或产品/服务项目评估与管理流程，满足生物多样性监管、利益相关方交流等； ●描述是否有与生物多样性相关问责机制和激励体系建设； ●解释与生物多样性相关政策、战略、信息披露治理机制是否与其他重大问题不同。
REQ–02 管理层环境政策、 战略和目标	●解释企业经济活动与生物多样性相关的依赖性和组织影响，及是否考虑与自然资本的关联； ●总结生物多样性政策与策略，说明生物多样性如何链接组织及风险，相关政策如何支持总体战略实现； ●如何与利益相关方建立生物多样性相关战略、政策与管理； ●目标制定与进展，包含但不限于设定时间表、考核指标、基线等； ●说明生物多样性政策与战略下的资源分配。
REQ–03 风险与机遇	●采用价值链方法考虑并分析不同类型风险，确定与生物多样性相关重大风险与机遇； ●解释与生物多样性相关重大风险与机遇对商业、价值链、产品或服务的影响，包含地理位置和时间范围； ●充分使用金融及非金融指标，量化在现有的商业模式和战略下生物多样性相关风险和机遇情况； ●描述评估、识别、监测与生物多样性相关风险和机遇流程。
REQ–04 环境影响来源	●基于对生物多样性影响分析、变化与评估，提供与生物多样性相关影响评价指标； ●提供绝对和标准化指标数据情况； ●提供披露指标的释义、核算方法流程和有限性等内容； ●尽可能对上述指标进行分类汇集，以提高指标的可理解性和可比性。

续表

披露框架	指标描述
REQ–05 绩效及比较分析	● 披露REQ–04指标对应数据，以支持生物多样性相关重大影响分析和比较； ● 将绩效、基准、目标等披露指标结合分析； ● 描述组织控制范围内/外面临与生物多样性相关变革主要趋势。
REQ–06 未来展望	● 解释未来与生物多样性相关影响、风险和机会，生物多样性战略对组织绩效和恢复弹性的可能影响以及监管和市场趋势的变化情况； ● 确定并解释适用于公司未来展望覆盖的时间范围； ● 描述技术、场景和假设等未来发展或存在的不确定性。

资料来源：CDSB Framework·Application guidance for biodiversity-related disclosures。

（三）全球报告倡议组织（GRI）

全球报告倡议组织（Global Reporting Initiative，GRI）是由联合国环境规划署与美国非营利环境组织共同发起成立的独立国际组织，旨在为企业、政府和其他组织提供具有实用意义和可比性的企业社会责任报告框架。

GRI可持续发展报告标准为伞形结构设计并由交互关联模块体系组成，GRI 304[①]为GRI 300环境主题中针对生物多样性披露标准，包含"管理方法披露，所有/租用/管理所在区域生物多样性情况，经济活动、产品和服务对生物多样性的重大影响，栖息地保护或恢复情况，作业地区物种情况"五大板块（见表5）。

表5 全球报告倡议组织GRI 304·生物多样性主题披露

披露框架	指标描述
管理方法披露	（此部分指标参考具有通用性披露标准GRI 103） 管理方法披露包含组织如何管理相关议题、影响、利益相关者沟通等综合议题。在针对生物多样性主题是需包含描述与主体相关政策与战略，战略可包含但不限于预防、管理、修复等综合要素。

---

① Global Reporting Initiative. GRI 304: Biodiversity 2016[R/OL].（2016–05–10）[2023–05–10].https://www.globalreporting.org/standards/media/1011/gri–304–biodiversity–2016.pdf.

披露框架	指标描述
304-1 所有/租用/管理所在区域生物多样性情况	对于在保护区内拥有、租赁、管理或邻近的每个运营场地，以及在保护区和保护区外具有高生物多样性价值的区域： ●地理位置； ●拥有、租赁或管理的地下和地上土地生物多样性情况； ●与保护区（在保护区内、邻近或包含部分保护区）或保护区外的高生物多样性价值区域相关的位置； 经营类型（办公室、制造或生产，或采掘业）； 运营场地大小； 生物多样性价值是指保护区属性或保护区外高的生物多样性价值； 列出受保护状态为特征的生物多样性价值。
304-2 经济活动、产品和服务对生物多样性的重大影响	●下列一种或多种生物多样性产生重大直接和间接影响的性质： 建造或使用制造工厂、矿山和运输基础设施；污染物；引进入侵物种、害虫和病原体；减少物种；生态环境转换；在自然正常变动范围之外的生态过程变化； ●重大的直接和间接的积极和消极影响： 受影响的物种；受影响区域的范围；影响持续时间；影响的可逆性或不可逆性。
304-3 栖息地保护或恢复情况	●所有受保护或恢复的栖息地的大小和位置，以及恢复措施的成功是否得到了独立的外部专业人员的批准； ●是否与第三方建立伙伴关系，以保护或恢复不同于该组织监督和实施恢复或保护措施的栖息地； ●截至报告期末，每个地区生物多样性情况； ●企业评估所使用的标准、方法和情景假设。
304-4 作业地区生物多样性统计中被列入世界自然保护联盟（IUCN）红色名录或国际保护物种名册情况	按照世界自然保护联盟（IUCN）红色名录及国家保护名录物种分类总数统计：极度濒危/濒危/易危/低危/无危险物种。

资料来源：GRI 304：生物多样性（2016版）。

（四）自然资本联盟（NCC）

自然资本联盟（Natural Capital Coalition，NCC）关注生态系统和生物多样性等自然资本，致力于通过将自然资本纳入企业经济活动考量重新定义价值和转型决策方式，推动企业采取行动，以保护和增强自然资本效用支持社会和经济发展。

由自然资本联盟开发设计的《自然资本议定书》[①]（*Natural Capital Protocol*，NCP）是目前国内外企业执行生物多样性管理与信息披露重要的参考框架之一，包含但不限于从自然资本定义与价值探讨出发，通过汇集国际先进倡议和组织标准研究，建构"四项原则、四个阶段、九个步骤"具有广泛实践性的标准化流程，为企业自然资本价值认知、分析、决策到披露提供应用支持。在执行原则上，NCP建议遵循"相关性、严格性、可复制性、一致性"四大原则，以引导自然资本后续评估流程；在推进阶段方面，为"设立框架—确定范围—计量和估算—实施应用"，并明确每个步骤需要解决自然资本评估的具体问题（见表6）。

表6　自然资本议定书·评估流程

评估阶段	评估步骤	
设立框架	步骤1 启动评估流程	●熟悉自然资本的基本概念 ●将这些概念应用于特定的企业背景 ●准备企业评估
确定范围	步骤2 确定评估目标	●识别目标受众 ●确定利益相关方和适当参与度 ●表达评估目标
	步骤3 确定评估范围	●确定组织焦点 ●确定价值链边界 ●明确价值观类型 ●决定评估影响或/和依赖 ●决定考虑哪种估值类型 ●考虑其他技术问题（基线、情景、空间范围和时间范围） ●考虑其他关键规划因素
	步骤4 确定影响和/或依赖	●列出潜在具有实质性的自然资本影响和/或依赖 ●确定实质性分析的标准 ●收集相关信息 ●完成实质性分析
计量和估算	步骤5 计量影响驱动因子和/或依赖	●将业务与影响驱动因子和/或依赖对应匹配 ●确定要计量哪些影响驱动因子和/或依赖 ●确定数据和计量方法 ●收集数据

---

① Natural Capital Coalition. Natural Capital Protocol [R/OL]. （2016-07-10）[2023-05-10].https://naturalcapitalcoalition.org/wp-content/uploads/2018/05/NCC_Protocol_WEB_2016-07-12-1.pdf.

续表

评估阶段		评估步骤
计量和估算	步骤6 计量自然资本状态的 变化	●识别与业务活动和影响驱动因子相关的自然资本变化 ●识别与外部因素相关的自然资本变化 ●分析影响自然资本状态的趋势 ●选择计量变化的方法 ●开始计量或委托外部专家
	步骤7 估算影响和/或依赖	●确定影响和/或依赖的后果 ●确定相关成本和/或收益的相对重要性 ●选择适当的估值技术 ●开始估值或委托外部专家
实施应用	步骤8 解读和测试评估结果	●测试关键假设 ●识别影响对象 ●整合评估结果 ●验证与核实评估流程和结果 ●审查评估的优劣势
	步骤9 采取行动	●应用结果并采取措施 ●开展内外部沟通 ●将自然资本评估作为企业经营的一部分

资料来源：Natural Capital Coalition-Natural Capital Protocol。

（五）世界基准联盟（WBA）

世界基准联盟（World Benchmarking Alliance，WBA）成立于2018年，致力于以改变衡量业务影响评估模式，创建可持续发展基准，提高向可持续未来转型的动力和积极性的全球组织。

截至目前，WBA已确立"社会、城市、低碳化与能源、食物与农业、自然与生物多样性、数字化、金融"七大系统转型需求。其中"自然转型"（Nature Transformation）专注研究商业如何有助于稳定和弹性应对生态系统变化，在2022年4月发布的"自然基准方法学"[①]中明确从三个维度、25个指标对公司在保护环境和生物多样性方面进行评估（见表7）。

---

① World Benchmarking Alliance. Nature Benchmark Methodology [R/OL]（2022-04-10）[2023-05-10]. https://assets.worldbenchmarkingalliance.org/app/uploads/2022/08/The-2022-Nature-Benchmark-Methodology-20-August-update.pdf.

表7　世界基准联盟·自然基准

自然基准—维度		指标
治理与战略		A1 可持续发展战略 A2 可持续发展战略的问责制 A3 利益相关方参与 A4 游说与宣传 A5 循环和自然积极过渡
生态系统与生物多样性	自然状态	B1 自然影响评估 B2 自然依赖性评估 B3 对生物多样性具有重要意义的关键领域 B4 关键物种
	陆地和海洋用途变化	B5 生态系统转换 B6 生态系统恢复
	直接利用	B7 资源开发和循环性能 B8 土壤质量与健康 B9 取水方式
	污染	B10 水质 B11 有害物质和废物 B12 塑料使用与废物处理 B13 空气质量
	气候变化	B14 范围一/二温室气体排放 B15 范围三温室气体排放
	外来入侵物种	B16 外来入侵物种
社会包容和社区影响		C1 享有安全、清洁、健康和可持续环境的权利 C2 土著居民权利 C3 土地权利 C4 水资源和卫生 *参见WBA，关注关于尊重人权、体面工作、道德行为的18个核心社会指标

资料来源：WBA，Nature Benchmark Methodology。

（六）世界银行（World Bank）

世界银行集团作为独特全球性合作组织，主要向发展中国家提供该资金、咨询和技术援助，支持联合国全球可持续发展目标的切实推进和达成。世界银行于2016年发布的《环境与社会框架》[①]（*Environmental and Social*

[①] The World Bank. Environmental and Social Framework [R/OL].（2017–03–05）[2023–05–10].https://thedocs.worldbank.org/en/doc/837721522762050108–0290022018/original/ESFFramework.pdf.

Framework，ESF）中提出对"劳工、不歧视、气候变化缓解和适应、生物多样性、社区健康与安全、利益相关方"等提出需遵循的原则和框架，展现对环境和社会维度可持续发展的关注。

世界银行《环境与社会标准6》（*Environmental and Social Standard 6*，ESS6）为专门针对生物多样性保护和生物自然资源可持续管理所提出的标准与要求，且相较于前述讨论的框架与标准，将更适用于对"项目"维度关联的风险评估，包含但不限于对借款国和开展情况等（见表8）。

表8　环境与社会标准6

框架	描述
综述	●综合参考《环境和社会标准1》中关于项目对栖息地以及其支持的生物多样性的直接、间接和累积性影响等内容。 ●包括但不限于对生物多样性的威胁，例如栖息地丧失、生态系统退化和破碎化、外来物种入侵、过度开采、水文变化、营养负荷、环境污染和偶然捕获，以及预期气候变化影响。
风险和影响评价	●将确定潜在项目风险和项目对栖息地及其生物多样性的影响。 ●基线条件的描述，其在某种程度上应与预期风险和影响的重要性相当，且具有特定关系。 ●已确定项目对生物多样性和栖息地的潜在风险和影响，依据管理及缓解措施排序和良好国际行业实践管理这些风险和影响。
保护生物多样性和栖息地	●保护和保存栖息地和它们支持的生物多样性，管理及缓解措施排序中应包括生物多样性补偿措施；*补偿方案的设计必须遵循"相似或更好"的原则，而且必须根据良好国际行业实践来实施。 ●聘请具有补偿设计和实施经验的资深专家，并让利益相关方参与。 被改变的栖息地 应避免并将对这类生物多样性的影响降至最低，并在适当情况下采取缓解措施。 自然栖息地 评价过程中确定的自然栖息地，将依据管理及缓解措施排序寻求避免对自然栖息地的不利影响。 重要栖息地 不应在重要栖息地地区实施任何具有潜在不利影响的项目活动。
法定保护区和国际认可的具有高度生物多样性价值的区域	●将确保从事的所有活动符合本地区的法定保护状态和管理目标。 ●确定和评估项目的潜在不利影响，实施管理及缓解措施排序，预防或缓解项目对该区域的完整性、保护目标或生物多样性重要性的不利影响。

续表

框架	描述
外来入侵物种	● 不得故意引入任何新的外来物种（目前还未确认出现在项目所在国家或区域的），除非该行为符合现有物种引入监管框架。 ● 拟议项目所在的国家或地区已经存在外来入侵物种，借款国应尽力确保这些物种不扩散到其他区域。
生物自然资源的可持续管理	● 涉及初级生产和收获自然资源的项目，评估这些活动的总体可持续性，以及它们对当地、附近或生态相关联栖息地、生物多样性和社区（包括原住民）的潜在影响。 ● 通过良好管理实践和现有技术，以可持续方式对自然资源进行管理。
主要供应商	● 若项目采购的自然资源商品（包括食品、木材和纤维商品）可能来自存在重大转换或严重退化风险的自然或重要栖息地地区，环境和社会评价将包括主要供应商使用的评估系统和验证实践。 ● 建立能发挥以下作用的系统和验证实践。

注：评价与执行为节选，具体项目条款和执行条件需参考《环境与社会框架》原文。
资料来源：世界银行·环境和社会框架。

四、面向中国企业的生物多样性信息披露框架设计

（一）框架制定原则

《企业生物多样性信息披露框架》遵循全面性、可行性、双面性及可参考性四大原则制定。同时要求披露主体真实、准确、完整地披露生物多样性信息，不存在模棱两可的言辞，不得有非真实记载或重大事件的遗漏。

1. 全面性

本披露框架由上至下涵盖了企业管理层面、战略层面、执行层面，实现企业运营流程、商业流程全覆盖。

2. 可操作性

本披露框架涵盖定性和定量披露指标，基于国内生物多样性披露尚处起步阶段，本披露框架以定性指标为主，定量指标为辅，降低企业披露的起步门槛。

3. 多维度性

本披露框架关注企业与生物多样性的相互作用，披露指标的设计围绕依赖与影响、直接作用与间接作用、正面影响与反面影响制定，引导企业多维度思考与生物多样性的关系并作出信息披露。

4. 可参考性

本披露框架参考了自然相关财务信息披露工作组（TNFD）、气候披露标准委员会（CDSB）、全球报告倡议（GRI）、世界生物多样性协会（WBA）、国际自然保护联盟（IUCN）、自然资本联盟（NCC）等国际组织出具的与生物多样性相关的披露框架及指标。

（二）披露框架

1.治理与政策	2.战略与目标	3.生态系统与生物多样性分析	4.风险与机遇	5.绩效追踪与评估	6.未来展望
·决策监督 ·执行职能 ·外部政策 ·内部政策 ·利益相关方	·战略愿景 ·关键绩效指标 ·基于循环经济与自然友好的商业模式转变	·依赖度评估 ·运营地点评估 ·物种情况 ·生态系统情况 ·直接自然资源耗用情况 ·排放物及管理情况 ·生态争议事件 ·生物多样性保护与修复 ·利益相关方	·识别与定性分析 ·量化分析 ·短中长期影响及分析 ·应对措施与保护行动 ·风险追踪与定期评估	·执行情况 ·评估步骤和方法 ·披露形式 ·第三方核验或鉴证	·监管与市场响应 ·风险与机遇管理 ·绩效影响预期 ·能力提升

图3　企业生物多样性信息披露的各组成部分

（资料来源：中央财经大学绿色金融国际研究院）

1. 治理结构与政策

（1）决策监督

披露主体需说明是否将生物多样性议题纳入公司董事会及高级管理层的战略决策、政策决策、执行监督、风险与机遇监督等决策监督范畴。

（2）执行职能

披露主体需说明是否有指定具体业务部门，负责将生物多样性议题纳入公司日常内部政策开发和执行、战略执行管理、风险与机遇分析等执行职能。

（3）外部政策

披露主体需说明自身贯彻落实的，与机构相关的国家和地方的生物多样性政策、法规及标准等情况，同时需说明自身是否采纳或参考与机构相关的气候与环境国际公约、框架、倡议，以及加入的国内外可持续发展或生物多样性组织、联盟、协会及采纳的相关原则。

（4）内部政策

披露主体需说明制定的与生物多样性相关的内部管理制度、政策和规范，包括但不限于风险管理和应对、影响管理和应对、业务倾斜管理、激励计划等。

（5）利益相关方

披露主体需说明是否在利益相关方沟通中纳入生物多样性议题，并进行利益相关方利益、影响和重要性的评估分析。

2. 战略与目标

（1）战略愿景

披露主体需说明是否将生物多样性议题纳入企业短中长期战略规划中，并阐述企业在战略规划设定中对生物多样性发展路径规划及目标设定，重点说明生物多样性发展路径规划及目标设定，参考的国内外生物多样性目标，如联合国可持续发展目标（SDGs）、《生物多样性公约》（CBD）、国家生物多样性行动规划、《中国生物多样性保护战略与行动计划（2011—2030年）》等。

（2）关键绩效指标

披露主体应明确生物多样性管理关键绩效指标，如受影响的动植物物种数据、项目所在栖息地和生态系统完整性、受干扰的物种、生态系统恢复等相关数据，并披露识别和管理关键绩效指标的流程和依据。

（3）基于循环经济与自然友好的商业模式转变

披露主体应积极评估并披露企业商业模式或运营模式对生物多样性的依赖和影响，并据此采取的应答措施，如"基于自然的解决方案"商业模式优化，用天然湿地作为防护洪涝的功能性基础设施建造等。

3. 生态系统与生物多样性分析

（1）依赖度评估

披露主体应识别评估企业自身商业活动和价值链①体系上的基本活动和辅助活动对生物多样性（遗传基因、物种、生态系统）的相互作用，如披露主体在运营和其采购链对生物多样性的依赖度。

（2）运营地点评估

披露主体应说明日常运营地点位置和各类自然保护地、生态红线区的空间关系。

（3）物种情况

披露主体应披露其运营地点及其业务关系地点具有较高保护价值或保护要求的物种情况，包含但不限于国家重点保护物种及保护物种未覆盖到的中国濒危物种红色名录中的易危物种、外来物种、基因改造物种及"国家及地方重点保护野生动植物名录所列的物种，《中国生物多样性红色名录》中列为极危（Critically Endangered）、濒危（Endangered）和易危（Vulnerable）的物种，国家和地方政府列入拯救保护的极小种群物种，特有种以及古树名木等"（《环境影响评价技术导则　生态影响》（HJ 19—2022）），建议包含世界自然保护联盟（IUCN）濒危物种红色名录的"极危"（Critically Endangered）、"濒危"（Endangered）和"易危"（Vulnerable）物种，以及各类对生态系统健康具有关键作用的物种。

（4）生态系统情况

披露主体应披露其运营地点及其业务关系地点的生态系统情况，至少包括披露运营占地面积、所在生态系统概述，鼓励披露生态系统基线情况、土地变动面积或规模、自然资源在企业商业运营周期的变化和恢复程度等。

---

① 价值链是指在特定行业运营的公司为了向最终客户提供有价值的产品（商品和 / 或服务）而执行的一系列活动。

（5）直接自然资源耗用情况

披露主体应披露其运营地点、过程及其业务关系地点的直接自然资源耗用情况，直接自然资源可依据"可再生—可更新—不可再生"三个范围分类披露，包括但不限于野生动植物体、水资源、能源资源、矿产资源等。

（6）排放物及管理情况

披露主体应根据运营机构及其业务关系机构的行业性质选择对应的行业污染物排放标准，并披露报告期内其运营地点及其业务关系地点的排放污染物及管理情况。

（7）生态争议事件

披露主体应披露报告期内发生的生态争议事件，及采取的响应措施。

（8）生物多样性保护与修复

鼓励披露主体描述报告期内运营过程中对生物多样性的影响、保护与修复情况，包含但不限于在运营过程中执行的与保护和修复相关措施，或在报告期内参与的与生态系统恢复相关活动等。

（9）利益相关方

披露主体应披露报告期内是如何与利益相关方沟通或交流企业业务对生物多样性的依赖度、正负影响，面对的生物多样性风险和机遇等，包括但不限于沟通机制、频率、方式等。

4. 风险与机遇

（1）识别与定性分析

披露主体应披露企业内部如何识别生物多样性相关的重大风险和机遇，至少说明定性分析的方法、流程和结果。

（2）量化分析

鼓励披露主体定量披露企业自身所面对的生物多样性重大风险和机遇，说明量化分析的方法、工具和结果。可考虑的方法包括但不限于情景分析、压力测试、自然资本核算等。

（3）短中长期影响及分析

披露主体应评估并披露在短、中、长期内，自身经营可能面临的与生物多样性相关的风险和机遇对企业业务造成的潜在影响。

（4）应对措施与保护行动

披露主体应就生物多样性风险与机遇分析，就企业采取的应对措施和保护行动进行详细描述和披露，披露范围包含但不限于行动计划、正在执行、已完成行动的报告期内考察等。

（5）追踪与定期评估

披露主体应定期对"（3）短中长期风险影响及分析""（4）应对措施与保护行动"进行追踪与评估，并披露生物多样性相关风险和机遇的执行、偏离及调整情况。

5. 绩效追踪与评估

（1）执行情况

披露主体应定期评估并披露生物多样性相关政策执行、战略管理执行、风险与机遇分析等执行情况。

（2）评估步骤和方法

披露主体应披露生物多样性绩效定期评估步骤和方法，包括但不限于评估频次、评估方法学等。

（3）披露形式

披露主体应披露报告期内生物多样性绩效的披露频次、披露方式、披露平台等信息。

（4）第三方核验或鉴证

（如有）鼓励披露主体应披露是否采用第三方专业机构的生物多样性数据核验报告或鉴证报告。

6. 未来展望

（1）监管与市场响应

鼓励披露主体研判生物多样性保护领域监管及市场的变动趋势，披露未来在生物多样性相关领域上作出的内部管理体系及业务调整。

（2）风险与机遇管理

鼓励披露主体主动依据识别到的生物多样性相关的风险与机遇，对未来风险管理体系进行说明，包括但不限于风险管理提升计划等。

（3）绩效影响预期

鼓励披露主体评估现行或经调整后的生物多样性战略对公司未来组织绩效的正面、负面影响。

（4）能力提升

披露未来在生物多样性保护领域的提升方向和能力建设。

（三）披露工具应用指南

1. 披露清单（Checklist）

项目组参考CDSB的自查流程，不同于CDSB在二级指标上细化自查流程，依据中国本土特色，在披露清单的一级指标上囊括战略、执行等企业运行层面，并同样以细化二级指标的自查问答流程形式帮助披露主体梳理生物多样性表现，更好地作出生物多样性披露（见图4）。

披露清单是一种以流程为导向的信息披露管理模式，涵盖需求梳理、资源确认、反馈迭代等过程，披露主体通过流程问答的形式依次从战略规划、管理机制、依赖与影响、风险及机遇、执行情况以及未来展望六大维度由上而下自查披露主体自身生物多样性保护表现情况，如披露主体的生物多样性目标设定、披露主体与生物多样性保护的依赖度及正/负面作用等，对于未满足生物多样性保护披露基本要求的主体，鼓励完善生物多样性保护战略规划、执行监督、数据收集、风险管理机制等相关内部管理机制，披露清单有助于激发披露主体的生物多样性保护相关自主思考能力，提升披露主体的生物多样性保护能力。

2. 自评估与能力提升（Self-Assessment）

鉴于"生物多样性"之于企业尚属较新且重要的议题，本研究在提出"生物多样性信息披露框架"之下结合经济合作与发展组织于2003年推出

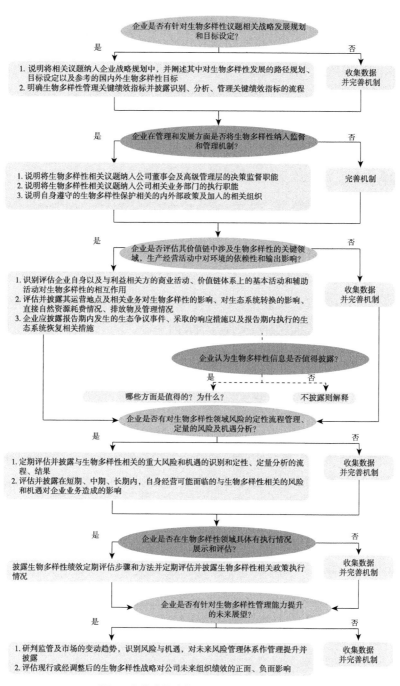

图4　企业生物多样性信息披露自查流程

（资料来源：中央财经大学绿色金融国际研究院）

的DPSIR模型①，重新建构"企业生物多样性DPSIR模型"。DPSIR分析的五要素分别为"驱动力（Drivers）—压力（Pressures）—现状（State）—影响（Impacts）—响应（Response）"，该模型以识别企业运作及其对生物多样性的因果关系为核心，启发企业在客观环境和实际运营过程中更加全面地反思自查，从意识层面深化、分析、应答到反馈螺旋式闭环管理实现其对于经营生产活动生物多样性实践、未来挑战的预测和信息披露的推进。

企业生物多样性DPSIR分析模型：本质上为一套逻辑思考框架，指导企业从更为全面和客观的角度对"企业—生物多样性"相互关系进行批判性和自我提升式思考。

作为生物多样性自查分析工具，可助力企业识别包含但不限于：在客观生物多样性变迁和外部管理要求下面临的挑战，关键数据识别、管理和分析，内外部信息鸿沟，利益相关者对生物多样性相关诉求与沟通、企业应对生物多样性举措（已执行与需要提升的方向）等。

适用维度：可发散运用至企业价值链、企业商业模式和运营与生物多样性交互的评估分析；可聚焦至企业单一项目/产品对生物多样性的依赖和影响。

局限性：本模型致力于协助企业对生物多样性领域的管理和分析，或受限于（1）尚未有企业基于此模型验证生物多样性管理和执行信息披露；（2）未来的经济和社会因素具有不确定性，本模型对生物多样性变化情境下的引导分析或存在偏差。

---

① 原 DPSIR 模型为经济合作与发展组织（OECD）于 2003 年在欧洲环境署（European Environment Agency）的 PSR 模型上延伸推出，是一个探究、分析资源环境和经济社会方面联系与问题的思维框架，被广泛应用于协助决策者在企业可持续发展过程中作出重要决策。DPSIR 模型为"驱动力（Drivers）—压力（Pressure）—状态（State）—影响（Impact）—响应（Response）"全因果链的动态风险评估方法，从人类生产生活（Drivers）对自然造成的压力（Pressure）展开，明确压力对自然环境（State）造成的影响，并通过因果链判定自然环境状态的变化为人类带来的影响（Impact）将会促使人类作出响应（Response）。

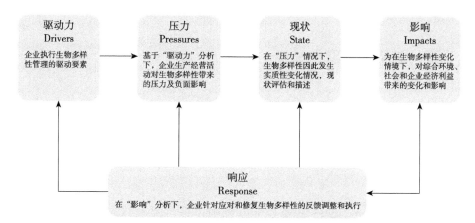

图5 企业生物多样性DPSIR分析模型应用流程参考

（资料来源：中央财经大学绿色金融国际研究院）

表9 企业生物多样性DPSIR分析模型描述

要素	企业生物多样性DPSIR释义
驱动力 （Drivers）	"驱动力"指企业执行生物多样性管理的驱动要素，可分为内部和外部两方面。 内部：从企业生产经营活动的需求出发，将"生物多样性"作为资源的依赖情况分析。 外部：包含但不限于外部政策要求、资本市场投资要求、社会理念变迁等；如国际社会对生物多样性严加关注、中央到地方政策管理要求增加、行业对环境（含生物多样性）管理标准提升、资本市场的投资偏好和风险管理要求向生物多样性转向、社区及利益相关方对生物多样性的关注等。
压力 （Pressures）	"压力"指基于"驱动力"分析下，企业生产经营活动对生物多样性带来的压力及负面影响。
现状 （State）	"现状"指在"压力"情况下，生物多样性因此发生实质性变化情况，现状评估和描述。
影响 （Impacts）	"影响"描述为在生物多样性变化情境下，对综合环境、社会和企业经济利益带来的变化和影响。
响应 （Response）	"响应"为"影响"分析下企业针对应对和修复生物多样性的反馈调整和执行，可分为内部和外部两方面： 内部：从企业的生产经营和管理角度出发，对生物多样性的依赖和发生的影响做出改善和调整，包含但不限于企业对自身价值链、商业模式的可持续探索，企业将生物多样性议题纳入管理架构和风险分析。 外部：企业对外部相关单位的生物多样性管理要求及沟通，包含但不限于企业对供应链生物多样性提出更高的管理和筛选要求，与利益相关方就生物多样性议题的联络和沟通等。

资料来源：中央财经大学绿色金融国际研究院。

五、信息披露案例分析

（一）企业生物多样性执行案例

1. 合盛（Halcyon Agri）

（1）机构概述

合盛（Halcyon Agri）总部位于新加坡，是世界领先的橡胶特许经营企业。主营业务包括橡胶产品生产和天然橡胶供应链。2015年，合盛升级到新加坡交易所主板。2016年，中化国际（控股）股份有限公司成为其母公司。因其业务覆盖橡胶种植和加工，所以高度依赖生物资源，合盛一直以来坚持以负责任、可信赖的方式经营可持续业务。

（2）生物多样性标准应用与披露

根据其2020年发布的可持续报告，合盛是生物多样性信息披露的良好典范。合盛的可持续报告遵照GRI准则，根据GRI 304-1，报告披露与保护区和其他具有高生物多样性价值地区有关的每个运营点翔实的信息。遵循GRI 304-4，报告列举栖息地位于其公司业务影响范围的IUCN红色名录物种和国家保护名录物种的名单。同时，报告还涵盖GRI 304-2中要求的公司业务对生物多样性的重大影响以及说明和GRI 304-3 相关的生物多样性管理和保护措施，包括综合虫害管理（IPM）、景观监测和保护通过缓冲区的水道等。

（3）总结与启示

合盛的可持续报告遵循GRI准则，详细且清晰地披露了公司对生物多样性潜在的负面影响以及其对生态保护方面的努力。同时，公司还承诺将其业务对环境的影响降到最低。但是，合盛的报告并未涉及其全部业务范围。此外，报告中披露的生物多样性负面影响和正面影响没有可比较性，从而无法对其生物多样性净影响/净收益/净损失进行判断。

2. 伊利集团

（1）机构概述

伊利集团是中国规模最大、产品品类最全的乳制品企业，同时也是亚洲第一、世界前五的乳制品公司。伊利在亚洲、欧洲、美洲和大洋洲有效地建立了包括全球资源体系、创新和营销体系的网络。伊利高度重视可持续发展，倡导"全生命周期行动"，开展与环境保护有关的可持续发展规划，包括"绿色牧场、绿色建筑、绿色制造、绿色包装、绿色物流、绿色消费、绿色办公"。

（2）生物多样性标准应用与披露

自2017年，伊利以每年发布生物多样性保护报告和可持续发展报告的方式系统地披露企业推动生物多样性保护的管理理念、实践行动和关键绩效。在其《2021年度生物多样性保护报告》[①]中，伊利承诺"持续健全生物多样性信息披露机制，通过伊利官网、微信公众号以及其他多方平台，向利益相关方披露生物多样性保护领域的最新实践和绩效"。同时，作为首家签署联合国生物多样性公约《企业与生物多样性承诺书》的中国企业，伊利积极对标和落实联合国可持续发展目标（SDGs），保护生物多样性，加入"金蜜蜂全球CSR2030倡议"，以"绿色产业链"战略推进生物多样性保护。

伊利将生物多样性保护列入可持续性发展以及与利益相关方沟通的重要议题之一。同时，根据GRI的评估标准，伊利的《2021年度生物多样性保护报告》和《2021可持续发展报告》[②]完全遵循304-2、304-3和304-4标准，对生物多样性相关信息进行披露。并将联合国可持续发展目标14和目标15落实到公司保护生物多样性的决策中。伊利于2016年签署《企业与生物多样性承诺书》，作出9大承诺，每年按照9大承诺披露实质性进展。这9大承诺包括，理解、测量和评估；降低影响的行动；开发管理计划；定期报告；提高

---

① 伊利集团.2021年度生物多样性保护报告[R/OL].（2022-04-29）[2023-05-10].https://image.yili.com/upload/usrFiles/20220521184515573.pdf.

② 伊利集团.2021可持续发展报告[R/OL].（2022-04-29）[2023-05-10].https://image.yili.com/upload/usrFiles/20220610153921382.pdf.

利益相关方意识；融入商业决策；分享进展；运筹资源支持生物多样性行动；信息披露。

（3）总结与启示

伊利集团对生物多样性的信息披露在国内企业中属于相对完善和成熟的，也是为数不多的将2030联合国可持续发展目标与企业生物多样性保护决策相结合的公司。但值得注意的是，伊利对生物多样性的披露仅限于正面影响。在其报告中几乎未提及负面影响。因此，无法全面地判断伊利集团对生物多样性产生的净影响。

（二）项目生物多样性执行案例

1. 中广核·广东大亚湾核电基地自然资本评估案例

（1）项目概述

大亚湾核电基地位于广东省深圳市大鹏半岛，拥有10平方千米的陆地面积和11千米蜿蜒的海岸线，其所在的西大亚湾海域属于典型的亚热带气候，自然条件优越，生境多样，是众多海洋物种的栖息地。该核电基地拥有大亚湾核电站、岭澳一期和岭澳二期3座核电站共6台百万千瓦级机组，截至2020年底，大亚湾核电基地累计上网发电总量达8005.06亿千瓦·时。该案例根据自然资本联盟（Natural Capital Coalition）发布的《自然资本议定书》中确立的评估流程，围绕这6台机组，自建设期起至2019年底展开了评估，并在中广核《生物多样性保护报告2021》中披露了结果。

（2）生物多样性标准和框架应用

该案例根据自然资本联盟（Natural Capital Coalition）发布的《自然资本议定书》中确立的"四项原则、四个阶段、九个步骤"，围绕这6台机组，自建设期1994年起至2019年底展开了评估，并在中广核《生物多样性保护报告2021》中披露了结果[①]。根据《自然资本议定书》，评估框架分为"设立

---

① 中国广核集团. 生物多样性保护报告 2021[R/OL].（2021-10-30）[2023-05-10].http://www.cgnpc.com.cn/cgn/c101087/2021-10/10/5007ca2dc04d436ea39658094da05ec0/files/c058391802534b37b8be3f076f40b357.pdf.

框架""确定范围""计量和估算""实施应用"四大阶段（具体介绍可参考此报告中自然资本联盟相关内容）。"计量和估算"阶段是自然资本评估的核心和重点，包括影响驱动因子和依赖的计量、自然资本状态变化的计量和对应价值的估算，在本案例中该阶段分为两部分进行披露。最后根据以上框架，该项目披露内容主要分为大亚湾核电基地介绍（设立框架）、识别依赖与影响实质性议题（确定范围）、计量和估算该项目对自然资本的影响和依赖（计量和估算）、评估该项目的企业/社会成本/效益和综合价值（计量和估算）、面向2030行动（实施应用）五个部分。

（3）披露内容

首先在"设立框架"阶段，报告披露了该项目所在地理位置和评估对象。在"确定范围"阶段，大亚湾核电基地作为清洁能源发电项目，其生产运营及其所在核电产业链上、下游均对自然资本具有不同程度的影响和依赖。通过对标分析等方式，本评估案例筛选、识别并披露了3个维度要素的24个实质性依赖/影响："对大亚湾核电基地（自身）的影响"要素包括环境合规成本、极端天气等4项实质性影响；"对社会的影响"要素包括放射性废弃物排放、淡水资源等13项实质性影响；"对自然资本的依赖"要素包括土地资源利用、淡水资源利用等7项实质性依赖。在识别出以上24个实质性依赖/影响后，继续根据生产运营以及产业链上下游各环节的情况对自然资本的影响和依赖程度进行评估和分级，并披露了分级结果，例如"消耗土地、淡水等自然资源，消耗水泥、木材、钢铁等建材""使用淡水和海水资源""消耗矿产资源"3项自然资本依赖"非常重要"，而"开采过程对生态系统造成影响""清洁能源发电减少温室气体排放"两项自然资本影响"非常重要"。

在"计量和估算"阶段，首先通过定性、定量以及货币化方法，评估大亚湾核电基地对于上述3个维度要素的自然资本依赖和影响。例如对于海水扰动的影响，通过定性评估发现，2016年浮游植物与浮游动物种类和1983年相比分别增加了105种和113种，并且对所在海域生物多样性和海水污染未造成明显负面影响；对于土地资源的依赖，通过市场和金融价格法的货币化估值，发现该项目占地11.05平方公里，在评估周期内累计支出的土地租赁费、土地出让金和建设用地使用费为69421.34万元。

在得到自然资本依赖与影响程度计量结果后，可进一步分别转换为企业自身成本、企业效益、社会成本和社会效益，并最后得到大亚湾核电基地的综合价值，即大亚湾核电基地活动产生企业成本为3844131.7万元，企业效益为20万元；产生社会成本为49630.45万元，社会效益为46342407.6万元。

（4）应用与小结

根据最后评估结果，该案例在最后对标联合国2030可持续目标，披露了11项在未来扩大对自然正面影响或减小负面影响的积极行动。本案例采用国内外的较为前沿的自然资本评估方法，和较为完整的披露形式，并且在国内大力发展和完善企业生态环境信息披露和生态补偿等政策形势下，展现了一个在企业生物多样性信息披露中都具有前瞻性和可复制性的实践案例。

2. 国家电网·青海三江源自然保护区生物多样性保护实践案例

（1）项目概述

国家电网自2010年以来在青海地区全面启动电网建设，从青藏联网、玉树联网、果洛联网逐渐延伸至三江源国家级自然保护区。三江源保护区生物多样性资源丰富，既是世界高海拔地区生物多样性最集中的自然保护区，也是中国面积最大的自然保护区，被誉为世界最后一片生态系统的"诺亚方舟"，有野生兽类62种，维管束植物760种，同时还是61种鸟类种群的栖息繁殖地，包括珍稀特有鸟类黑顶鹤、金雕、藏雪鸡等5种国家一级保护鸟类。因此，自2016年起，国家电网转变以往仅考虑电网企业电网稳定运行这一单线条的问题解决模式，从生态平衡视角出发，以"生命筑巢"为主体，从驱鸟转变为护鸟，在保障电网安全稳定运行的同时，维护好三江源地区高原鸟类栖息生存和其他物种种群之间的生物链安全，实现用基于自然的解决方案保障稳定供电[①]。

---

① 国家电网有限公司. 国家电网有限公司生物多样性管理与价值创造 [M]. 北京：中国电力出版社，2022: 317–330.

（2）生物多样性影响

该项目针对三江源地区电网线路铺设过程中与野生动物的冲突进行了生物多样性影响评价和可能存在的风险与机遇，并披露了相关结果。评价结果发现，三江源保护区是鹰、隼、金雕等大型鸟类的家园，这些鸟类喜欢在草原制高点栖息，但向三江源保护区延伸覆盖的电网线路沿途大部分属于高原草甸地形，高大乔木较少。因此在输电线塔树立之后，高大的线塔就成了大型鸟类停留筑巢的首选，工作人员也发现输电线路因鸟类活动而频繁跳闸，部分鸟类因高压电击等受到伤害或死亡等现象。然而加装防鸟刺、驱鸟镜等措施都未取得明显效果。因此，本案例通过科学系统的方法，分析了三江源地区电网运营对生物多样性尤其是鸟类的影响，以及由此导致的生物多样性风险和机会，包括运营、合规、品牌形象等多个方面。

（3）生物多样性保护实践

在生物多样性影响评价的基础上，国家电网采取并披露了相应减缓影响的行动、措施以及行动绩效评估。一方面，对前期以防鸟刺为主的传统防鸟措施所存在问题进行总结之后进行技术改进，例如安装不锈钢防鸟网和防鸟刺结合的设施等；另一方面，通过生物多样性专业机构的合作，不断改进和分析苍鹰、乌鸦、秃鹫等鸟类的监测方法和活动习性，并结合当地管理机构，形成以"电网运维+环境保护+生物科研"为主体的利益共同体，开展科学防鸟护鸟工作。

在大量研究鸟类习性的基础上，国家电网还探索了鸟类与电网和谐相处的新模式，即"在不伤害鸟类和保护高原脆弱的生态环境的前提下，按照输电线路鸟类活动防范原则，改变传统的驱鸟方式，采用引鸟、留鸟的方式，实现'鸟线和谐'"。具体方法包括利用"藤条筐+稻草"制作最能吸引鸟类停留筑巢的圆形碗状鸟巢，项目初期安装的20个人工鸟巢入住率达100%，并且全部成功孵化幼鸟。截至2019年底，玉树嘉塘草原、巴塘草原等安装完成2200套"生命鸟巢"。除此之外还采取差异化管理，例如在线路铁塔密集区域周边装设独立招鹰架等，以保护大型鸟类不受高压电击，也有利于用可持续的方式控制当地草原害鼠种群。

（4）应用与小结

通过以上监测手段和保护实践，国家电网与专业机构合作，制定《输电生态防鸟技术标准与规范》，将科学的生物多样性保护方法进行了总结和传播。国家电网通过前期生物多样性调研、小范围试点和差异化管理等系统的方法，在基础设施建设的生物多样性保护实践上做出了较好的示范。

六、信息披露总结与展望

（一）信息披露现状与关键问题

生物多样性作为自然中的重要一环，是经济增长、平衡绿色和公正转型的基础，截至本报告研究期间，可观察到来自监管、金融机构和企业对生物多样性议题的关注呈现高速发展趋势，从国际社会和公约下对企业和金融机构投融资的大力推动和资本支持，到国内监管积极推进"2020后全球生物多样性框架"协调、贯彻"自上而下"生物多样性主题金融体系建设。

在近距离观察企业生物多样性信息披露时，同样也凸显出在以信息披露为基础推动生物多样性管理方面仍存在亟待解决的痛点问题。

政府及监管层面，一是与生物多样性相关政策目前主要发力于宏观顶层建设，但在推动和落实生物多样性披露相关标准、管理要求等环节政策均未明确；二是基于本项目调研结果观察政府及监管部门因其主要活动与生物多样性缺少直接接触，在生物多样性对企业和金融机构的内生性、外源性关键环节理解，对经济和产业发展多元化关联要素有较大提升空间。

金融机构层面，基于政策动态表达的中间角色以及产品与服务创新需求，多数金融机构对生物多样性已有一定深度的认知，并展现出对企业生物多样性信息披露强烈的需求倾向；与此同时，金融机构在积极推进产品与服务创新之余，认知聚焦在生物多样性保护实践主体以企业为主，对金融机构自身内部贯彻生物多样性理念建设和管理要求稍显匮乏。

企业层面，企业的生产经营活动作为直接与生物多样性变迁重要关联方，整体对生物多样性议题认知有一定程度的理解，但在认知深度方面和框架执行维度则受所在行业影响呈现显著差异。在信息披露层面，一是出于生物多样性管理议题兴起，相关配套框架和政策要求缺失，市场仅有部分领先企业先试先行但整体披露数量和质量仍需进一步提升；二是依据企业在问卷调研中对披露指标难易度反馈，可观察到企业对生物多样性要素管理（如依赖、影响和风险分析等方面）因缺乏专业指引而体现出较难执行的态度。

（二）建议与展望

企业生物多样性信息披露是以"颗粒度"管理落实生物多样性保护与修复的关键，本研究综合前文分析和《中国履行〈生物多样性公约〉第六次国家报告》等文件讨论监管、金融机构和企业以其不同的社会功能和经济角色出发可考虑以下几个方面。

1. 政府及监管部门

一是阶段性强化法律法规建设，以法律的强制性深化企业和利益相关方对生物多样性管理意识。将企业对生物多样性管理纳入经济活动开展、环境管理条例中，完善自然资源产权认定、损害赔偿及生物多样性保护和再利用标准体系，以根本功用和奖惩激励等方式提升市场主体对生物多样性的重视程度。

二是建构生物多样性信息披露框架并建设信息分享平台，以标准化和质量管理推动以生物多样性为市场竞争力的新赛道。相关部门可综合本报告框架和执行难点分析进一步展开深度调研与研究，从易到难逐步细化三级指标和数据应用要求。在标准化披露框架的基础上，企业生物多样性公开信息分享平台的建设不仅可以深化利益相关方乃至公众对相关议题的认知，同时也具有多维度监督功能。

三是加强人才培养和专业研究，以人才输送和科学应用助力企业生物多样性管理和披露等综合能力建设。多部门可基于生物多样性与经济、社会、环境依赖与影响研究和应用需求创建独立学科，一方面鼓励和吸引青年人才积极投身于生物多样性研究和保护；另一方面以人才为基础大力支持生物多样性科学领域研究，包含但不限于生物多样性依赖与影响行业研究、保护与恢复、自然资源价值评估、生态补偿模式探索等为企业和金融机构等需求主体提供风险和机遇分析突破。

2. 金融机构

一是就生物多样性产品创新与服务开展企业深度调研与交流。金融机构以资本倾斜为引导是强化企业生物多样性管理意识的关键，金融机构可考虑从自然资源依赖和影响较大的重点企业展开，以深度调研企业主要活动对生物多样性的干扰情况、保护与修复需求、资金需求、风险评估相关信息披露和数据管理与转化等为执行路径。一方面金融机构可明确产品与服务创新重点方向；另一方面金融机构可通过了解企业端信息和数据现状，在基于现有信息作定向风险管理的同时，与企业共同探讨并提升生物多样性相关信息披露和数据能力。

二是将生物多样性管理贯穿金融机构管理体系，提升直接和间接生物多样性管理能力，推进金融机构生物多样性管理和投融资信息披露。生物多样性是金融机构在绿色金融的基础上进一步拓宽自身领域和风险管理边界的新兴议题，金融机构亟须明确生物多样性之于自身运营、发展和风险管理的定位，不仅作为企业生物多样性管理的督促角色，更需强化自身对相关信息和数据披露的理解和敏感度，提升直接和间接生物多样性要素管理能力。在执行上可自上而下推进对生物多样性的理解，以组织架构、战略规划、投融资清单和策略制定、业务全生命周期管理、风险分析与检测、运营与办公、文化与宣传等为抓手，在基于企业生物多样性信息披露质量阶段性达成的情况下，或可尝试披露金融机构生物多样性管理和投融资信息。

3. 企业

一是将生物多样性纳入企业管理体系架构中，并以信息披露为引导强化内部相关数据管理。企业可以生物多样性信息披露为契机，进一步探索并深入了解自然资源与企业短中长期经营的共生关系，将生物多样性理念切实贯穿到企业管理架构中。企业可考虑以信息披露指标项为参考具体化职能分工和模块化管理,梳理既有信息,规划研究未获取的指标数据,以高颗粒度的数据管理强化企业生物多样性要素分析能力,提高信息披露质量。

二是加强价值链和利益相关方的生物多样性交流,协同推进生物多样性议题管理和框架设计。企业对生物多样性的依赖性和影响不局限于自身经营活动,价值链条上各环节对生物多样性的影响均可呈一定的因果关系,并反映于企业经营。企业应基于自身对生物多样性的理解,进一步将议题拆解至价值链各环节并加以分析,以沟通和交流为渠道,以配套原则和筛选标准为配套,建设强化企业价值链管理。对于利益相关方而言,一方面可积极推进对生物多样性的理解并达成共识,以协同企业生物多样性发展确定战略方向和框架设计;另一方面可深入了解不同利益相关方对生物多样性的相关议题重点,在补齐内部要素的基础上,定向响应议题的执行情况。

致谢:

在本课题编写过程中,我们要特别感谢大力支持本项目的实习生郭泽慧、包昱程、师嘉仪和参与课题问卷调研的单位及个人。他们为课题顺利开展作出了很大贡献,在此我们表示衷心的谢意。

金融支持生物多样性的国际实践与案例研究

编写单位：世界资源研究所

　　　　　　复旦大学泛海国际金融学院

　　　　　　中央财经大学绿色金融国际研究院

课题组成员：

    马震宇　世界资源研究所

    李晓真　世界资源研究所

    唐丁丁　世界资源研究所

    Christoph NEDOPIL WANG　复旦大学泛海国际金融学院绿色金融与
        发展中心

    Aleksandra Janus　中央财经大学绿色金融国际研究院

编写单位简介：

    世界资源研究所：

    世界资源研究所是一家独立的全球研究机构，致力于寻求保护环境、发展经济和改善民生的实际解决方案。2008年，世界资源研究所在中国北京开设了首个海外办公室，主要在可持续投融资、可持续城市、气候与能源、食品与自然资源四大重点领域开展项目和研究工作。

    复旦大学泛海国际金融学院：

    复旦大学泛海国际金融学院绿色金融与发展中心是一家为国内外金融机构和监管机构提供绿色和可持续金融的咨询、研究和能力建设的研究中心，致力于金融、政策和行业的交叉领域，加速绿色和可持续金融工具的开发和使用，以应对气候和生物多样性危机，并为更好的社会发展机会作出贡献。

    中央财经大学绿色金融国际研究院：

    中央财经大学绿色金融国际研究院是以推动中国和全球绿色金融发展为目标的开放型和国际化的研究院，前身为中央财经大学气候与能源金融研究中心。中国金融学会绿色金融专业委员会常务理事单位，并与财政部等有关部门共建学术伙伴关系。研究方向包括绿色金融、气候金融、能源金融、ESG、生物多样性金融、转型金融和健康金融等。

一、引言

生态系统服务是支持人类经济活动的重要基础，而生物多样性的丧失则直接影响到生态系统服务的功能实现。生物多样性丧失可能会导致每年10万亿美元的经济损失（NGFS，2021）[①]，对经济的影响必然会波及金融系统的稳定性。金融行业不但面临生物多样性丧失所带来的物理风险，同时也面临由于保护生物多样性政策的出台或调整所造成企业倒闭和违约及部分金融资产成坏账或估值下降的转型风险。

自2010年"爱知目标"确定并未能全部实现以来，国际社会与金融部门已开始逐渐认识到生物多样性的丧失问题以及保护生物多样性的重要性。各国政府及多边组织发起了一系列政策倡议和协议。国际组织、金融机构及全球智库等也联合发起了一些国际倡议，推动金融支持生物多样性保护，如联合国开发计划署发起的生物多样性金融倡议（BIOFIN），金融稳定理事会成立的自然相关财务信息披露工作组（TNFD），联合国环境规划署牵头成立的负责任银行原则（PRB），以及由世界资源研究所牵头并联合其他44家重要机构发起的生物多样性金融伙伴关系（PBF）。政策合作的开展和国际倡议的发起推动了不同方面标准的制定，如分类法、信息披露要求、风险管理办法等。

然而，"爱知目标"的实践以及当前生物多样性国际进程的迟缓均揭示出全球生物多样性保护资金缺口巨大。预计全球未来十年每年的资金缺口在5980亿~8240亿美元，缺口达85%左右（保尔森基金会等，2020）[②]。除政府财政预算、国际开发援助等传统融资渠道，需创新投融资机制和模式，以及更加

---

① NGFS.Biodiversity and financial stability: building the case for action[EB/OL].（2021−10−15）[2023−05−10]. https://www.ngfs.net/sites/default/files/medias/documents/biodiversity_and_financial_stablity_building_the_case_for_action.pdf.

② Paulson Institute，The Nature Conservancy，and Cornell Atkinson Center for Sustainability.Financing Nature: Closing the Global Biodiversity Financing Gap[EB/OL].（2020−05−10）[2023−06−10]. https://www.paulsoninstitute.org/conservation/financing−nature−report/.

积极地调动金融机构和其他私营部门的参与，以满足生物多样性保护资金需求是至关重要的。一些国外金融机构和其他私营部门对生物多样性融资方式进行了创新探索，如林业碳汇、缓适银行、蓝色债券、生物多样性主题债券等。

在国内，国务院在2021年发布了《关于进一步加强生物多样性保护的意见》（以下简称《意见》），强调了生物多样性对人类生存和发展的重要性，尽管中国在生物多样性保护方面取得了长足进展，但仍面临挑战。《意见》提出了中国在2025年和2035年的总体目标，包括建立保护空间格局、提高森林覆盖率和保护野生动植物物种等方面的目标。此外，《意见》还强调了建立市场化和社会化投融资机制，积极参与全球生物多样性治理并加强国际合作和交流，推动全球生物多样性框架的发展。这表明了中国在生物多样性保护方面的决心。考虑到国际上众多机构和企业在生物多样性金融方面的成功实践，了解并借鉴这些经验，并将其引入中国的实践显得尤为重要。

本报告共包含四部分内容：第一部分是引言。第二部分梳理介绍了国际上生物多样性金融的政策现状，包括国际倡议、国际框架以及公共和私营金融部门的融资实践。第三部分从两个视角开展案例研究——如何加强生物多样性风险管理能力，减少和防止给生物多样性带来负面影响的投资和贸易活动；如何创新融资模式和金融工具，增加对有益于生物多样性保护项目的资金投入包括私营部门的资金——选取了六个生物多样性金融的国际实践案例，以期为中国的生物多样性金融实践提供参考并促进更加广泛的全球合作与国际交流。第四部分总结了国际实践的经验教训，并提出了中国加快开展生物多样性金融公平正义的具体思路。

二、生物多样性金融的国际机制与倡议

（一）国际机制

1. 联合国《生物多样性公约》下的国际合作

相关研究报告指出，填补生物多样性金融的缺口需要同时采用不同的金

融机制，加大并拓宽资源调动的力度。根据《与2020年后全球生物多样性框架相关的资源调动要素草案》，可以通过综合采取多种手段，例如设定填补全球生物多样性金融缺口的总体目标、协调多渠道的资金流与生物多样性融资工具和产品，包括总结并推广成果以及采用多种激励实施方式等实现。目前来看，需要同时采纳以下三种措施来填补生物多样性融资缺口问题：（1）消除、减少或重新定位对生物多样性造成损害的投资；（2）调动和增加对有益于生物多样性保护项目的多渠道资金投入，特别是私营部门的积极参与；（3）提高资金使用的效率、效果和透明度。

截至2022年10月，各国已经提出了各自的目标，超过100多个国家在《生物多样性公约》[①]第十五次缔约方大会的第一阶段会议上签署了《昆明宣言》。该宣言第13条、第14条明确指出了发展和互联生物多样性金融的缺口"改革激励机制，从而消除、逐步淘汰或改革对生物多样性有害的补贴和其他对生物多样性有害的激励机制，同时保护弱势群体，通过各个来源汇集更多财政资源，协调所有资金流，支持生物多样性保护和可持续利用"；同时"加大对发展中国家实施《2020年后全球生物多样性框架》的资金、技术和能力建设支持力度，遵守《生物多样性公约》的规定"。[②]

2. 多边生物多样性基金

全球环境基金（GEF）是《生物多样性公约》缔约方的正式金融机构，也是为自然和气候领域设立的最大的多边信托基金。到目前为止，该基金已为5200多个项目和计划提供了220亿美元以上的赠款和混合融资，共撬动了1200亿美元的配套投资。捐赠方在全球环境基金第八期基金（2022—2026年）认捐了53.3亿美元，比前一期增加了30%以上。

---

① 《生物多样性公约》"与2020年后全球生物多样性相关的资源调动要素草案"[EB/OL].（2012-12-20）[2023-05-10]. https://www.cbd.int/doc/c/bc8d/8dae/52d2b0c08e526490c44a7510/co-chairs-note-item-06-v2-en.pdf.

② 2020年联合国生物多样性大会（第一阶段）高级别会议昆明宣言（最终稿），主题为"生态文明：共建地球生命共同体"[EB/OL].（2021-10-15）[2023-05-10]. https://www.cbd.int/doc/c/df35/4b94/5e86e1ee09bc8c7d4b35aaf0/kunmingdeclaration-en.pdf.

另外，中国已承诺通过其倡议并发起的"昆明生物多样性基金"提供更多资金来支持发展中国家的生物多样性保护。该基金的启动资金为15亿元人民币（相当于2.3亿美元），并已开始接受来自中国生物多样性保护和绿色发展基金会以及其他政府和组织的捐赠。

3. 多边开发银行的（MDB）生物多样性实践

多边开发银行（MDB）在生物多样性保护和可持续发展方面发挥着重要的作用。作为全球范围内的金融机构，MDB承担着推动可持续发展议程的责任，尤其在政策和标准方面发挥着积极的作用。它们通过制定和推动具有生物多样性保护目标的政策和指导方针，促进了各国在生物多样性保护方面的合作。

国际金融公司（IFC）在生物多样性金融领域进行了重要实践。IFC开发了一份《生物多样性金融参考指南》[①]。该指南建立了绿色债券原则和绿色贷款原则，并提供了一个示范性的投资项目、活动和组成部分清单，旨在保护、维护或增强生物多样性和生态系统服务，以及促进自然资源的可持续管理。指南通过确定符合生物多样性保护和可持续管理目标的投资项目和活动，鼓励金融界更多地关注和支持与生物多样性相关的倡议和项目。IFC的生物多样性金融实践为金融界提供了具体的操作指南和方向，以在投资决策中考虑生物多样性和生态系统服务的重要性。通过促进可持续金融和生物多样性保护的结合，IFC为实现生态平衡和可持续发展作出了积极的贡献。

4. 其他多边合作机制

除了《生物多样性公约》之外，还有其他高级别的多边机制，例如"领导人大自然誓约"[②]，其得到93位国家元首和政府首脑支持。该誓约呼吁整合气候和生物多样性融资，鼓励金融系统将其资金流与可持续发展目标进行对接，同时重视自然和生物多样性的价值。此外，该誓约还呼吁在投融资决策和风险管理中加大生物多样性保护方面的考量，取消或重新调整补贴和其

---

① 详见：https://www.ifc.org/en/insights-reports/2022/biodiversity-finance-reference-guide。

② 详见：https://www.leaderspledgefornature.org/。

他有害的激励机制，同时面向所有生产部门大幅增加对生物多样性产生积极或中性影响的激励机制。

其他以生物多样性为目标的多边机制还有"自然与人类雄心联盟"（由哥斯达黎加、法国和英国共同担任主席国）。该联盟将六大洲的100多个国家汇聚在一起，通过签署这份全球协议来共同保护地球至少30%的土地和30%的海洋。

（二）国际倡议

在缩小生物多样性金融的资金缺口方面，国际社会的共同努力至关重要。随着生物多样性金融边界的定义和范围的逐渐清晰，在全球范围内发起了越来越多专门关注生物多样性金融的倡议。本部分将按以成立时间为序简要介绍部分与生物多样性金融相关的主要国际倡议。

1. 生物多样性金融倡议（BIOFIN）[①]

在联合国开发计划署和欧洲委员会的监督下，生物多样性金融倡议（BIOFIN）于2010年在日本名古屋举行的《生物多样性公约》第十次缔约方大会上发起。该倡议目前共有41个成员国，提供了150个金融解决方案。随着对生物多样性保护专用金融资源的多元化和规模化需求的日益增长，生物多样性金融倡议应运而生。该倡议直接与政府部门、公民社会、受影响社区和私营部门合作，共同调动各类金融资源，加大对生物多样性领域的投资。

生物多样性金融倡议与各成员国共同制定了一份生物多样性金融路线图，共分为四个步骤。第一步是全面评估现有的制度政策和生物多样性金融解决方案。第二步是测算和分析公共和私营部门目前的生物多样性支出。第三步是估算要实现具体的各国和地方生物多样性目标所需的资金，并标出缺口。第四步是定制化金融方案，识别并调动各种资源和政策工具，全面落实计划方案。

---

① 详见：https://www.biofin.org/。

2. "为生物多样性融资"倡议（F4B）①

"为生物多样性融资"（F4B）是一项全球倡议，旨在将生物多样性纳入金融领域决策过程。该倡议于2019年10月发起，主要由MAVA基金会和儿童投资基金会（CIFF）资助成立。"为生物多样性融资"倡议专注于市场效率、创新、自然市场、公共金融、战略债务和公民参与。

为了使全球金融部门与对自然有利的结果更好融合，作为瑞士一个非营利组织，"为生物多样性融资"倡议很快将于2022年10月重新定位并更名为"自然金融"（NatureFinance）。它将专注于自然金融领域，包括自然相关风险的衡量与定价、新工具、标准和法规。"自然金融"主要致力于将自然相关风险整合到金融部门、绿色主权债、食物金融、自然市场和对自然犯下的罪行中。

3. 自然相关财务信息披露工作组（TNFD）②

自然相关财务信息披露工作组（TNFD）是一个由金融机构、企业和市场服务提供商等代表成员共同制定的信息披露框架。这一国际框架以市场为导向、以科学为基础，致力于将自然相关因素纳入决策过程，并减缓相关机构造成的对自然不利的结果。该工作组于2020年成立，主要目的是应对相关机构和企业的运营对自然环境造成的日趋严重的负面影响。它参考了气候相关财务信息披露工作组（TCFD）在气候风险管理和信息披露方面的工作，并特别关注与自然相关的依赖性、影响、风险和机遇。

2022年6月，自然相关财务信息披露工作组发布了0.2版本测试框架，涉及与自然相关风险和机遇管理的信息披露。该框架包含了评估自然相关风险和机遇的概念和定义，指导如何利用基于科学的指标和目标将这些因素纳入企业战略和资本配置决策中，还提出了一系列建议。在按计划于2022年11月和2023年2月进行两次更新后，自然相关财务信息披露工作组计划将于2023年9月正式发布1.0版本框架。

---

① 详见：https://www.naturefinance.net/。
② 详见：https://tnfd.global/。

4. 金融业生物多样性承诺（Finance for Biodiversity Pledge）[①]

金融业生物多样性承诺（Finance for Biodiversity Pledge）由26个金融机构于2020年发起，旨在到2024年前将生物多样性影响纳入企业未来日程，共有103家企业签署并做出五项承诺。签署方将在生物多样性方面通力合作，分享相关知识，在与其他企业合作接洽时将生物多样性纳入环境、社会和公司治理（ESG）的政策中，评价影响，设定基于科学的信息披露目标，并每年报告其对全球生物多样性目标作出的积极贡献和消极影响。目前共有四个工作组，分布负责企业接洽、影响评价、公共政策宣传和目标设定。工作组已公布了大量金融行业内制定的生物多样性战略和实践。

5. 生物多样性金融伙伴关系（PBF）[②]

生物多样性金融伙伴关系（PBF）是由WRI与其他44家机构在2021年《生物多样性公约》第十五次缔约方大会一阶段后共同发起的倡议，旨在促成生物多样性保护与融资之间的紧密合作，应对生物多样性面临的紧迫挑战，填补生物多样性保护行动和资金所存在的巨大缺口。该倡议的总体目标是将生物多样性风险纳入金融机构的整体投资决策过程。该倡议的成员机构包括了来自金融机构、私营部门、学术机构、国际发展机构和公民社会组织等的诸多国际利益相关方。世界各大洲的发达国家和发展中国家均派代表列席。

生物多样性金融伙伴关系（PBF）旨在预防和最小化与投资和贸易相关的生物多样性风险，调动创新的金融资源和工具来填补资金缺口。目前，生物多样性金融伙伴关系下共设有工具与技术支持、资本与产品、政策与标准、能力建设、最佳实践分享五个工作组。

6. 能源与自然行动联盟（CLEANaction）[③]

能源与自然行动联盟（CLEANaction）是为了在能源转型过程中保护自

---

① 详见：https://www.financeforbiodiversity.org/。

② 详见：https://wri.org.cn/en/initiative/PBF。

③ 详见：https://wwf.panda.org/discover/our_focus/climate_and_energy_practice/what_we_do/changing_energy_use/cleanaction/。

然而达成的伙伴关系。该联盟由世界自然基金会（WWF）、国际鸟类联盟、国际可再生能源机构（IRENA）、国际地方环境倡议理事会（ICLEI）、大自然保护协会（the Nature Conservancy）和小城镇电气联盟（Alliance for Rural Electrification）等于2022年发起。该联盟旨在促使相关组织立即制订行动计划，将生物多样性保护纳入能源投资规划与实施当中。

三、生物多样性金融的案例研究

本报告选取了六个生物多样性金融的国际实践，从两个视角开展案例研究——如何加强生物多样性风险管理能力，减少和防止给生物多样性带来负面影响的投资和贸易活动；如何创新融资模式和金融工具，增加对有益于生物多样性保护项目的资金投入——以期为中国的生物多样性金融实践提供参考并促进交流合作。

（一）减少和防止给生物多样性带来负面影响的投资和贸易活动

◎案例1——政策框架：北欧海上风电项目生物多样性影响评估

①案例背景

北欧正致力于成为世界上最具有可持续性的地区，北欧各国除了已经安装大规模的海上风电机组外，还制定了雄心勃勃的2050年目标（见表1），然而海上风电作为其可持续发展战略的重要抓手，也会给生物多样性带来负面影响，因此加强对海上风电的生物多样性研究，管理生物多样性影响是项目开发的基础。2022年，北欧部长理事会发布了《在北欧海上风电项目中实现生物多样性》[①]，其海上风电场的案例研究充分阐明了以下几点：一是如何在决策过程中利用合作式框架、海上作业经验和相互信任，支持生物多样性保护；二是新项目如何避免、减缓或补偿对生物多样性产生的负面影

---

① Nordic Energy Research.Accommodating Biodiversity in Nordic Offshore Wind Projects[EB/OL].（2022-05-10）[2023-05-10]. https://www.nordicenergy.org/wordpress/wp-content/uploads/2022/01/Pdf-version.pdf .

响；三是未来将生物多样性问题纳入海上风电项目管理时所面临的挑战和机遇等。

表1　北欧各国2050年海上风电装机目标

国家	丹麦	挪威	瑞典	芬兰	冰岛
目前并网容量	1699MW	6MW	192MW	71MW	2MW（陆上）
2050年预测装机容量	36GW	30GW	30GW	15GW	—

资料来源：北欧能源研究。

②累积效应评估

挪威研究理事会设立了MARCIS（2021—2025）项目，通过开发一款空间决策支持工具，使得与海洋相关的单个活动也能充分考虑外部因素，并且能够综合研究海上风电、油气作业、碳捕捉、制氢等及其他海上开发活动对鸟类产生的累积影响。

苏格兰海事管理局发起了"针对重点生态受体的累积影响框架"的研究项目，该项目通过设计框架，评估所有计划在建项目对全季节、全年龄和全种群的海鸟和海洋生物的影响。

比利时风电项目要求在项目前期获得区域和环境许可证。其中环境许可证除环境风险评估及减缓方面的规定外，还要求对项目进行环境和生物多样性影响监测，监测计划由运营商和其他利益相关方共同制定，监测结果需量化及公示。

③案例意义

累积效应评估是生物多样性监测的立体分析，在北欧国家海上风电项目生物多样性保护政策框架的制定过程中提供了影响评估因素分类的基础，未来将充分利用北欧地区及其邻国现有合作框架进行数据收集和生物多样性影响评估。开展海洋空间规划事宜区域合作，促使对环境和海洋影响最小化；并加强与其他国家、跨行业（如油气、渔业等）的知识经验分享以及利益相关方的参与。

◎案例2——eDNA：道路基础设施项目补偿性栖息地生物多样性评估

①案例背景

生物多样性保护面临的一大威胁就是全球栖息地的减少。交通基础设施（尤其公路网络）是造成自然栖息地质量和数量双双下降的重要原因。因此，公路项目也应参照其他合规标准与指南，开展"生物多样性影响评价"（BIA）。

"生物多样性影响评价"是一个协助管理生物多样性并制定标准的有效手段（Geneletti，2003）。其目的是指出潜在的生物多样性后果，提供决策支持，在必要时调整行动方案，降低不良影响。"生物多样性影响评价"通常包含以下几个步骤：评估目标区域的生物多样性状况，评估项目计划可能产生的影响，测算实际项目产生的影响并提出减缓不利影响的措施以及实施全程追踪监测的计划。

在衡量生物多样性的状态时，一个关键步骤是绘制目标区域内的生物多样性分布图，追踪分布变化情况。因此，项目中普遍引入了环境DNA（eDNA）的概念。eDNA是在不进行目标生物的捕获或取样的情况下，直接从环境样品（如水、土壤、空气）中获取的遗传物质的统称（Stewart，2019）。

eDNA流程操作简单，分为以下几个步骤：采集样品，过滤，保存，记录数据，从过滤器中提取DNA，用PCR放大DNA，DNA测序，分析结果。eDNA可提供有关物种存在、分布、丰富度等详细信息，为生物多样性影响评价分析奠定了扎实的基础。本报告所选案例显示了如何在基础设施项目中使用eDNA。

②苏格兰道路拓宽项目

公路网络基础设施项目是造成生物多样性特别是自然栖息地质量和数量双双下降的重要原因（Geneletti，2003）。2019年英国苏格兰地区一个道路拓宽的基础设施项目，政府要求对生物多样性影响进行评价，利用土壤eDNA对项目区域内的古桦林地、非古桦林地、古人工针叶林地以及创建补偿性新栖息地的土壤生物多样性进行分析。该项目在四个栖息地使用eDNA试剂盒，共采集了80份土壤样品，提供了近3000个物种分类的数据集，比传统样本提取方法多出10倍。

调查数据表明，桦树林地、针叶林地和草地栖息地可通过其土壤生物多样性进行清晰区分，其中草地主要供养一种特殊的土壤群落。不同类型栖息地的土壤群落之间也存在明显差异。例如，林地可能会受道路布局影响，其土壤群落与草地大相径庭（见图1），而草地栖息地的真菌和动物群丰富度（类群数）均比林地低。生物多样性影响评价提出需种植补偿性林地，具体措施包括土壤易位、创建新的栖息地等。eDNA所获取的数据可用来衡量该新栖息地的土壤群落与要替代的林地的基准土壤群落的相像程度。

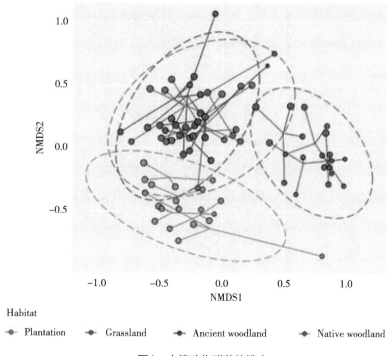

Habitat

-●- Plantation   -●- Grassland   -●- Ancient woodland   -●- Native woodland

图1　土壤动物群落的排序

（资料来源：NatureMetrics）

③案例意义

eDNA测试方法可用于设定栖息地创建的基线标准，所获取的数据可用于选择易位土壤，支持决策过程，评估补偿性林地是否与已丧失的林地具有同等生态功能并可成功替代。在未来，通过eDNA可继续实施项目监测，追踪创建新的补偿性林地栖息地的进展情况，并评估土壤易位等活动是否可以成功建立林地生态系统。

◎案例3——"全球森林观察"：生物多样性风险在线评估监测工具

①案例背景

由于大多数陆地生物多样性的栖息地都与森林有关，因此森林生态系统对全球生物多样性也至关重要。然而，森林砍伐正在以惊人速度肆虐全球，导致森林生物多样性迅速丧失。根据联合国粮农组织（FAO）的数据，自1990年以来，全球丧失的森林面积高达4.2亿公顷。大部分森林砍伐都是由于农业扩张活动所导致的：通过大面积砍伐森林，为生产棕榈油、大豆、可可等大宗商品腾出地块资源。为此，很多栖息在森林里的动植物物种均受到影响，甚至由于失去森林这个赖以生存的家园，濒临灭绝。

全球森林观察（Global Forest Watch, GFW）是由WRI开发的大型在线数据平台，旨在为使用者提供全球森林、土地利用和生物多样性的检测数据和分析工具。该平台可以帮助公司识别商业和财务决策中潜在的破坏生物多样性的风险，以减少毁林行为；帮助金融机构识别和追踪公司的毁林行为，提高机构投融资过程中识别生物多样性风险的能力，还可以将地理空间数据转化为金融机构和投资者可直接用于决策的信息。

这一平台还可用于森林管理，助力金融机构追究有关企业的毁林责任，提高金融机构在识别生物多样性风险方面的决策能力。"全球森林观察"平台还可帮助企业和金融机构利用地理空间供应链数据来管理自身对不毁林承诺的履行情况。用户可通过"全球森林观察"平台收到毁林警报，查找供应链和/或投资所在地的森林最近发生的变化，了解其业务活动对森林的影响。

②新开发银行巴西道路基础设施项目评估

"全球森林观察"平台也有助于推动投资和基础设施规划向着可持续发展和生物多样性友好的方向前进。2019年，新开发银行计划投资巴西的一个公路改扩建基础设施项目。该项目在评估生物多样性影响的过程中使用了"全球森林观察"平台，并以此为依据进行了决策分析。结果显示，原定的道路施工计划将会穿过生物多样性特别是热带雨林非常丰富的区域。如果按照原设计进行施工，不但会降低森林覆盖率，减少动物栖息地，还可能导致该区域的生物多样性退化。鉴于该基础设施投资可能会对生物多样性丧失产生重大负面影响，新开发银行最终暂停了对该项目的投资计划。

③宝洁公司评估所购棕榈油对毁林的影响案例

宝洁公司在其一系列产品中使用源于棕榈油的配料，其供应链网络涉及全球数千家供应商。2019年，宝洁公司使用"全球森林观察"绘制了1200家棕榈油供应商的位置图，其7%的供应链位于高毁林风险地区。宝洁公司及时采取了恰当行动，终止高风险供应商的协议，缩减采购量，立即停止进一步的开发活动。"全球森林观察"为宝洁公司制定了新的发展战略，更新了负责任的棕榈油采购政策，确保其业务在全球范围内都可推动森林的可持续发展。

④案例意义

"全球森林观察"平台能够识别各种商业和金融决策中的毁林风险，为投融资决策提供科学依据，防止生物多样性丧失。在未来的工作中，金融机构可通过"全球森林观察"平台对特定地区的毁林和生物多样性问题进行准确分析，并借助"全球森林观察"平台了解生物多样性和经济活动两者之间的相互影响，通过分析编制标准和指南，为投资活动做出更可持续的决策。

（二）增加对有益于生物多样性保护项目的资金投入

◎案例4——REDD+碳汇额度：气候变化与生物多样性协同

①案例背景

REDD+作为一个框架体系，可指导发展中国家开展减少森林砍伐、加强森林管理等活动，并进行碳储存的能力建设（UNFCCC，未标明日期-a），从而保护森林生物多样性、缓解气候变化的影响。

根据REDD+报告标准，对于特定活动而言，如果想获得基于结果的定向融资支持，有关国家应测量、报告并验证其以结果为导向的行动。在这一报告标准中，列举了温室气体年减排量的评估结果、有待实施项目的温室气体年排放量警告、如何满足和遵守具体的REDD+保障机制、REDD+国家战略或行动计划的有关论述等。REDD+的保障标准还包括：国家战略、行动计划和/或国际协议相关活动的一致性和相关性，符合当地法规的森林治理体系的透明度和有效性，尊重原住民的权利，符合国家法律和《联合国原住民权利宣言》的相关知识，当地利益相关方的参与，前后一致的加强森林保护和生物多样性的活动，对反向风险和排放风险转移的考量等。

REDD+项目有各种不同的融资渠道，其中之一就是碳汇额度。碳汇额度为通过温室气体的减排量来抵消某个主体的排放量。一个信用额度等于1吨封存的或未排放的二氧化碳当量（Streck等，2021）。在REDD+项目案例中，碳汇额度可用于支持当地社区的森林保护活动，不可支持非法砍伐和农业开垦等对森林产生负面影响的毁林活动。REDD+碳汇额度表示通过减少森林砍伐而获得的温室气体排放抵消量（Bertazzo，2019）。参与自愿碳市场（VCM）的企业或个人可自行购买碳汇额度，私营部门、非政府组织和政府也可出售碳汇额度（Streck等，2021）。在自愿碳市场内，通过非监管或非强制性定价工具，买卖双方可以自由交易碳汇额度。企业可以通过买卖碳汇额度来抵消自身的温室气体排放量，私营部门和非政府组织可以为涉及温室气体减排的项目找到融资。政府也可以通过自愿碳市场为REDD+项目等气候减缓项目筹集资金。

REDD+项目有各种核证标准和程序。REDD+项目的运行机构必须发放并核算按特定标准经过核证（Streck等，2021）的碳汇额度。通过这些标准，可以根据具体的规定和要求对REDD+项目产生的减排量进行独立核证（Verra，2022）。最常见的碳标准包括：核证碳标准（VCS）、黄金标准、气候行动储备和美国碳登记（Streck等，2021）。

②秘鲁Cordillera Azul国家公园项目[①]

Althelia气候基金作为一只影响力投资基金，通过与秘鲁政府以及当地NGO的公私合作关系（Public—Private Partnership），为Cordillera Azul国家公园的REDD+项目提供了资金支持并参与了项目开发。该项目在森林边界开辟了一个可可种植园来进行农林复合经营，支持当地的蜂蜜生产，并鼓励当地妇女纺织团体使用源于森林的染料进行纺织生产活动。这个项目保护了131.4万公顷森林，促成了二氧化碳减排2520万吨，当地社区通过出售碳汇额度获得了1797701欧元的收入。在生物多样性方面，该项目为39个受威胁物种和1332066公顷关键栖息地的保护工作作出了重要贡献。本项目对生物多样性的保护也通过了核证碳标准（VCS）和气候、社区和生物多样性标准（CCB）的黄金认证。

③坦波帕塔—巴瓦亚（Tambopata—Bahuaja）REDD+与农林复合经营项目

该REDD+项目位于秘鲁的坦波帕塔—巴瓦亚生物多样性保护区，也是全球公认的秘鲁亚马孙森林生物多样性热点地区内，共包含森林保护和森林修复两方面的活动：在亚马孙森林边缘的退化土地上开辟了一个可可种植园，从事农林复合经营活动。该可可种植园为有机种植园，通过了"公平贸易"的认证。当地社区、农民和三个原住民社区积极参与了此项目。

这一项目共保护了573299公顷森林，修复了4000公顷森林，折合二氧化碳减排400万吨，相当于出售了400万个REDD+碳汇额度，也为当地社区创收了7394186欧元，实现商品销售收入1981747欧元（Ecosphere+，2022a和Mirova，2021）。在生物多样性方面，Ecosphere +评价该项目加强了30个受威胁物种的保护，改善了540000公顷关键栖息地的保护（Ecosphere+，2022a和Mirova，2021）。本REDD+项目还纳入了秘鲁全国的REDD+计划，通过了核证碳标准（VCS）和气候、社区和生物多样性标准（CCB）的黄金级生物多样性和气候变化适应认证（Ecosphere+，2022a）。

[①] Cordillera Azul National Park REDD+ Project，Althelia Climate Fund，https://althelia.com/wp—content/uploads/2014/12/Althelia_CORDILLERA_v5.pdf.

④案例意义

在REDD+机制的推动下，通过农林复合经营活动，实现了当地社区和生态系统生物多样性多重收益；通过保护和修复活动以及二氧化碳排放核算获得了碳汇额度；该项目通过将碳汇额度计入全国REDD+计划中，可以有效避免在自愿碳市场上经常发生的重复计算问题。在未来，根据气候变化缔约方协议（COP），REDD+项目的资金规模会进一步扩张，可能的资金来源包括公共资金、私营部门投资以及多边合作资金。

◎案例5——湿地缓适银行：市场化的湿地生态系统补偿方式

①案例背景

湿地缓适银行作为一种市场化湿地生态系统补偿方式，在运作过程中通过湿地"信用"的交易实现对湿地损害的事前补偿，从而使土地利用与湿地保护得以协调兼顾。通过在有关湿地抵消的立法基础上配以完备的缓解原则、实施细则、程序框架和监管机制，明确市场参与主体和职责，使其具有极强的可操作性。

美国环保局明确了一家缓适银行需包括四个要素。第一，缓适银行所在地点：恢复、新建、加强或保护的所在位置和面积。第二，缓适银行协议：缓适银行所有者与监管者共同签订的正式协议，明确双方责任、生态表现标准，管理和监管要求，以及获批的信用额度。第三，跨部门联合评估小组：提供监管报告、批准并承担监管职责的跨部门小组。第四，缓适银行服务区域：某个缓适银行可补偿的负面环境影响所在地范围。

湿地缓适银行的运行机制基于一个权责清晰的三方体系：政府审批和监管部门、湿地开发者和湿地缓适银行建设人（见图2）。

②美国湿地缓适银行发展情况

2010年以来，美国的湿地缓适银行业务每年以18%的速度增长。2016年，美国湿地补偿性缓适银行共出售了总价值为32.5亿美元的缓解信用，总共保护了5233公顷的湿地和长达91139米的溪流。湿地银行系统鼓励多方参与市场，推动产业发展。目前，美国湿地事务管理体系支持开发的"替代费管理与湿地缓适银行信息跟踪系统"显示，截至2021年7月，美国共有2000余家湿地缓适银行获得批准。

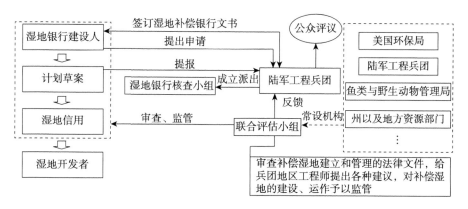

流程：湿地银行建设人提出申请—公众评议&陆军工程兵团派出湿地银行核查小组—提报计划草案—联合评估小组对湿地银行全面审查—批准并签订湿地补偿银行文书

图2 湿地缓适银行申请和运作流程

③美国Schold农场湿地缓适银行案例

美国华盛顿州Kitsap县正在为当地一个农场制定湿地缓适银行的多年期规划。该项目于 2018 年首次启动，因为在Schold Farm地区出现了娱乐活动、湿地栖息地、步道安全和维护之间的矛盾，当地政府决定开发一个湿地缓适银行的项目以实现生态功能和满足居民活动，并通过出售湿地信用为当地提供设施维护和安全服务。该方案计划增加湿地和水文的连通性，提高原生植被覆盖率，达到三大湿地标准（土壤、水文和植被）和防洪标准。

④案例意义

湿地缓适银行作为美国湿地保护中一项非常重要的市场化第三方机制，通过市场行为促进湿地补偿和"零净损失"，有助于吸引企业投资参与建设，激励社会公众参与湿地保护，还推动了湿地修复技术的进步和湿地修复产业的发展。在未来，湿地缓适银行的评估、审核和监管需要更多跨部门及跨地区的协同。

◎案例6——蓝色债券：蓝色经济的可持续发展行动

①案例背景

一个健康、有韧性的海洋可以承载粮食安全和人民生计。然而，气候变化、过度捕捞、污染和不可持续的发展把海洋推到了崩溃的边缘。为了填补不断增长的资金缺口，专门用于海洋治理和海洋资源开发的蓝色债券也应运而生。它不单是针对海洋塑料垃圾、生物多样性消失等生态环境问题的解决方案，也将解决蓝色经济发展过程中出现的融资难题。全球出现的第一只蓝色债券是2018年塞舌尔蓝色主权债券，之后陆续出现在绿色债券框架下发行的蓝色债券，比如2019年北欧投资银行发行的北欧—波罗的海蓝色债券。中国银行、兴业银行和青岛水务等也先后在境内外发行了蓝色债券。

2019年，亚洲开发银行（ADB）承诺在未来五年内投入50亿美元，促进海洋的可持续发展。为此，亚洲开发银行将其绿色债券体系范畴拓展到与海洋健康相关的领域，并出台了蓝色债券的分类标准。2021年9月，亚洲开发银行发行了首批蓝色债券，是其"健康海洋和可持续蓝色经济行动计划"的组成部分。其中以澳大利亚元计价的蓝色债券价值约为1.51亿美元，以新西兰元计价的蓝色债券价值约为1.51亿美元。上述债券根据亚洲开发银行"绿色与蓝色债券框架"发行，该框架与国际资本市场协会的绿色债券原则以及联合国环境署金融倡议下的可持续蓝色经济融资原则保持一致。这些蓝色债券的发行为蓝色融资制定了新标准。亚洲开发银行的蓝色债券旨在发展亚太地区的蓝色经济，是一种可复制、可拓展的融资模式。

蓝色债券募集的资金将用来支持可帮助海洋恢复健康的各个领域。表2展示了支持项目的分类。

表2　蓝色债券支持项目分类

项目	指标
海洋和海岸生态管理和恢复	●生态系统管理和自然资源恢复。能可持续管理、保护以及恢复海岸、海洋和河流系统的健康和韧性的项目。江河相关的项目须在注入大海或大洋的河流中，或者在离海岸线100千米的距离内。 ●可持续渔业管理。能提升渔业和海产品价值链环境可持续性的项目。 ●可持续水产。能提升水产养殖、海洋养殖和藻类养殖环境可持续性的项目。

项目	指标
海洋污染控制	● 固废管理。能减少海洋垃圾和对海洋生物负面影响的项目。项目须位于距海岸线或汇入大海的江河50千米范围以内。 ● 资源效率和循环经济。能减少海洋垃圾和/或对海洋生物相关影响的项目。 ● 面源污染防治。有助于减少给海岸线或海洋环境带来面源污染（土壤泥沙、氮磷等营养物质以及化学颗粒）的项目。项目须距离海岸线200千米范围以内，或距离汇入大海的江河50千米范围以内。 ● 废水管理。能减少废水对海岸和/或海洋环境的影响的项目。项目须距离海岸或海洋环境100千米范围以内。
可持续海岸和海洋开发	● 港口和航运。相关项目须能提升海洋基础设施和海洋交通的环境表现和可持续性（比如减少轮船对海洋生物的撞击、物种入侵、污染和其他对海洋健康的负面影响）。 ● 海洋可再生能源。减少温室气体排放和增加海洋和离岸可再生能源的项目（如离岸风电、潮汐电、海洋热能），以及支持蓝色经济的可再生资源项目（比如海水养殖和渔业）。通过海洋解决方案和技术实现的碳捕捉和存储项目。

资料来源：亚洲开发银行。

②马尔代夫大马累垃圾发电厂

大马累垃圾发电厂项目总投资为1.51亿美元，其中约7300万美元由亚洲开发银行通过蓝色债券融资提供支持。该项目体现了蓝色债券对海洋污染控制的要求，在2027年前要实现三个目标：一是在项目覆盖地至少80%的城市固废和商业固废能得到处置，固废处置残余也能得到安全处置或再循环。二是二氧化碳年减排量达到2.8万吨二氧化碳当量。三是垃圾发电厂的发电量达到每年5万兆瓦时，其中50%为可再生能源发电。

③ADB支持青岛银行蓝色金融债券项目

2022年2月16日，亚洲开发银行批准青岛银行蓝色金融债券项目，提供不超过7000万美元资金，用于认购青岛银行发行的蓝色债券，支持青岛银行蓝色债券框架下的以下项目：可持续船舶和港口物流、渔业和海产品加工、化学品废弃物和塑料处理、海洋和水环境友好产品、供水和水处理、可持续旅游服务、离岸可再生能源。此前，青岛银行与世界银行集团成员国际金融公司（IFC）共同探索与环境、社会和治理（ESG）原则相结合的蓝色金融发展模式，于2021年推出了蓝色资产分类标准。

④案例意义

蓝色债券的产生不单是针对海洋塑料垃圾、生物多样性丧失等生态环境问题的解决方案，也能够为蓝色经济在发展过程中出现的融资难题提供良好的可持续解决方案。蓝色债券的发行人，尤其是在国际市场发行时，需要确保其蓝色债券的标准与现有较成熟的国际标准保持一致，通常是在绿色债券和/或可持续发展债券框架下，这样的蓝色标签更易被投资人接受。金融机构可以依靠自身团队进行项目财务方面的尽职调查，在环境影响评价方面，通过与相关环保领域的非营利组织合作获得行业专家的支持，提高项目的声誉、透明度和公信力。

四、总结与展望

在国际金融和政策环境中，将生物多样性风险和机遇纳入金融领域的意识不断增强。然而，与较为成熟和先行的气候金融相比，生物多样性金融还处于早期阶段。这为中国金融机构塑造全球范例（如标准制定、资金管理和经验分享）提供了重大机遇。本部分提供了一些国际经验和实际思路，以增强中国在生物多样性金融国际合作中的作用。

（一）国际实践经验

1. 政策和标准

政策和标准是解决生物多样性金融需求差距的基础。它们在引导和鼓励投资，避免对生物多样性产生负面影响，促进生物多样性方面发挥着重要作用。

（1）建立减缓生物多样性风险的政策框架。北欧国家正在采取积极措施，通过实施各种监测和评估政策来减轻离岸风能开发对生物多样性的影响，这些政策包括将栖息地、障碍和水动力学变化的累积影响评估纳入考虑，并进行多方利益相关者的协作环境测试，展示了北欧国家保护生物多样性和促进可持续发展的行动。

（2）通过全球标准和相关工具提高对生物多样性损失的金融风险的理解。全球研究与中国参与（如通过NGFS）越来越认识到生物多样性损失对宏观审慎风险的影响：NGFS已经发布了多篇关于从生物多样性损失到金融损失的传导渠道的报告（如由于农业产量减少、土壤侵蚀保护/洪水控制成本增加、因迁移导致的社会成本）。同时，国际倡议的风险报告，如TNFD，对公司级别的生物多样性相关金融风险进行评估，提供微观基础来量化和调控生物多样性风险。

（3）通过UNFCCC框架助推生物多样性金融。借助其他重要政策和工具推动生物多样性金融创新实践是缩小和满足全球生物多样性金融差距的关键手段，正如Althelia案例研究所示，特定机会在于将生物多样性和气候目标结合起来，例如通过REDD+框架。随着（自愿）碳抵消市场的全球增长预计，生态系统解决方案的金融机会不断增加，为了使生态系统解决方案成功，必须实施相关的标准，正如国际自愿碳市场协议所规定，这些标准需要达到永久性、透明度、完整性、可比性和一致性的要求（如符合在格拉斯哥COP26期间批准的《巴黎协定》第6.2条的要求）。

2. 工具和技术

工具和技术在促进生物多样性融资中发挥作用，提供了获取财务资源和数据、支持风险识别与管理、完善解决方案、改善透明度以及促进各利益相关者之间协作的途径。

（1）数据是测量生物多样性风险和机遇的关键因素。目前存在生物多样性相关数据获取困难、信息披露和风险量化评估工具缺失、自然相关资产分类不明确不统一、缺失有效解决方案等问题，金融机构在自然和生物多样性的相关信息披露和风险管理方面还处在初期阶段。为了更好地以可比较的方式"测量"自然环境（如使用eDNA测量环境多样性），测量数据应该是强制性的，同时也是应披露数据。各个主管部门应参与制定标准并共享数据。金融机构可以要求其客户提供这些数据来测量环境影响，特别是在投资高生物多样性风险评估（如采矿、化学品、线性基础设施）或投资于重要生物多样性区域时。

（2）技术工具是收集和理解数据的关键载体，有助于决策。在监测生物多样性变化、识别生物多样性风险以及提供分析和解决方案方面，仍有技术改进的空间。一些组织已经开创了先驱性工作（如使用全球森林观察网监测生物多样性变化并帮助规划基础设施）。使用这些工具可以促进政策任务和生物多样性目标的实现。金融机构可以开发或把这些工具集成到其治理和运营流程中，以实现生物多样性智能决策。

3. 金融产品解决方案

提供量身定制的金融产品解决方案。金融机构需要在生物多样性产品方面进行创新，以提供更多可行性来动员各类资本特别是私营资本的力量。多边机构应引领制定指南并树立榜样。

（1）促进气候变化和生物多样性之间的协同作用。随着人们日益认识到气候变化和生物多样性损失之间的相互关系（如更高的温度导致生物多样性灭绝；又如森林砍伐，导致温度升高和碳汇减少；再如，风电项目的大规模开发可能造成周边生态环境和野生动物栖息地包括鸟类迁徙的负面影响），绿色金融不应只是独立关注气候变化效益。相反，生物多样性、海洋、气候等方面需要充分整合，以确保投资的有效利用，同时避免对生态维度造成损害，实现双赢甚至多赢。

（2）生物多样性融资正在越来越多地被金融机构所利用，不仅通过新的框架（如亚洲开发银行的蓝色债券框架案例），还通过特定的金融工具（如犀牛债券）和金融机制（如债务自然的交换，如伯利兹和斐济；生态系统服务的付费）进行。这些框架和工具允许私营部门动员资本保护自然，同时能为投资者提供财务回报。

（二）对中国的启示

中国的金融体系应采取措施来降低生物多样性相关风险，创造相关领域的金融机遇，加强参与全球制定生物多样性相关财务标准（包括数据标准）的能力建设。

1. 制定并采纳有效的生物多样性政策和标准

与生物多样性保护相关的政策在引导各个领域的生物多样性保护方面发挥着至关重要的作用。在制定这些政策时，必须考虑到生物多样性的长期累积效应，并将国内政策与国际框架及其良好实践（如北欧OWF规划）对标。增加与其他国家和全球社区的合作，使用国际框架或良好国际实践，如利用REDD+框架。通过政策支持来降低生物多样性丧失的风险。生物多样性保护相关的政策在各个领域对生物多样性保护起着重要的引导作用，在政策框架制定的过程当中，应充分考虑生物多样性在长时间跨度上的影响，并将这些影响因素纳入投资与贸易的考量，如生物多样性的累计效用。同时国内政策应结合国际框架和良好国际实践，如REDD+等，为国内的生物多样性保护提供指引，并增加与各国和国际社会的合作。

为了有效实施这些标准，中国金融机构有必要构建自身的环境与社会风险管理体系，以便清晰地了解不同投资所涉及的潜在风险和机会。作为生物多样性公约的缔约方，中国有责任为TNFD和其他框架作出贡献。虽然这些标准中许多是由私人机构（如金融机构）和公共机构（如监管机构、部委）联合制定的，但目前很少有中国利益相关者参与这些标准的开发。这为未来的参与和实践留下了空间，中国的商业和监管经验可以为制定标准的机构作出贡献，同时应确保中国的意见被纳入这些潜在国际规则或标准中。

提高生物多样性政策的有效性有两种方法：一种是对现有的生物多样性政策进行总结并评估这些政策的有效性。因此，政策的落实可以与之前的工作联系起来，并在此基础上进行调整。另一种是将生物多样性指标纳入金融政策和标准中。

2. 利用现有生物多样性工具并投资于进一步技术发展

更好地理解生物多样性相关的价值和风险的先决条件是具有可比性、长期一致性的数据，以及针对特定部门量身定制的数据和工具。尽管生物多样性数据通常是可用的，但它们在金融部门的应用一直是比较缺失的。使用eDNA和IBAT等工具可以帮助分析生物多样性分布与风险，而"全球森林观察"这样的平台可以帮助监测生物多样性特别是森林资源的变化指标。

针对不同行业，开发自然相关的核心数据指标以及科学适用的风险评估工具。对于矿业、风电、农业、道路交通、水资源开发等对生物多样性影响重大的行业，可整合现有资源和工具，开发自然相关的核心数据指标和方便适用的风险评估工具。

多边开发银行（MDB）先行先试，探索自然相关数据标准和工具应用良好实践。从全球范围看，MDB在环境社会风险包括自然、生物多样性等可持续标准方面存在广泛的概念上和实践上的趋同和一致性。MDB有各自的环境社会治理框架，并已把自然相关数据和评估工具应用到道路交通、风力或水力发电等基础设施项目等社会环境影响评价中，用于识别可能造成生物多样性风险的项目和需要高度关注的领域，并要求对项目规划、建设和实施进行全流程评估和监控。建议在数据完整性、一致性以及风险评价工具使用、完善和整合方面，与相关国际机构和智库合作，借助其拥有的技术工具和解决方案，发挥MDB作为知识银行的示范引领作用。

3. 促进生物多样性金融产品的创新以改善金融机会

为了支持《生物多样性公约》第十五次缔约方会议所制定的《全球生物多样性框架》的目标，必须在与生物多样性保护相关的金融产品方面有所创新。《全球生物多样性框架》已经设定了保护生物多样性和促进其组成部分的可持续利用这样雄心勃勃的目标，这个目标只能通过充足的融资实现。因此，在创新能够弥补生物多样性保护资金缺口的金融产品方面，中国金融机构可发挥重要作用。

生物多样性保护活动可以通过林业碳汇和气候变化之间的协同作用提供多重效益。为了减轻对生物多样性的负面影响，可以通过湿地补偿银行等方法提供生态补偿。金融机构可以通过发行生物多样性债券为生物多样性保护项目提供资金，发挥关键作用。通过专注于开发创新金融产品，可以获得必要的保护资金并增加整体影响。以这种方式，中国金融机构可以为全球实现《全球生物多样性框架》的目标、支持生物多样性保护和可持续发展贡献力量。

4. 提高生物多样性融资的能力建设

能力建设对于支持实施生物多样性融资实践具有重要作用。能力建设可分为功能性能力建设和技术性能力建设两大类。前者涉及制定、实施和审查政策及项目所需的广泛技能，包括管理技能，后者则涉及生物多样性分析和遥感等特定领域的技能。

为了提高生物多样性融资的能力，有必要开展一系列能力建设活动。可以通过制定指南、举办研讨会、工作坊、提供项目指导以及其他形式的培训来实现。这些活动将有助于增加金融部门对生物多样性相关风险和机会的理解，并促进有效和可持续的生物多样性保护融资实践。通过能力建设，金融部门可以更好地支持和贡献于生物多样性保护，并促进可持续发展。

5. 利用案例研究分享融资经验

案例研究可以为生物多样性融资实践中的挑战和机遇提供有价值的见解。通过展示实际案例，这些研究可以帮助对生物多样性保护金融方面的理解，并为其他人提供参考点。通过案例研究，参考不同的观点并收集最佳实践，可以支持明智的决策，并促进有效的、可持续的生物多样性保护融资实践。

借助PBF或其他生物多样性金融合作平台，鼓励MDB开展相关金融产品或技术工具的示范，并在实践中探索生物多样性保护与应对气候变化的协同。应对气候变化的COP27以及生物多样性保护的COP15大会成果中均以不同方式强调了气候与生物多样性的协同问题，也高度关注金融机构有效产品与工具的开发和应用，为此，有必要在G20框架下组织开展有关金融产品与工具的示范，尤其在MDB支持下开展气候与生物多样性协同的示范工作，并在此基础上推荐一批可借鉴的典型案例。

致谢：

在本课题编写过程中，我们要特别感谢Nordic Energy Research的Marton Leander Vølstad，ACEN Foundation的Théo Venturelli，Nature Metrics的Jorg Kohnert，世界资源研究所的秦文菁、冯启华和刘煦芬。他们为课题顺利开展作出了巨大贡献，在此表示衷心的谢意。